高等职业教育公共课精品教材

 "互联网+"新形态立体化教学资源特色教材

高职数理基础

主　编　张红锋　于　海　赵　洁

副主编　张　乾　柳冬梅　方　丽　夏昕君

　　　　奚春华　张洪波

主　审　朱彩兰

中国轻工业出版社

图书在版编目（CIP）数据

高职数理基础/张红锋，于海，赵洁主编. —北京：中国轻工业出版社，2025.8
高等职业教育公共课精品教材
ISBN 978-7-5184-4443-4

Ⅰ.①高… Ⅱ.①张…②于…③赵… Ⅲ.①高等数学—高等职业教育—教材②物理学—高等职业教育—教材 Ⅳ.①O13②O4

中国国家版本馆CIP数据核字（2023）第093940号

责任编辑：张文佳
文字编辑：姜瑞雪　　责任终审：简延荣
整体设计：锋尚设计　　责任校对：吴大朋　　责任监印：张京华

出版发行：中国轻工业出版社（北京鲁谷东街5号，邮编：100040）
印　　刷：三河市万龙印装有限公司
经　　销：各地新华书店
版　　次：2025年8月第1版第5次印刷
开　　本：787×1092　1/16　印张：16.5
字　　数：400千字
书　　号：ISBN 978-7-5184-4443-4　定价：52.80元
邮购电话：010-85119873
发行电话：010-85119832　　010-85119912
网　　址：http://www.chlip.com.cn
Email：club@chlip.com.cn
版权所有　侵权必究
如发现图书残缺请与我社邮购联系调换
251491J2C105ZBW

前言

高等职业教育在适应现代社会对人才多样化需求方面做出了重大贡献,为社会培养了大量面向生产、建设、服务和管理一线的高素质技术技能型人才。

高等数学作为高等职业教育各类专业必修的重要基础课和工具课,对培养学生的理性思维、科学精神以及分析问题和解决问题的能力等都起着非常重要的作用。为了适应高等职业教育快速发展的需要,真正落实高等职业教育的培养目标,根据高职高专学制短、学时少、学生数学基础薄弱和专业需要等特点,我们编写了这本面向专业需求、同时兼顾升学需要的高职高专层次的数学教材。本书主要具有以下特点:

服务专业课程 目前的《高等数学》教材主要还是只讲授纯粹的数学知识,没能充分体现数学在专业课程中的实际应用,常常就会出现一种学了数学却又不会用数学理解或解决专业问题,或者当专业课程中需要用到数学的时候学生又不会用的现象。为了更好地服务学生的专业课学习,我们对传统的高职数学课教学内容进行了较大幅度的调整,打破传统的大学数学教材知识架构,选择专业课程中所需的数学知识并进行重构,穿插较多具有专业背景的例题和习题,尽量体现数学在专业课中的应用价值。根据知识特点,最终以模块化方式代替原来章节进行编排。根据专业需要,还适量增加了物理模块,以备需要的专业选用。

融入思政元素 为了进一步落实立德树人的根本任务,更好地发挥数学课的育人作用,我们充分挖掘了课程中所蕴含的思政元素,并将其融合在对应的知识点中,以期在传授数学知识的同时,适时引导大学生树立正确的世界观、人生观和价值观,培养既有技术技能又有家国情怀、有信仰、有担当的高素质人才。

兼顾升学需要 近年来,越来越多的学生通过专接本、专转本等途径升入本科阶段学习,提升了自身的学历层次。为此,本教材仍然保留了升学所必需的高等数学部分内容,在内容讲授上,尽量使用通俗的语言进行叙述。对于重要的定理或公式,不追求严密的推导和演算过程,只采用简单例证或几何印证等直观形象的思维方式进行处理,从而一定程度上降低了学生学习数学的难度。

兼具辅导功能 不可否认,学习数学还必须通过做适量的习题来达到对所学知识点的进一步理解和巩固。本书所附习题均配有详细的解答过程,供读者参考,这便于读者在做题时能及时发现错误并予以纠正,快速提高解题能力。

本书编写分工如下：柳冬梅老师负责模块五项目一和项目二的编写；张乾老师负责模块五项目三和项目四的编写；方丽老师负责模块四项目三的编写；于海老师负责模块二项目二的编写；赵洁老师负责模块二项目三的编写；张洪波老师负责模块三项目一的编写；夏昕君老师和奚春华老师负责协助思政元素的挖掘和撰写；张乾、柳冬梅和方丽三位老师还对书中的部分专业例题进行了编写或修订；张红锋老师负责其余部分的编写和全书统稿。朱彩兰老师负责了本书的审稿工作。

　　在本书的编写过程中，还得到了学院领导及许多专业课老师的帮助和支持，在此表示衷心的感谢！

　　在本书的编写过程中，我们参考了大量的文献资料，在此向这些资料的作者表示衷心的感谢！

　　限于编者水平有限，时间也比较仓促，书中难免有不当之处，我们衷心地希望得到专家、同行和读者的批评指正。

编者

目录

模块一　初等数学基础

项目一　坐标系 ·· 1
　　任务一　直角坐标系 ··· 1
　　　　找准人生坐标，准确定位自己 ·· 2
　　任务二　极坐标 ··· 10
项目二　方程与方程组 ·· 13
项目三　函数及其应用 ·· 17
　　任务一　函数的概念 ··· 17
　　　　人生如戏，悲喜已定 ·· 17
　　　　青春无价，法治同行 ·· 19
　　任务二　经济分析中常见的函数关系 ··· 23
　　任务三　幂函数、指数函数与对数函数 ·· 28
　　　　沉潜蓄势，厚积薄发 ·· 29
　　　　绷紧防范之弦，远离套路贷 ·· 29
　　任务四　三角函数与反三角函数 ··· 32
　　　　以方束己，以圆处事 ·· 37
　　任务五　正弦型函数 ··· 43
项目四　复数 ·· 48
　　任务一　复数及其代数运算 ··· 49
　　任务二　复数的三角形式、指数形式与极坐标形式 ····························· 52
项目五　等差数列与等比数列 ··· 56
　　　　量力而行，尽力而为 ·· 60
项目六　面积与体积 ··· 61

模块二　一元函数微积分学基础

项目一　极限与连续 ··· 69
　　任务一　极限的概念 ··· 69
　　　　只要我们足够努力，就能无限接近目标 ······································· 69
　　任务二　极限的运算 ··· 74

　　　　把握主次矛盾，成就出彩人生 ……………………………………… 76
　　　　幸福是奋斗出来的 …………………………………………………… 80
　　任务三　无穷大与无穷小 …………………………………………………… 81
　　任务四　函数的连续性 ……………………………………………………… 84
　　　　波属云委，源源不绝 ………………………………………………… 84
项目二　导数 …………………………………………………………………………… 89
　　任务一　导数的概念 ………………………………………………………… 89
　　　　百尺竿头，更进一步 ………………………………………………… 89
　　任务二　求导法则 …………………………………………………………… 97
　　任务三　函数的微分 ………………………………………………………… 104
项目三　导数的应用 …………………………………………………………………… 107
　　任务一　中值定理与洛必达法则 …………………………………………… 107
　　任务二　函数的单调性与极值 ……………………………………………… 112
　　　　征途漫漫，唯有奋斗 ………………………………………………… 113
　　任务三　曲线的凹凸性与拐点 ……………………………………………… 115
　　任务四　函数最值 …………………………………………………………… 118
　　任务五　曲率 ………………………………………………………………… 122
　　　　善直者斗，善柔者函 ………………………………………………… 122
　　任务六　边际分析与弹性分析 ……………………………………………… 126
项目四　不定积分与定积分 …………………………………………………………… 130
　　任务一　不定积分的概念与计算 …………………………………………… 130
　　任务二　定积分的概念 ……………………………………………………… 135
　　　　路远行则至，事难做则成 …………………………………………… 135
　　任务三　定积分的计算 ……………………………………………………… 142
　　任务四　定积分的应用 ……………………………………………………… 145

模块三　线性代数基础

项目一　行列式 ………………………………………………………………………… 153
　　任务一　行列式的概念 ……………………………………………………… 153
　　任务二　行列式的性质与计算 ……………………………………………… 158
　　任务三　克拉默法则 ………………………………………………………… 161
项目二　矩阵与解线性方程组 ………………………………………………………… 163
　　任务一　矩阵的概念与运算 ………………………………………………… 163
　　　　有规矩，成方圆 ……………………………………………………… 166
　　任务二　逆矩阵 ……………………………………………………………… 170
　　任务三　矩阵的初等变换与矩阵的秩 ……………………………………… 173
　　　　纵横不出方圆，万变不离其宗 ……………………………………… 177

　　　　任务四　解线性方程组 …………………………………………………… 177

模块四　概率统计基础

项目一　随机事件及其概率 …………………………………………………… 182
　　任务一　随机事件及其概率 ………………………………………………… 182
　　　　文章本天成，妙手偶得之 …………………………………………… 184
　　任务二　条件概率 …………………………………………………………… 187
　　　　大道至简，繁在人心 ………………………………………………… 188
项目二　离散型随机变量与连续型随机变量 ………………………………… 190
　　任务一　离散型随机变量 …………………………………………………… 190
　　任务二　连续型随机变量 …………………………………………………… 196
项目三　数据分析 ………………………………………………………………… 202
　　任务一　抽样方法 …………………………………………………………… 202
　　任务二　数据的集中趋势分析 ……………………………………………… 205
　　任务三　数据的离散程度分析 ……………………………………………… 211
　　任务四　一元线性回归分析 ………………………………………………… 214

模块五　物理基础

项目一　匀速圆周运动 ………………………………………………………… 219
项目二　力的合成与分解 ……………………………………………………… 224
　　　　团结就是力量 ………………………………………………………… 227
项目三　电学基础 ……………………………………………………………… 234
　　任务一　电路概念 …………………………………………………………… 234
　　任务二　直流电路 …………………………………………………………… 237
　　任务三　交变电流 …………………………………………………………… 244
项目四　半导体基础 …………………………………………………………… 248
　　任务一　半导体概念 ………………………………………………………… 248
　　任务二　PN 结及特性 ……………………………………………………… 250
　　任务三　半导体二极管 ……………………………………………………… 252

参考文献 ……………………………………………………………………… 255

模块一

初等数学基础

 项目一　坐标系

坐标无论是在日常生活中还是在科学技术中都有着广泛的应用．例如棋子的定位、电影院中位置的确定、数控机床编程等都会用到坐标的概念．

笛卡尔最先创建了直角坐标系．恩格斯曾高度评价笛卡尔的工作，他说："数学中的转折点是笛卡尔的变数．有了变数，运动进入了数学，有了变数，辩证法进入了数学．"

坐标系的种类有很多，常用的有平面直角坐标系、空间直角坐标系、平面极坐标系、柱坐标系及球坐标系等．这里我们重点介绍前三种坐标系．

 任务一　直角坐标系

一、平面直角坐标系

1. 基本概念

如图 1-1-1 所示，平面内两条互相垂直且有公共原点的数轴构成平面直角坐标系，简称直角坐标系．在平面直角坐标系中，水平的数轴称为 x 轴或横轴，取向右方向为正方向；铅直方向的数轴称为 y 轴或纵轴，取向上方向为正方向．坐标系所在平面叫作坐标平面，两坐标轴的交点叫作坐标原点．两坐标轴将坐标平面分成四个象限，右上方的部分叫作第一象限，其他三个部分按逆时针方向依次叫作第二象限、第三象限和第四象限．象限以数轴为界，横轴、纵轴上的点及原点不在任何一个象限内．一般情况下，x 轴和 y 轴取相同的单位长度，但在特殊的情况下，也可以取不同的单位长度．

在平面直角坐标系中，一个有序实数对 (x, y) 可以唯一确定一个点的位置，反过来，任意一点的位置都可以由唯一的一个有序实数对 (x, y) 来表示，这样的有序实数对叫作点的坐标，其中，x 是点的横坐标，y 是点的纵坐标．如图 1-1-2 所示，点 P 的坐标为(4,2). 原点坐标为(0,0).

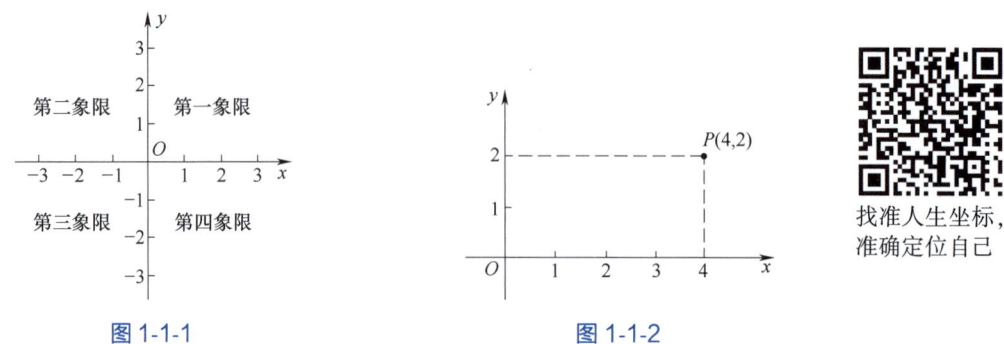

图 1-1-1

图 1-1-2

找准人生坐标，
准确定位自己

在平面直角坐标系中，如图 1-1-3 所示，任意两点 $A(x_1, y_1)$，$B(x_2, y_2)$ 之间的距离为：

$$|AB| = \sqrt{(x_2-x_1)^2 + (y_2-y_1)^2}$$

特别地，点 $M(x, y)$ 与原点 $O(0, 0)$ 的距离 d 为

$$d = |OM| = \sqrt{x^2+y^2}.$$

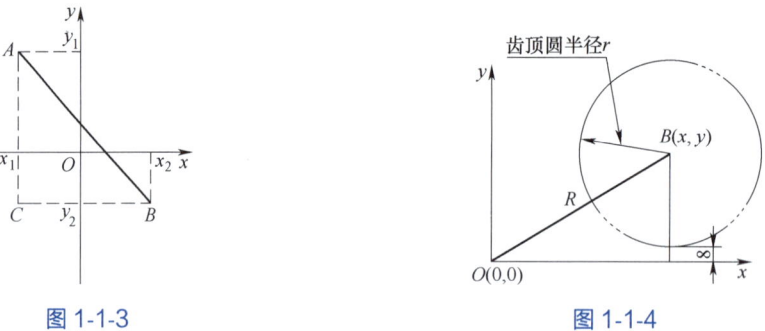

图 1-1-3

图 1-1-4

例1 如图 1-1-4 所示，已知 O 点为已知轴的轴心，设为坐标原点，即 $O(0, 0)$. $R=90\text{mm}$ 为两轴所给定的齿轮啮合中心距，齿顶圆半径为 $r=40\text{mm}$，要求齿顶圆距箱体壁的距离为 8mm，求轴心坐标点 $B(x, y)$.

解： 从图 1-1-4 中可以看出，$y=r+8=48$（mm），

由勾股定理：$x = \sqrt{R^2-y^2} = \sqrt{90^2-48^2} = \sqrt{5\ 796} \approx 76.13$（mm），

所以，轴心点的坐标为 (76.13, 48).

例2 如图 1-1-5 所示，利用 CAD 软件的直线功能画一个长为 25，宽为 10 的长方形时，需要确定每个点的坐标，设起点 A 的坐标是 (30, 30)，若按 A、B、C、D 的顺序作图，则 B、C、D 点输入的坐标分别是什么？

解： B 点：$x_B = 30+25 = 55$，$y_B = 30$；

C 点：$x_C = 30+25 = 55$，$y_C = 30+10 = 40$；

D 点：$x_D = 30$，$y_D = 30+10 = 40$.

所以，B、C、D 点的坐标分别为 $B(55, 30)$、$C(55, 40)$、$D(30, 40)$，如图 1-1-6 所示.

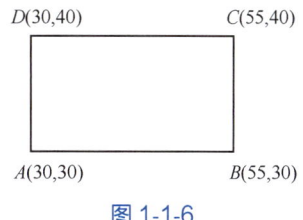

图 1-1-5　　　　　　　　　　　图 1-1-6

2. 常见平面曲线的方程

在实际应用中，多涉及直线与二次曲线等平面曲线，常见的平面曲线有直线、圆、椭圆、双曲线、抛物线等，现将它们汇总列表如下.

名称	图示	方程或公式
斜率		定义：$k=\tan\alpha\,(\alpha\neq 90°)$ 公式：$k=\dfrac{y_2-y_1}{x_2-x_1}\,(x_1\neq x_2)$
直线		点斜式方程：$y-y_0=k(x-x_0)$
直线		斜截式方程：$y=kx+b$
直线		两点式方程：$\dfrac{y-y_1}{y_2-y_1}=\dfrac{x-x_1}{x_2-x_1}$ $(x_1\neq x_2,\,y_1\neq y_2)$

续表

名称	图示	方程或公式
点到直线的距离	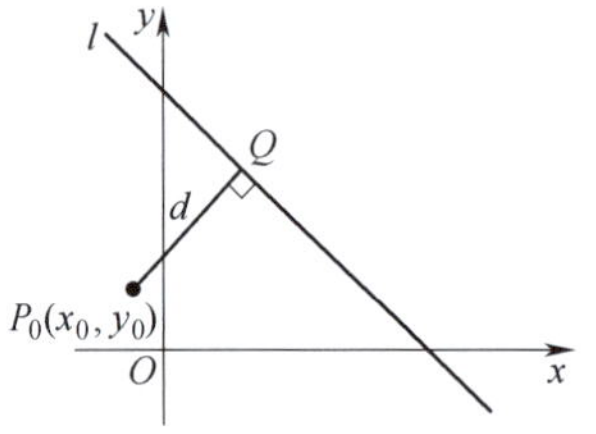	距离公式：$d=\dfrac{\lvert Ax_0+By_0+C\rvert}{\sqrt{A^2+B^2}}$
圆	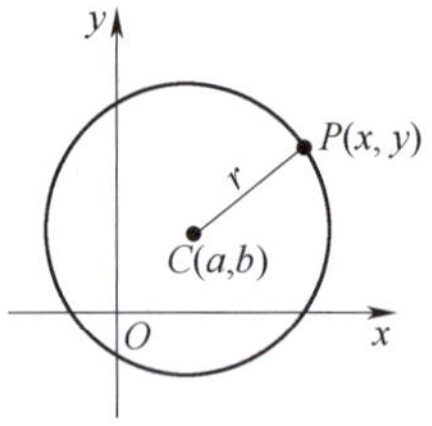	$(x-a)^2+(y-b)^2=r^2$
椭圆	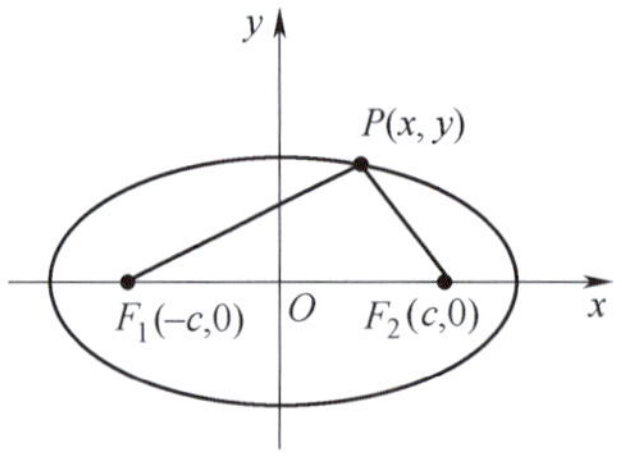	$\dfrac{x^2}{a^2}+\dfrac{y^2}{b^2}=1\,(a>b>0)$
双曲线	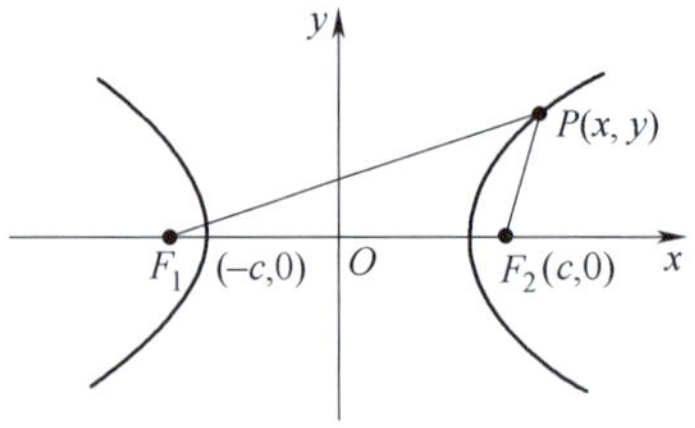	$\dfrac{x^2}{a^2}-\dfrac{y^2}{b^2}=1\,(a>0,b>0)$
抛物线	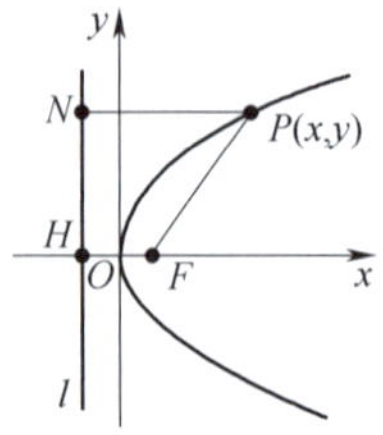	$y^2=2px\,(p>0)$

二、绝对坐标与相对坐标

用 CAD 作图或数控编程时，常常还会用到绝对坐标或相对坐标．比如，在数控编程时，根据机床零点所确定的坐标称为绝对坐标；在加工过程中与机床零点无关、只相对于它的起点来计量的坐标称为相对坐标，下面通过具体的例题来说明．

例 3 试在直角坐标系中，用绝对坐标和相对坐标表示由图 1-1-7 所示的 $P_1 \sim P_7$ 的交点坐标.

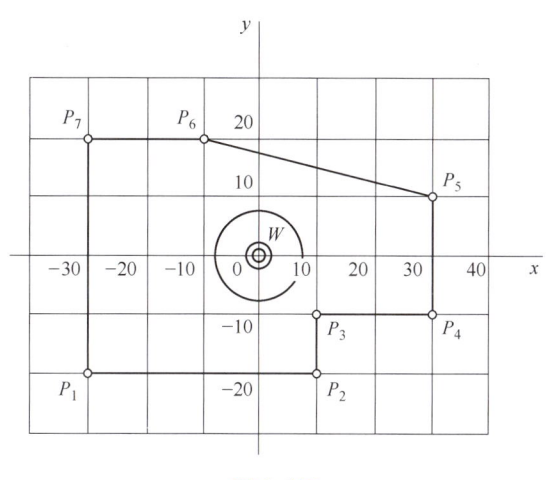

图 1-1-7

解： 绝对坐标有固定不变的坐标系和坐标原点；相对坐标则有一个相对的坐标原点和坐标系（这个坐标系的方向与原来的相同，只是坐标原点发生了变化）. 具体地说，就是在计算下一个节点的坐标时要把当前的节点作为坐标原点，根据这个坐标原点来确定下一个节点的坐标. 于是，各交点的坐标见下表：

交点	绝对坐标	相对坐标
P_1	$(-30,-20)$	$(-30,-20)$
P_2	$(10,-20)$	$(40,0)$
P_3	$(10,-10)$	$(0,10)$
P_4	$(30,-10)$	$(20,0)$
P_5	$(30,10)$	$(0,20)$
P_6	$(-10,20)$	$(-40,10)$
P_7	$(-30,20)$	$(-20,0)$

三、空间直角坐标系

1. 基本概念

如图 1-1-8 所示，过空间一点 O，作三条互相垂直的数轴，这三条数轴分别叫作 x 轴（横轴）、y 轴（纵轴）和 z 轴（竖轴）. 它们都以 O 为原点，通常有相同的单位长度，这样的三条坐标轴就组成一个空间直角坐标系，称为 $O\text{-}xyz$ 坐标系，O 点叫作坐标原点. 空间直角坐标系有右手系和左手系两种，我们通常采用右手系，其坐标轴的正方向按如下规定：以右手握住 z 轴，当右手的四指从 x 轴正向以 $\dfrac{\pi}{2}$ 角度转向 y 轴正向时，大拇指的指向就是 z 轴的正向，如图 1-1-9 所示.

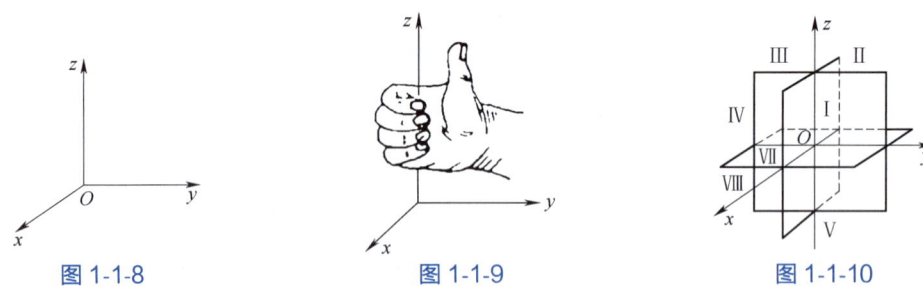

图 1-1-8　　　　　图 1-1-9　　　　　图 1-1-10

三条坐标轴中的任意两条确定的平面称为坐标面，x 轴与 y 轴所确定的坐标面叫作 xOy 面，y 轴与 z 轴，z 轴与 x 轴所确定的坐标面分别叫作 yOz 面和 zOx 面．习惯上将 xOy 面置于水平面的位置．三个坐标面将空间分成八个部分，每一部分叫作一个卦限，以 x 轴、y 轴及 z 轴的正半轴为棱的卦限叫作第Ⅰ卦限，第Ⅱ、Ⅲ、Ⅳ卦限在 xOy 面上方，按逆时针方向依次确定，而第Ⅰ、Ⅱ、Ⅲ、Ⅳ卦限下面依次为第Ⅴ、Ⅵ、Ⅶ、Ⅷ卦限，如图 1-1-10 所示．

设 M 为空间一定点，过点 M 作三个平面分别垂直于 x 轴、y 轴和 z 轴，它们与 x 轴、y 轴、z 轴的交点依次为 P，Q，R，点 P，Q，R 分别称为点 M 在 x 轴、y 轴和 z 轴上的投影点．这三个点在 x 轴、y 轴、z 轴上的坐标依次为 x，y，z，于是空间一点 M 就唯一地确定了一个有序数组 (x, y, z)．反过来，对于给定的有序数组 (x, y, z)，可以在 x 轴上取坐标为 x 点 P，在 y 轴上取坐标为 y 点 Q，在 z 轴上取坐标为 z 点 R，然后过点 P，Q，R 分别作垂直于 x 轴、y 轴和 z 轴的三个平面，这三个平面的交点 M 便是由有序数组 (x, y, z) 确定的唯一的点，如图 1-1-11 所示．这样就使得空间一点 M 与有序数组 (x, y, z) 一一对应，这组数 (x, y, z) 称为点 M 的空间直角坐标，并依次称 x，y，z 为点 M 的横坐标、纵坐标和竖坐标．

显然，原点 O 的坐标为 $(0, 0, 0)$，坐标轴上的点至少有两个坐标为 0，坐标面上的点至少有一个坐标为 0，例如，在 x 轴上点的坐标均有 $y = z = 0$，于是其坐标为 $(x, 0, 0)$，在 xOy 面上点的坐标均有 $z = 0$，故 xOy 面上点的坐标为 $(x, y, 0)$．

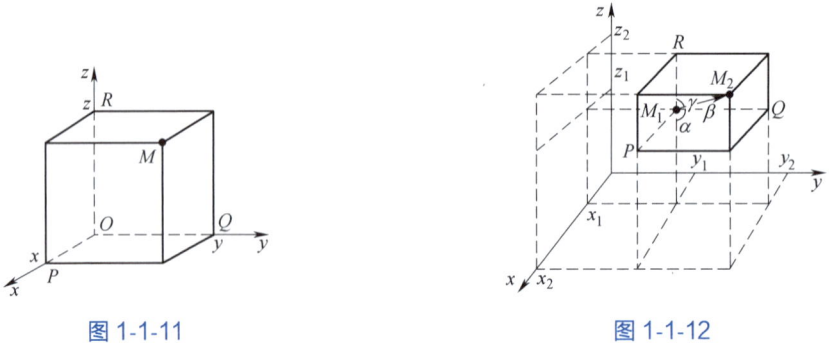

图 1-1-11　　　　　图 1-1-12

如图 1-1-12 所示，空间直角坐标系中任意两点 $M_1(x_1, y_1, z_1)$，$M_2(x_2, y_2, z_2)$ 之间的距离为：

$$|M_1M_2| = \sqrt{(x_2-x_1)^2 + (y_2-y_1)^2 + (z_2-z_1)^2}$$

特别地，点 $M(x, y, z)$ 与原点 $O(0, 0, 0)$ 的距离 d 为

$$d = |OM| = \sqrt{x^2 + y^2 + z^2}$$

例 4 设 M 点在 x 轴上，它到点 $M_1(0, -2, 2)$ 的距离等于到点 $M_2(1, 0, -1)$ 的距离，求点 M 的坐标.

解： 因为 M 点在 x 轴上，故可设 M 的坐标为 $(x, 0, 0)$. 由空间两点间距离公式得

$$|MM_1| = \sqrt{x^2 + 2^2 + (-2)^2} = \sqrt{x^2 + 8},$$

$$|MM_2| = \sqrt{(x-1)^2 + 0^2 + 1^2} = \sqrt{x^2 - 2x + 2},$$

由题意 $|MM_1| = |MM_2|$，即 $\sqrt{x^2 + 8} = \sqrt{x^2 - 2x + 2}$，从而解得 $x = -3$，

故所求点 M 的坐标为 $(-3, 0, 0)$.

2. 常见空间曲面及方程

在日常生活中，我们常常会看到各种曲面，例如，一些建筑物的表面、球面等. 类似平面曲线一样，空间曲面也可以看作点的集合. 在空间直角坐标系中，如果曲面 S 上任一点的坐标都满足方程 $F(x, y, z) = 0$，而不在曲面 S 上的任何点的坐标都不满足该方程，则方程 $F(x, y, z) = 0$ 称为曲面 S 的方程，而曲面 S 就称为方程 $F(x, y, z) = 0$ 的图形，如图 1-1-13 所示.

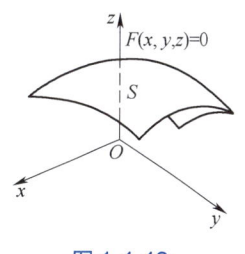

图 1-1-13

几种常见的空间曲面及其方程见下表：

名称	图示	方程
平面		$\dfrac{x}{a} + \dfrac{y}{b} + \dfrac{z}{c} = 1$
球面		$x^2 + y^2 + z^2 = R^2$

续表

名称	图示	方程
柱面	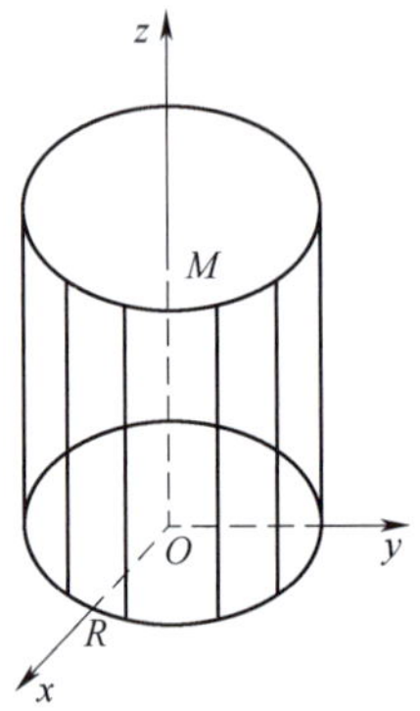	$x^2+y^2=R^2$
抛物柱面	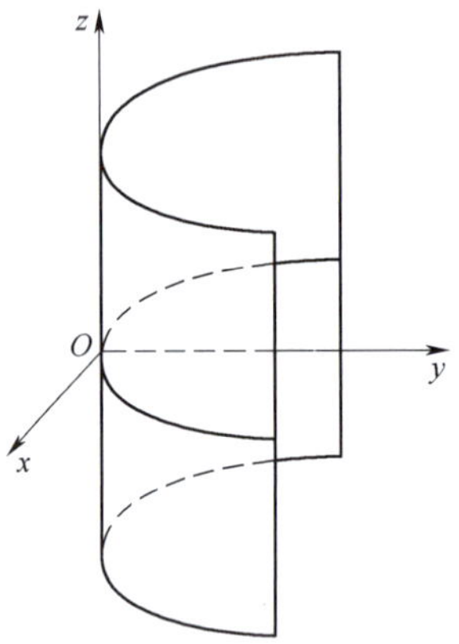	$x^2=2py\ (p>0)$
双曲柱面	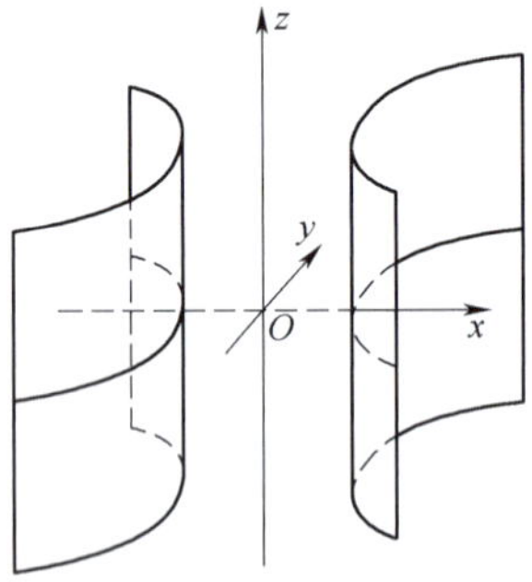	$\dfrac{x^2}{a^2}-\dfrac{y^2}{b^2}=1$
椭球面	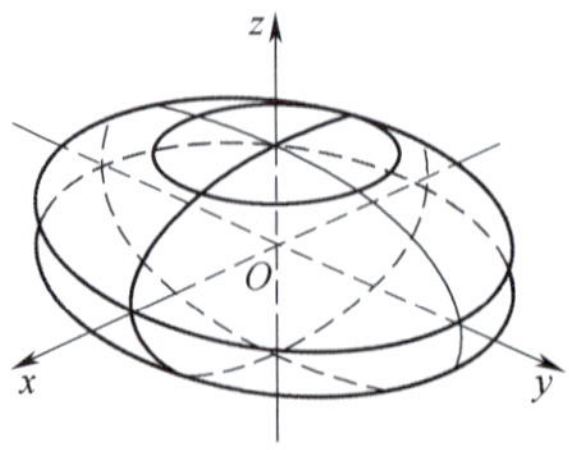	$\dfrac{x^2}{a^2}+\dfrac{y^2}{b^2}+\dfrac{z^2}{c^2}=1$

续表

名称	图示	方程
旋转抛物面		$x^2+y^2=2pz$
锥面		$x^2+y^2=z^2$

习题 1-1-1

习题答案

1. 如图 1-1-14 所示，用点 A、B、C、D、E 分别表示教学楼、体育馆、图书馆、实验楼、办公楼的位置. 若以 A 为原点，AB 所在直线为 x 轴并取向右为正方向建立平面直角坐标系，请写出 A、B、C、D、E 各点的坐标.

2. 如图 1-1-15 所示，利用 CAD 软件的直线工具画一个长为 25，宽为 10 的长方形时，需要确定每个点的坐标，设起点 A 的坐标是（30，30），按 A、B、C、D 的顺序作图，则 B、C、D 点的相对坐标分别是什么？

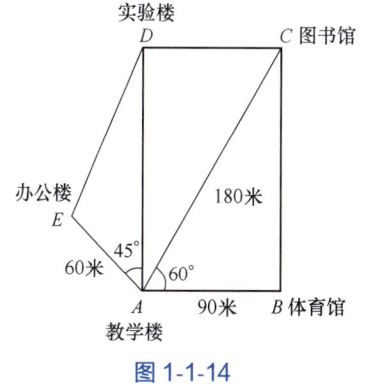

图 1-1-14

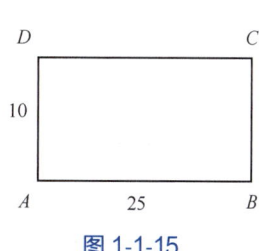

图 1-1-15

3. 设平面上一点 $M(2, 3)$，直线 $l: 3x-2y+1=0$，求点 M 关于直线 l 的对称点坐标.

4. 试证以 $A(4, 1, 9)$、$B(10, -1, 6)$、$C(2, 4, 3)$ 为顶点的三角形是等腰直角三角形.

5. 在 z 轴上求与点 $A(-4, 1, 7)$ 和 $B(3, 5, -2)$ 等距离的点.

6. 写出点 $M(3, -2, 4)$ 分别关于各坐标面、各坐标轴及坐标原点的对称点坐标.

任务二　极坐标

极坐标属于二维坐标系统，现已被广泛应用于定位和导航，在几何数学和测量学中也都有着广泛的应用. 有些几何轨迹问题用极坐标法处理比用直角坐标法来处理要简单很多.

一、极坐标

1. 极坐标概念

如图 1-1-16 所示，在平面内取一定点 O，称为极点，自极点 O 引一条射线 Ox，称为极轴，再选定一个长度单位，并取逆时针方向为角的正方向，这样就建立了一个极坐标系. 设点 P 是平面上任意一点，极点 O 与点 P 的距离 $|OP|$ 称为点 P 的极径，记作 ρ；以极轴 Ox 为始边，射线 OP 为终边的角称为点 P 的极角（一般以弧度为单位），记作 θ. 有序数对 (ρ, θ) 称为点 P 的极坐标，记作 $P(\rho, \theta)$.

一般情况下，无特殊说明时，我们规定：$\rho \geq 0$，$-\pi < \theta \leq \pi$（或 $0 \leq \theta < 2\pi$）. 这时，除极点外，平面上的点就可用唯一的极坐标 (ρ, θ) 表示. 同时，极坐标 (ρ, θ) 表示的点也是唯一确定的. 对于极点，我们约定，它的极坐标是 $(0, \theta)$，极角 θ 可取任意角.

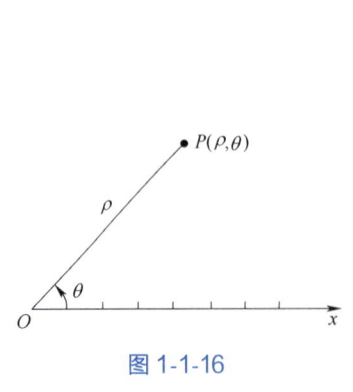

图 1-1-16

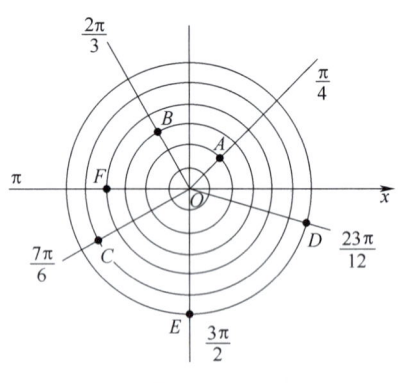

图 1-1-17

例 1　如图 1-1-17 所示，直接写出极坐标系中 $A \sim F$ 各点的极坐标.

解：根据图可写出 $A \sim F$ 各点的极坐标为

$A\left(2, \dfrac{\pi}{4}\right)$，$B\left(3, \dfrac{2\pi}{3}\right)$，$C\left(5, \dfrac{7\pi}{6}\right)$，$D\left(6, \dfrac{23\pi}{12}\right)$，$E\left(6, \dfrac{3\pi}{2}\right)$，$F(4, \pi)$.

例 2　用 CAD 软件绘图，用直线和相对极坐标画一个边长为 50 的正三角形 ABC，如

图 1-1-18 所示. 已知 A 点的绝对坐标是 (20,0), 则 B、C 相对于 A 的极坐标（相对坐标）分别是什么？软件中输入极坐标的格式为 (ρ<度数).

解： B、C 两点相对于 A 点的极坐标，即将起点 A 的坐标看作 (0, 0°) 时 B、C 的极坐标. 所以，B、C 两点的极坐标分别为 $B(50, 0°)$，$C(50, 60°)$，如图 1-1-19 所示.

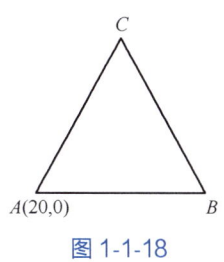

图 1-1-18

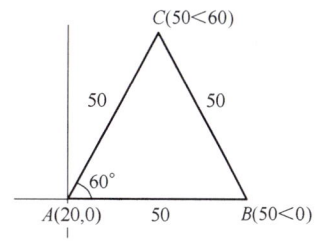

图 1-1-19

2. 极坐标与直角坐标的互化

极坐标系和直角坐标系是两种不同的坐标系，同一个点可以用极坐标表示，也可以用直角坐标表示，这两种坐标在一定条件下可以互相转化. 在实践中，往往需要将两种坐标互换.

如图 1-1-20 所示，把直角坐标系的原点作为极点，x 轴的正半轴作为极轴，并在两种坐标系中取相同的长度单位.

设 P 为平面上任一点，它的直角坐标是 (x, y)，极坐标是 (ρ, θ)，则它们之间的关系是：

$$\begin{cases} x = \rho\cos\theta \\ y = \rho\sin\theta \end{cases} \quad 或 \quad \begin{cases} \rho = \sqrt{x^2 + y^2} \\ \tan\theta = \dfrac{y}{x}\,(x \neq 0) \end{cases}$$

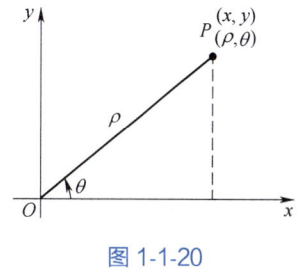

图 1-1-20

这就是极坐标与直角坐标的互化公式.

注：（1）在求 θ 时，要结合点 $P(x, y)$ 所在的象限来确定 θ 的值；

（2）当 $x = 0$ 时，若 $y > 0$，则 $\theta = \dfrac{\pi}{2}$；若 $y < 0$，则 $\theta = \dfrac{3\pi}{2}$.

例 3 把点 M 的极坐标 $\left(4, \dfrac{2\pi}{3}\right)$ 化成直角坐标.

解： 由条件知 $\rho = 4$，$\theta = \dfrac{2}{3}\pi$，

再由极坐标与直角坐标之间的关系：$\begin{cases} x = \rho\cos\theta \\ y = \rho\sin\theta \end{cases}$

代入数据得，$\begin{cases} x = 4\cos\dfrac{2}{3}\pi = 4 \times \left(-\dfrac{1}{2}\right) = -2 \\ y = 4\sin\dfrac{2}{3}\pi = 4 \times \dfrac{\sqrt{3}}{2} = 2\sqrt{3} \end{cases}$

因此，点 M 的直角坐标是 $(-2, 2\sqrt{3})$.

例4 把点 M 的直角坐标 $(-\sqrt{3}, -1)$ 化成极坐标.

解：由条件知点 M 在第三象限，$x = -\sqrt{3}$，$y = -1$，

再由极坐标与直角坐标之间的关系：$\begin{cases} \rho^2 = x^2 + y^2 \\ \tan\theta = \dfrac{y}{x}(x \neq 0) \end{cases}$

代入数据得，$\begin{cases} \rho^2 = (-\sqrt{3})^2 + (-1)^2 = 4 \\ \tan\theta = \dfrac{-1}{-\sqrt{3}} = \dfrac{\sqrt{3}}{3} \end{cases}$

所以，$\rho = 2$，$\theta = \dfrac{7}{6}\pi$，

因此，点 M 的极坐标是 $\left(2, \dfrac{7}{6}\pi\right)$.

二、曲线的极坐标方程

在直角坐标系中，曲线可以用关于 (x, y) 的二元方程 $F(x, y) = 0$ 来表示，方程 $F(x, y) = 0$ 是曲线的直角坐标方程. 同理，在极坐标系中，曲线也可以用含有 ρ 和 θ 的二元方程 $f(\rho, \theta) = 0$ 来表示，方程 $f(\rho, \theta) = 0$ 称为曲线的极坐标方程.

例5 如图 1-1-21 所示，设点 A 的极坐标为 $(2, 0)$，求过点 A 且垂直于极轴的直线的极坐标方程.

解：如图所示，在所求直线 l 上任取一点 $P(\rho, \theta)$，连结 OP，则 $OP = \rho$，$\angle POA = \theta$. 在 Rt$\triangle PAO$ 中，由 $\cos\theta = \dfrac{OA}{OP}$，得

$$\cos\theta = \dfrac{2}{\rho} \quad \text{或} \quad \rho\cos\theta = 2,$$

即为所求直线的极坐标方程.

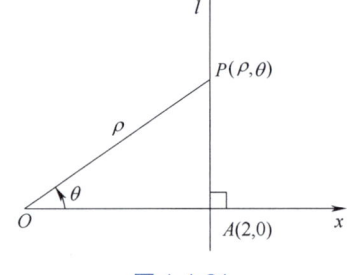

图 1-1-21

例6 将圆的直角坐标方程 $x^2 + y^2 = r^2$（r 为半径）化为极坐标方程.

解：以直角坐标的原点为极点，x 轴正半轴为极轴，取相同单位长度建立极坐标系.

由极坐标与直角坐标之间的关系 $\begin{cases} x = \rho\cos\theta \\ y = \rho\sin\theta \end{cases}$，代入 $x^2 + y^2 = r^2$，得 $\rho^2 = r^2$，即

$$\rho = r,$$

此即为圆 $x^2 + y^2 = r^2$ 的极坐标方程.

习题 1-1-2

1. 如图 1-1-22 所示，设 $OM = 1$，试写出 M、N、P、Q 四点的极坐标.

习题答案

2. 试写出如图 1-1-23 所示数控铣床加工冲孔模的 $P_2 \sim P_5$ 孔的极坐标.

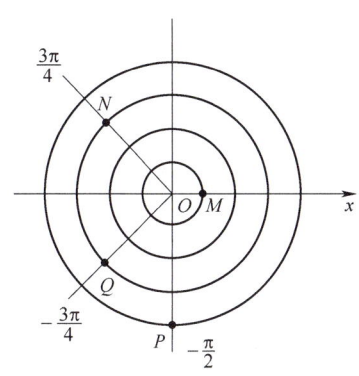

图 1-1-22

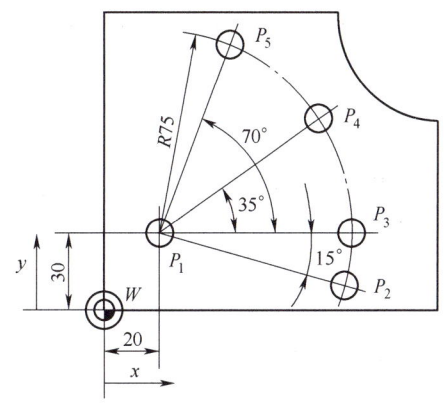

图 1-1-23

3. 在图 1-1-24 中，用点 A，B，C，D，E 分别表示教学楼、体育馆、图书馆、实验楼、办公楼的位置，请建立适当的极坐标系，并写出 A，B，C，D，E 各点的极坐标.

4. 将下列各点的直角坐标化为极坐标.
$A(3, \sqrt{3})$；$B(0, 5)$；$C(-1, -1)$.

5. 将下列各点的极坐标化为直角坐标.
$A(1, 0)$；$B\left(\sqrt{2}, \dfrac{\pi}{4}\right)$；$C\left(3, \dfrac{\pi}{3}\right)$.

6. 求圆 $x^2+y^2=25$ 的极坐标方程.

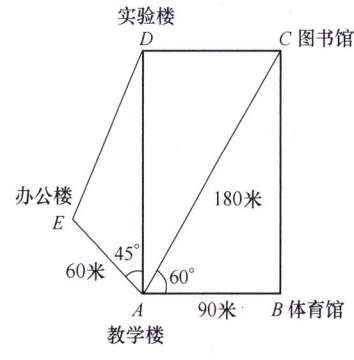

图 1-1-24

项目二　方程与方程组

　　方程或方程组在工程技术或经济管理中都有着广泛的应用．比如，在电路分析中，常根据电学知识建立相应的二元一次方程组、三元一次方程组或更高元的线性方程组，方程组的解便是电路的解（节点电压或支路电流）．在这里，解方程组就显得尤为重要．

一、一元一次方程

1. 定义

　　方程中只有一个未知数，且未知数的最高次幂为 1 的方程，称为一元一次方程，其标准形式为

$$ax = b$$

2. 方程的解

　　当 $a \neq 0$ 时，方程有唯一解，$x = \dfrac{b}{a}$.

当 $a=0$，$b\neq 0$ 时，方程无解.

当 $a=0$，$b=0$ 时，方程有无数个解.

二、一元二次方程

1. 定义

方程中只有一个未知数，且未知数的最高次幂为 2 的方程，称为一元二次方程，其标准形式为

$$ax^2+bx+c=0\,(a\neq 0)$$

2. 方程的解

设根的判别式 $\Delta=b^2-4ac$，则当 $\Delta>0$ 时，方程有两个不相等的实数解：

$$x_1=\frac{-b+\sqrt{b^2-4ac}}{2a},\ x_2=\frac{-b-\sqrt{b^2-4ac}}{2a}$$

当 $\Delta=0$ 时，方程有两个相等的实数解：

$$x_1=x_2=-\frac{b}{2a}$$

当 $\Delta<0$ 时，方程无实数解，但在复数范围内有一对共轭复根（见项目四）：

$$x_1=-\frac{b}{2a}+\frac{\sqrt{4ac-b^2}}{2a}i,\ x_2=-\frac{b}{2a}-\frac{\sqrt{4ac-b^2}}{2a}i$$

例 1 解方程 $6x^2+17x+12=0$.

解： 因为 $\Delta=(17)^2-4\times 6\times 12=1>0$，所以方程有两个不相等的实数解：

$$x_1=\frac{-17+\sqrt{1}}{2\times 6}=-\frac{4}{3},\ x_2=\frac{-17-\sqrt{1}}{2\times 6}=-\frac{3}{2}.$$

例 2 解方程 $x^2+4x+5=0$.

解： 因为 $\Delta=4^2-4\times 1\times 5=-4<0$，所以方程没有实数解，但有一对共轭复根：

$$x_1=-\frac{4}{2}+\frac{\sqrt{-(-4)}}{2}i=-2+i,\ x_2=-\frac{4}{2}-\frac{\sqrt{-(-4)}}{2}i=-2-i.$$

三、二元一次方程组与三元一次方程组

二元一次方程组的标准形式为

$$\begin{cases}a_1x+b_1y=c_1\\a_2x+b_2y=c_2\end{cases}$$

三元一次方程组的标准形式为

$$\begin{cases}a_1x+b_1y+c_1z=d_1\\a_2x+b_2y+c_2z=d_2\\a_3x+b_3y+c_3z=d_3\end{cases}$$

常用的解二元一次方程组和三元一次方程组的方法是代入消元法和加减消元法.

例3 解二元一次方程组 $\begin{cases} 3x+4y=8 & (1) \\ 5x+8y=34 & (2) \end{cases}$.

解： （1）×5-（2）×3 消去 x，得 $-4y=-62$，解得 $y=\dfrac{31}{2}$.

将 $y=\dfrac{31}{2}$ 代入方程（1），解得 $x=-18$.

所以原方程组的解为 $\begin{cases} x=-18 \\ y=\dfrac{31}{2} \end{cases}$.

例4 解三元一次方程组 $\begin{cases} x+2y+z=1 & (1) \\ 2x+2y-z=-1 & (2) \\ x-2y-2z=10 & (3) \end{cases}$.

解： （2）-（1），得 $x-2z=-2$　（3）
（3）+（1），得 $2x-z=11$　（4）
联立（3）（4）得方程组 $\begin{cases} x-2z=-2 \\ 2x-z=11 \end{cases}$，解得 $\begin{cases} x=8 \\ z=5 \end{cases}$.

把 $\begin{cases} x=8 \\ z=5 \end{cases}$ 代入（1），得 $y=-6$.

所以原方程组的解为 $\begin{cases} x=8 \\ y=-6 \\ z=5 \end{cases}$.

四、线性方程组在电路分析中的应用

在线性电路中，不管电路多么复杂，总是由许多支路组合而成的，而各条支路在电路上会组成许多节点（三条或三条以上支路的汇合点）和网孔（其中不含支路的闭合电路）.节点和网孔都可以根据基尔霍夫电流定律和基尔霍夫电压定律写出相应的二元一次方程组、三元一次方程组或 n 元一次方程组（也称为 n 元线性方程组），方程组的解便是电路的解（节点电压或支路电流）.数学在这里发挥了巨大的作用.

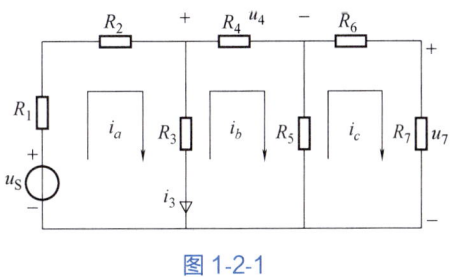

图 1-2-1

例5 如图 1-2-1 所示的电路，已知 $R_1=2\Omega$，$R_2=4\Omega$，$R_3=12\Omega$，$R_4=4\Omega$，$R_5=12\Omega$，$R_6=4\Omega$，$R_7=2\Omega$，设电源电压为 $u_S=10\text{V}$.

首先进行建模.选定电流方向如图所示，设每个网孔的回路电流分别为 i_a，i_b，i_c。据根基尔霍夫定律，任何回路中诸元件上的电压之和等于零，列出各回路的电压方程为：

$$\begin{cases} (R_1+R_2+R_3)i_a - R_3i_b - u_S = 0 \\ -R_3i_a + (R_3+R_4+R_5)i_b - R_5i_c = 0 \\ -R_5i_b + (R_5+R_6+R_7)i_c = 0 \end{cases}$$

代入数据并整理得方程组

$$\begin{cases} 18i_a - 12i_b = 10 & (1) \\ -12i_a + 28i_b - 12i_c = 0 & (2) \\ -12i_b + 18i_c = 0 & (3) \end{cases}$$

试解此方程组求电流 i_a, i_b, i_c.

解： 由（3）得 $i_c = \dfrac{2}{3}i_b$, 将其代入（2），得 $-3i_a + 5i_b = 0$ （4）.

联立（1）（4）得方程组 $\begin{cases} 18i_a - 12i_b = 10 \\ -3i_a + 5i_b = 0 \end{cases}$, 解得 $i_a = \dfrac{25}{27}$, $i_b = \dfrac{5}{9}$.

把 $i_b = \dfrac{5}{9}$ 代入（3），得 $i_c = \dfrac{10}{27}$.

所以原方程组的解为 $i_a = \dfrac{25}{27}$, $i_b = \dfrac{5}{9}$, $i_c = \dfrac{10}{27}$.

任何稳态电路问题，都可以用线性代数方程描述. 直流电路构成的是实系数方程，其解为实数；交流电路构成的是复数系数方程，其解为复数. 即使是二元、三元的线性方程组，解起来也很烦琐，所以，使用矩阵方程和计算机软件就更为必要了.

习题 1-2-1

习题答案

1. 解下列方程或方程组.

   (1) $x^2 - 3x + 2 = 0$;
   (2) $2x^2 + 4x + 5 = 0$;
   (3) $\begin{cases} x + 2y = 3 \\ 3x - y = -5 \end{cases}$;
   (4) $\begin{cases} 17x + 13y = 47 \\ 13x + 17y = 43 \end{cases}$;
   (5) $\begin{cases} x + 3y + 2z = 2 \\ 3x + 2y - 4z = 3 \\ 2x - y = 7 \end{cases}$;
   (6) $\begin{cases} x + y - z = 6 \\ x - 3y + 2z = 1 \\ 3x + 2y - z = 4 \end{cases}$.

2. 电路如图 1-2-2 所示，电动势 $E_1 = 2.15\text{V}$, $E_2 = 1.9\text{V}$, $R_1 = 0.9\Omega$, $R_2 = 0.2\Omega$, $R_3 = 2\Omega$.

   根据电学知识，可以列出相应的方程，并代入数据得方程组：

   $$\begin{cases} -I_1 - I_2 + I_3 = 0 \\ 0.1I_1 - 0.2I_2 = 0.25 \\ 0.2I_2 + 2I_3 = 1.9 \end{cases}$$

   图 1-2-2

   试解此方程组求电流 I_1, I_2, I_3.

3. 如图 1-2-3 所示，已知 $R_1 = 10\Omega$, $R_2 = 5\Omega$, $R_3 = 5\Omega$, $U_{S1} = 13\text{V}$, $U_{S3} = 6\text{V}$.

根据电学知识，可以列出相应的方程，并代入数据得方程组：

$$\begin{cases} I_1 - I_2 + I_3 = 0 \\ -5I_2 - 5I_3 = -6 \\ 10I_1 + 5I_2 = 13 \end{cases}$$

试解此方程组求电流 I_1，I_2，I_3.

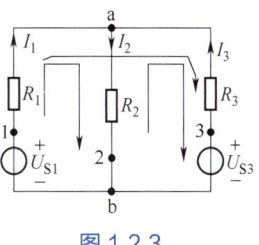

图 1-2-3

项目三　函数及其应用

世界万物都是运动变化的，而变化往往又是有规律的，可以通过寻找变量间的对应关系把它们反映出来，这就是函数．函数也是高等数学的主要研究对象，这里我们主要介绍函数的基本概念、经济分析中常见的函数关系、幂函数、指数函数、对数函数、三角函数、反三角函数等及它们的应用．

任务一　函数的概念

本任务主要学习函数的基本概念、函数表示、反函数、函数特性、一次函数及线性插值法等内容．

一、函数的概念

1. 函数的定义

在我们观察各种现象或过程的时候，经常会遇到两种不同的量：一种是在研究过程中保持不变、取一个固定数值的量，这样的量称为常量．例如，重力加速度，北京到上海的直线距离等；另一种是在研究过程中会起变化、可在一定的范围内取不同数值的量，这样的量称为变量．例如，一天中的温度，商品的价格等．在同一问题中，有时还会同时存在几个变量，且它们之间又是相互联系、相互对应的，比如下面几个仅含有两个变量的例子．

引例 1　当我们去银行存款时，常常会看到类似于这样的利率表：

存期	3 个月	6 个月	1 年	2 年	3 年	5 年
年利率/%	1.55	2.05	2.25	2.85	3.25	3.60

这张表格确定了存期 n 与年利率 i 这两个变量之间的对应关系，当任意给定一个存期，都会有唯一确定的年利率与之对应．例如，与 1 年期对应的存款年利率为 2.25%.

引例 2　如图 1-3-1 所示，底半径为 5，高为 h 的圆柱形容器的容积 V 与高 h 之间的对应关系为

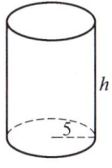

图 1-3-1

人生如戏，悲喜已定

$$V = 25\pi h \, (h > 0).$$

当任意给定一个高 h，都会有唯一确定的容积 V 与之对应．例如，当 $h = 10$ 时，就有唯一确定的容积 $V = 250\pi$ 与之对应．

引例 3 假设某厂家生产销售某种产品所获得的利润 L 与产量 Q 之间的关系如图 1-3-2 所示．由图像可知，当任意给定一个产量 Q，都会有唯一确定的利润 L 与之对应．例如，当产量为 $Q = 110$ 时，厂家获得的利润 $L = 120$．

定义 1 设 D 是一个非空实数集合，若存在确定的对应规则 f，使得对于数集 D 中的任意一个数 x，都有唯一确定的实数 y 与之对应，则称 f 是定义在集合 D 上的函数．记作：

$$y = f(x), \, x \in D.$$

x 称为自变量，y 称为因变量．集合 D 称为函数 $y = f(x)$ 的定义域．

对于 $x_0 \in D$ 所对应的 y 值，称为当 $x = x_0$ 时，函数 $y = f(x)$ 的函数值．记作：

$$f(x_0) \quad \text{或} \quad f(x)\big|_{x=x_0} \quad \text{或} \quad y\big|_{x=x_0}.$$

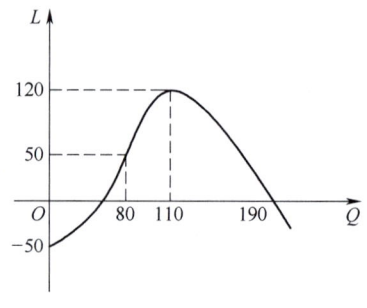

图 1-3-2

在实际问题中，函数的定义域是根据问题的实际意义而确定的．当不考虑函数的实际意义时，函数的定义域就取使函数表达式有意义的自变量的集合．这种定义域称为函数的自然定义域．

例 1 求函数 $y = \lg(1 - x^2) + \dfrac{1}{x}$ 的定义域．

解： 该函数的定义域是使不等式组

$$\begin{cases} 1 - x^2 > 0 \\ x \neq 0 \end{cases},$$

成立的 x 的全体，解此不等式组得：$-1 < x < 0$ 或 $0 < x < 1$，故函数的定义域为：$(-1, 0) \cup (0, 1)$．

例 2 设 $f(x) = \dfrac{x}{x+1}$，求 $f(3)$，$f(x-1)$．

解： $f(3) = \dfrac{3}{3+1} = \dfrac{3}{4}$；

$$f(x-1) = \dfrac{x-1}{(x-1)+1} = 1 - \dfrac{1}{x}.$$

2. 函数的表示

（1）表格法。以表格形式表示函数的方法．表格法的优点是所求的函数值易于查得．例如引例 1．

（2）图像法。在直角坐标系中用图形来表示函数的方法，其优点是直观形象，且可以看到函数的变化趋势．例如引例 3．

（3）解析法。将自变量与因变量之间的关系用数学式子来表示的方法，其优点是便于理论推导和计算．例如引例 2．

在某些问题中，函数在其定义域内的对应关系并不能总是用一个数学表达式给出．比如邮寄信件时，所付的邮资与所寄信件重量的函数关系；又如个人应缴纳的所得税与个人收入之间的函数关系都不能用单一的一个数学表达式给出，而需要用分段函数表示．分段函数就是在定义域的不同范围内用不同的数学表达式表示的函数．

例3 按照我国税法规定，个人月收入不超过 5 000 元不需要纳税，超过 5 000 元不超过 8 000 元的部分，需缴纳 3% 的个人所得税，超过 8 000 元不超过 17 000 元的部分，需缴纳 10% 的个人所得税．假设小李的月收入为固定 7 500 元，小张的月收入由基本工资加绩效构成，为 x 元（$0<x\leqslant 17\ 000$）．

（1）小李应缴纳的个人所得税为多少元？

（2）设小张应缴纳的个人所得税为 y 元，请建立 y 与 x 之间的函数关系．

解：（1）小李应缴纳的个人所得税为

$$(7\ 500-5\ 000)\times 3\%=75\ (\text{元}).$$

（2）当 $0<x\leqslant 5\ 000$ 时，$y=0$；

当 $5\ 000<x\leqslant 8\ 000$ 时，$y=(x-5\ 000)\times 3\%=0.03x-150$；

当 $8\ 000<x\leqslant 17\ 000$ 时，$y=(8\ 000-5\ 000)\times 3\%+(x-8\ 000)\times 10\%$
$$=0.1x-710.$$

所以 y 与 x 之间的函数关系为（用分段函数表示）：

$$y=\begin{cases} 0, & 0<x\leqslant 5\ 000 \\ 0.03x-150, & 5\ 000<x\leqslant 8\ 000 \\ 0.1x-710, & 8\ 000<x\leqslant 17\ 000 \end{cases}.$$

青春无价，
法治同行

3. 反函数

我们知道，圆的面积 A 与半径 r 的函数关系为 $A=\pi r^2(r>0)$，即任意给定一个半径 r，都会有唯一确定的面积 A 与之对应．反之，如果任意给定一个圆面积 A（$A>0$），则同样会有唯一确定的半径 $r=\sqrt{\dfrac{A}{\pi}}$ 与之对应．这时是将面积 A 看成自变量，半径 r 看成因变量，r 是 A 的函数，我们称之为原来函数 $A=\pi r^2(r>0)$ 的反函数．

定义2 设函数 $y=f(x)$ 的定义域是 D，值域为 Z，如果对于 Z 中的任意一个 y 值，通过关系式 $y=f(x)$，在 D 中都有唯一确定的 x 与之对应，这样就确定了一个以 y 为自变量，x 为因变量的新的函数，称为原来函数 $y=f(x)$ 的反函数，记作 $x=f^{-1}(y)$，它的定义域为 Z，值域为 D．

习惯上，总是用 x 表示自变量，用 y 表示因变量，因此，常把反函数 $x=f^{-1}(y)$ 写成 $y=f^{-1}(x)$ 的形式．

例4 求函数 $y=2x+4$ 的反函数．

解： 由 $y=2x+4$ 得 $x=\dfrac{1}{2}y-2$，将 x 换成 y，y 换成 x，得反函数为

$$y=\dfrac{1}{2}x-2.$$

二、函数的特性

1. 有界性

设函数 $f(x)$ 的定义域为 D，若存在正数 M，对于任意的 $x \in D$，恒有 $|f(x)| \leq M$，则称函数 $f(x)$ 在 D 上有界，或称 $f(x)$ 是 D 上的有界函数.

例如，函数 $y = \sin x$ 在 $(-\infty, +\infty)$ 内是有界的，因为对任意实数 $x \in (-\infty, +\infty)$，恒有 $|\sin x| \leq 1$ 成立，如图 1-3-3 所示. 再如，函数 $y = \dfrac{1}{x}$ 在区间 $(0, 1)$ 内是无界函数，因为可以取无限接近于零的正数，使得函数的绝对值 $\left|\dfrac{1}{x}\right|$ 大于任何预先给定的正数 M. 但易见该函数在区间 $[1, +\infty)$ 内有界，如图 1-3-4 所示. 因此我们说一个函数是有界的还是无界的，应同时指明其自变量的相应范围.

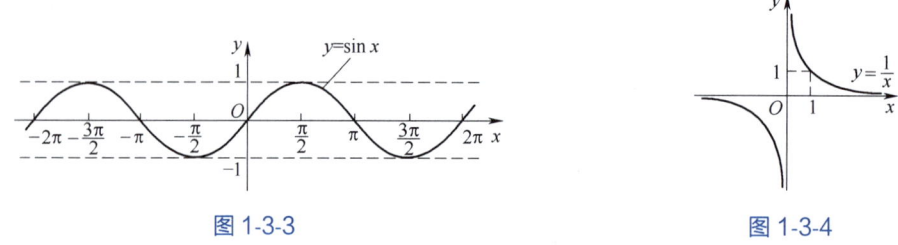

图 1-3-3 　　　　　　　　　　　　　　图 1-3-4

2. 奇偶性

设函数 $f(x)$ 的定义域为 D 关于原点对称，若对于任意的 $x \in D$，恒有 $f(-x) = f(x)$，则称 $f(x)$ 为偶函数；若对于任意的 $x \in D$，恒有 $f(-x) = -f(x)$，则称 $f(x)$ 为奇函数. 既不是奇函数又不是偶函数的函数称为非奇非偶函数.

奇函数的图像关于原点对称，偶函数的图像关于 y 轴对称，如图 1-3-5 和 1-3-6 所示.

图 1-3-5 　　　　　　　　　　　　　　图 1-3-6

例如，函数 $y = \sin x$，$y = \tan x$ 是奇函数，函数 $y = \cos x$ 是偶函数.

3. 单调性

设函数 $f(x)$ 在区间 I 上有定义，若对任意的 $x_1, x_2 \in I$ 且 $x_1 < x_2$，恒有 $f(x_1) < f(x_2)$，则称 $f(x)$ 在区间 I 上是单调增加函数，如图 1-3-7 所示；若对任意的 $x_1, x_2 \in I$ 且 $x_1 < x_2$，恒有 $f(x_1) > f(x_2)$，则称 $f(x)$ 在区间 I 上是单调减少函数，如图 1-3-8 所示.

例如，函数 $y = x^2$ 在 $[0, +\infty)$ 内是单调增加的，在 $(-\infty, 0]$ 内是单调减少的，而在 $(-\infty, +\infty)$ 内则是非单调的，如图 1-3-9 所示. 再如，函数 $y = \arctan x$ 在 $(-\infty, +\infty)$

内是单调增加的, 如图 1-3-10 所示.

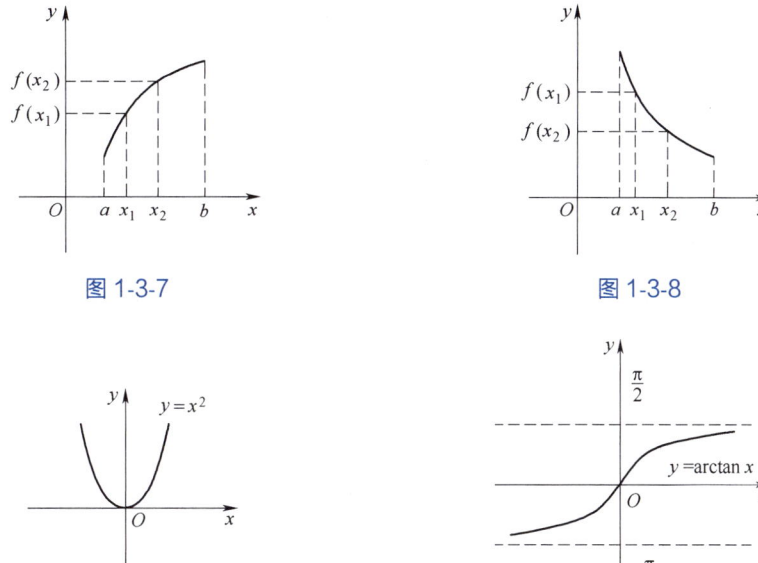

图 1-3-7　　　　　　　　　　　图 1-3-8

图 1-3-9　　　　　　　　　　　图 1-3-10

4. 周期性

设函数 $f(x)$ 的定义域为 D, 若存在一个实数 T, 使得对任意的 $x \in D$, 恒有 $x \pm T \in D$, 且 $f(x \pm T) = f(x)$, 则称 $f(x)$ 为周期函数. 若函数 $f(x)$ 的周期中存在一个最小正数 a, 则称 a 为函数 $f(x)$ 的最小正周期, 简称周期.

通常所说周期函数的周期就是指其最小正周期. 例如, 函数 $y = \tan x$ 的周期为 π, 函数 $y = \sin x$, $y = \cos x$ 的周期都为 2π, 如图 1-3-11 和图 1-3-12 所示.

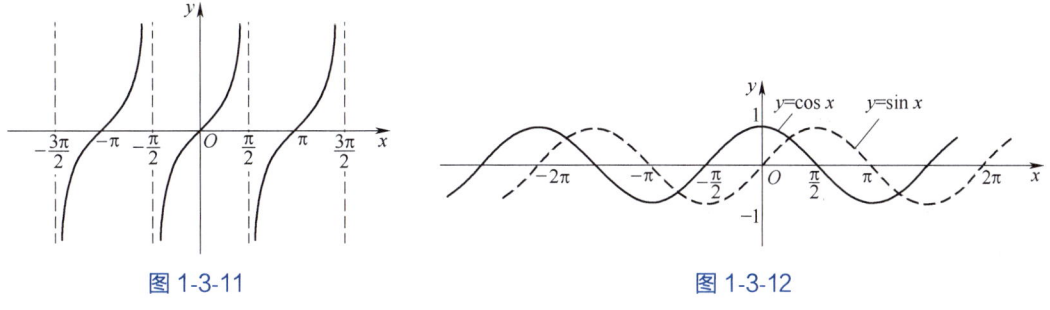

图 1-3-11　　　　　　　　　　　图 1-3-12

例 5 判断函数 $f(x) = \ln(x + \sqrt{x^2+1})$ 的奇偶性.

解: 函数的定义域为 $(-\infty, +\infty)$, 关于原点对称, 又因为

$$f(-x) = \ln(\sqrt{x^2+1} - x) = \ln \frac{(\sqrt{x^2+1} - x)(\sqrt{x^2+1} + x)}{\sqrt{x^2+1} + x}$$

$$= \ln \frac{1}{\sqrt{x^2+1} + x} = \ln(\sqrt{x^2+1} + x)^{-1} = -\ln(\sqrt{x^2+1} + x) = -f(x)$$

所以原函数是奇函数.

三、一次函数与线性插值

1. 一次函数

一次函数的表达式为
$$y = kx + b$$

其中 k，b 为常数，且 $k \neq 0$，它的图形是一条直线，如图 1-3-13 所示，所以，一次函数 $y = kx + b$ 也可称为线性函数.

例 6 在模拟量控制中，已知输出电流 I 与压力传感器的压力 P 之间的关系如图 1-3-14 所示，试求输出电流 I 与压力 P 之间的线性关系.

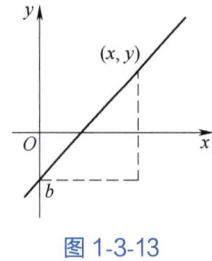

图 1-3-13

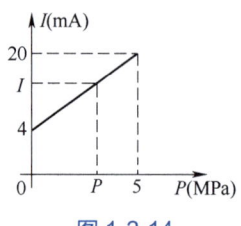

图 1-3-14

解： 由于输出电流 I 与压力 P 之间呈线性关系，故可设电流与压力之间的函数关系为
$$I = kP + b.$$

代入点 (0，4) 和 (5，20)，得方程组 $\begin{cases} 0 + b = 4 \\ 5k + b = 20 \end{cases}$，解得 $\begin{cases} k = \dfrac{16}{5} \\ b = 4 \end{cases}$.

所以输出电流 I 与压力 P 之间的线性关系为 $I = \dfrac{16}{5}P + 4$.

2. 线性插值

当数据点较少，且各数据点在一条直线上或近似在一条直线上的时候，可以使用线性插值法预测未知数据. 线性插值法是一种较为简单的插值方法，是通过连接两个已知数据点的直线来确定在这两个已知数据点之间的未知数据点值的方法.

已知数据点 (x_1, y_1)，(x_2, y_2) 和未知数据点 (x_0, y)，假设它们在一条直线上，如图 1-3-15 所示.

则插值公式为

$$\frac{x_0 - x_1}{x_2 - x_1} = \frac{y - y_1}{y_2 - y_1}$$

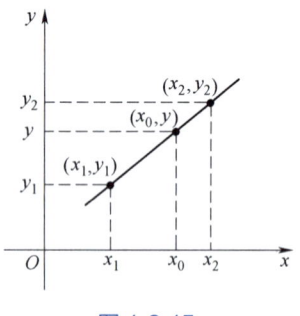

图 1-3-15

例 7 已知修理费用在业务量为 480 工时下的预算额为 493 元，在业务量为 540 工时下的预算额为 544 元，则实际业务量 500 工时下的修理费用预算额是多少？

解： 首先整理出数据点 $(480, 493)$，$(500, y)$，$(540, 544)$，由线性插值公式得：

$$\frac{500-480}{540-480} = \frac{y-493}{544-493}$$

解得 $y = 510$（元）．

也可将数据点写成下列形式

横坐标　　　　　　　　纵坐标

$\left.\begin{array}{l} x_1 \\ x_0 \\ x_2 \end{array}\right\}$　　　　　　　　$\left.\begin{array}{l} y_1 \\ y \\ y_2 \end{array}\right\}$

插值公式为

$$\frac{x_0 - x_1}{x_2 - x_1} = \frac{y - y_1}{y_2 - y_1}$$

习题 1-3-1

1. 求函数 $y = \sqrt{x+1} + \dfrac{1}{x-3}$ 的定义域．
2. 已知一次函数 $f(x)$ 满足 $f[f(x)] = 4x + 3$，求 $f(x)$．
3. 判断函数 $f(x) = e^x - e^{-x}$ 的奇偶性．
4. 当利率 $i = 8\%$ 时，对应的某种指标为 $1.850\,9$，当利率 $i = 9\%$ 时，对应的该种指标为 $1.992\,6$，若已知该种指标为 1.9，请利用线性插值法计算对应的利率．
5. 在 PLC 的 PID 控制中，需要把设定值以数字量的形式送入指定的存储单元．如图 1-3-16 所示为某一温度控制器的标定与使用 A/D 模块的模/数转换标定．希望温度设定值为 250℃，问设定的数字量 D 应是多少？

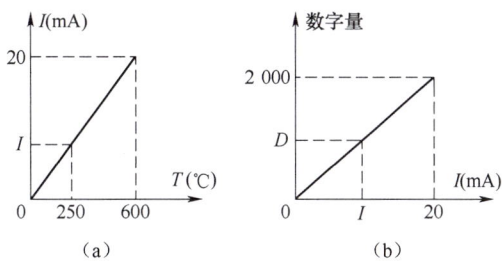

图 1-3-16

任务二　经济分析中常见的函数关系

函数概念在经济分析中有着广泛的应用，本任务将主要学习常见的一些经济类函数关系：需求函数、供给函数，成本函数、收益函数、利润函数等，以及市场均衡和盈亏平衡分析等问题．

一、需求函数与供给函数

1. 需求函数

一种商品的需求数量是由许多因素决定的，一般来说，在诸多的因素中，商品的价格是最主要的因素．在经济学中，为简化分析，需求函数常表示为价格的线性函数，即
$$Q = b - aP(a, b > 0),$$
其中 P 表示商品的价格，Q 表示商品的需求量，如图 1-3-17 所示．

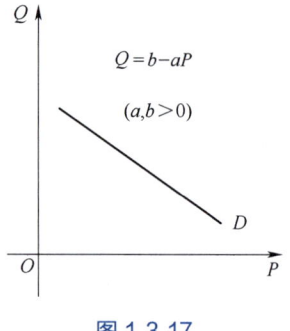

图 1-3-17

例 1 根据市场调查，某地区某种商品当售价为 50 元/件时，市场需求量为 0.8 万件，为吸引顾客，商家实行降价销售，当每件降低 2 元时，需求量将增加 0.2 万件，试求该商品的需求函数．

解： 设该商品的需求函数为 $Q = b - aP$ $(a, b > 0)$，

由题意知，当 $P = 50$ 时，$Q = 0.8$；当 $P = 50 - 2 = 48$ 时，$Q = 0.8 + 0.2 = 1$；代入上式得方程组 $\begin{cases} 0.8 = b - 50a \\ 1 = b - 48a \end{cases}$，解此方程组得 $\begin{cases} a = 0.1 \\ b = 5.8 \end{cases}$，所以，需求函数为
$$Q = 5.8 - 0.1P \quad (0 < P < 50).$$

2. 供给函数

一种商品的供给数量也是由许多因素决定的，主要因素通常也是商品的价格．在经济学中，为简化分析，供给函数也常表示为价格的线性函数，即
$$Q = cP + d(c > 0),$$
其中 P 表示商品的价格，Q 表示商品的供给量，如图 1-3-18 所示．

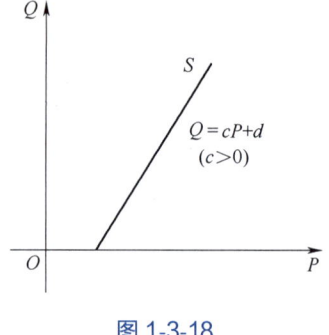

图 1-3-18

例 2 在例 1 中，当商品售价为 50 元/件时，市场供给量为 3 万件，当每件增加 2 元时，供给量将增加 0.6 万件，试求该商品的供给函数．

解： 设该商品的供给函数为 $Q = cP + d$ $(c > 0)$，

由题意知，当 $P = 50$ 时，$Q = 3$；当 $P = 52$ 时，$Q = 3.6$；代入上式得方程组 $\begin{cases} 3 = 50c + d \\ 3.6 = 52c + d \end{cases}$，解此方程组得 $\begin{cases} c = 0.3 \\ d = -12 \end{cases}$，所以，供给函数为
$$Q = 0.3P - 12 \quad (P > 50).$$

3. 市场均衡

在经济学中，如果一种商品的市场需求量和供给量相等，则这种商品就达到了市场均衡．此时该商品的市场价格称为市场均衡价格，在均衡价格水平下相等的供求数量称为

市场均衡数量. 从几何意义上说，一种商品市场的均衡出现在该商品的市场需求曲线与市场供给曲线相交的交点上，该交点称为均衡点，均衡点上的价格即为均衡价格，记作 P_0，如图 1-3-19 所示.

当 $P<P_0$ 时，需求量大于供给量，市场上出现"供不应求"现象，商品短缺，价格上涨；当 $P>P_0$ 时，供给量大于需求量，市场上出现"供大于求"现象，商品过剩，价格下跌. 就一般而言，市场上的商品价格总是围绕均衡价格摆动，并最终达到均衡价格.

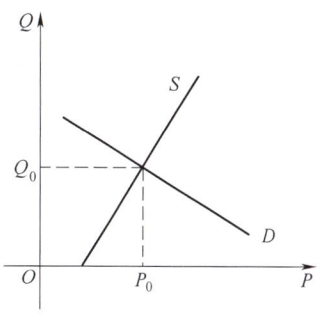

图 1-3-19

例 3 求例 1、例 2 中商品的市场均衡价格与均衡数量.

解： 根据均衡条件，得
$$5.8-0.1P=0.3P-12,$$
解此方程得均衡价格 $P=44.5$（元），

均衡数量为 $Q=5.8-0.1\times44.5=1.35$（万件）.

二、成本函数、收益函数与利润函数

1. 成本函数

成本是指厂商为生产一定数量的产品所耗费的生产要素的价格总额，由固定成本和可变成本两部分组成. 固定成本是指不随产量变化的成本，如厂房、设备等. 可变成本是指随产量的变化而变化的成本，如原材料、能源、加工费等.

平均成本是指生产一定数量的产品，平均每单位产品的成本. 在生产技术水平和商品价格不变的条件下，总成本 C 和平均成本 $\overline{C}$ 都是产量 Q 的函数，即：

总成本函数 $C=C(Q)=F+V(Q)$；

平均成本函数 $\overline{C}=\dfrac{C(Q)}{Q}=\dfrac{F}{Q}+\dfrac{V(Q)}{Q}$.

其中 F 为固定成本，$V(Q)$ 为变动成本.

例 4 设某服装有限公司每周的固定成本是 100 000 元，要生产某个式样的服装 Q 件，除固定成本外，每件服装还要花费 100 元，即生产 Q 件该式样服装的可变成本为 $100Q$ 元，于是，生产 Q 件该式样服装的总成本可表示为函数 $C(Q)=100Q+100\,000$. 求：生产 1 000 件该式样服装的总成本和平均成本.

解： 生产 1 000 件该式样服装的总成本为
$$C(1\,000)=1\,000\times100+100\,000=200\,000(元),$$
平均成本为
$$\overline{C}(1\,000)=\dfrac{C(1\,000)}{1\,000}=\dfrac{200\,000}{1\,000}=200(元).$$

2. 收益函数

收益是指生产者销售一定数量的商品所得的全部收入. 平均收益是指生产者销售一定

数量的商品, 平均每单位产品所得的收入. 设单位商品的售价为 P, 则由定义得:

收益函数 $R = R(Q) = Q \cdot P$;

平均收益函数 $\overline{R} = \dfrac{R(Q)}{Q} = P$.

3. 利润函数

利润 L 就是总收益 R 与总成本 C 之差, 所以立即可得利润函数

$$L = L(Q) = R(Q) - C(Q).$$

显然, 当 $L>0$ 时, 生产者盈利; 当 $L<0$ 时, 生产者亏损; 当 $L=0$ 时, 生产者既不盈利也不亏损, 即收支相抵. 我们将满足方程 $L(Q)=0$ 的点 Q_0 称为盈亏平衡点 (又称保本点).

设产量 (或销量) 为 Q, 单位产品价格为 P, 总成本为 C, 固定成本为 F, 单位变动成本为 V, 销售收入为 R, 则利润函数为

$$L = R - C = P \cdot Q - (F + V \cdot Q).$$

显然, 在盈亏平衡点上有 $L=0$.

(1) 以产量 (或销量) 表示的盈亏平衡

当达到盈亏平衡时有 $P \cdot Q = F + V \cdot Q$, 解出 Q 得盈亏平衡产量 (或销量) 为

$$Q = \dfrac{F}{P-V}$$

当要获得一定的目标利润 B 时, 则有 $P \cdot Q = F + V \cdot Q + B$, 盈亏平衡点公式为

$$Q = \dfrac{F+B}{P-V}$$

当单位产品需要缴纳税金 T 时, 则有 $(P-T) \cdot Q = F + V \cdot Q$, 盈亏平衡点公式为

$$Q = \dfrac{F}{P-V-T}$$

(2) 以销售收入 (销售额) 表示的盈亏平衡

盈亏平衡时销售收入 (销售额) 为

$$R = P \cdot Q = \dfrac{P \cdot F}{P-V}$$

(3) 以生产能力利用率表示的盈亏平衡

盈亏平衡时生产能力利用率为

$$\dfrac{Q}{Q_{年}} \times 100\% = \dfrac{F}{Q_{年}(P-V)} \times 100\%$$

其中, Q 为达到盈亏平衡时的产量, $Q_{年}$ 为设计年生产量.

例 5 某厂生产一种产品, 固定成本为 200 000 元, 单位产品变动成本为 10 元, 产品售价为 15 元. 求:

(1) 盈亏平衡时的产量应是多少?

(2) 如果要实现利润 20 000 元时, 其产量应是多少?

解: 已知 $F = 200\,000$, $V = 10$, $P = 15$, $B = 20\,000$.

(1) 盈亏平衡时的产量为

$$Q = \frac{F}{P-V} = \frac{200\,000}{15-10} = 40\,000(件);$$

(2) 实现利润 20 000 元时的产量为

$$Q = \frac{F+B}{P-V} = \frac{200\,000+20\,000}{15-10} = 44\,000(件).$$

例 6 某项目设计生产能力为年产 50 万件产品,根据资料分析,估计单位产品价格为 100 元,单位产品可变成本为 80 元,固定成本为 300 万元. 假设该产品销售税金及附加的合并税率为 5%,求项目达到盈亏平衡时的产量、销售额、生产能力利用率分别是多少.

解: 已知 $Q_{年} = 500\,000$,$P=100$,$V=80$,$F=3\,000\,000$.

盈亏平衡时的产量为

$$Q = \frac{F}{P-V-T} = \frac{3\,000\,000}{100-80-100\times5\%} = 200\,000(件)$$

盈亏平衡时的销售额为

$$R = P \cdot Q = 100 \times 200\,000 = 20\,000\,000(元)$$

盈亏平衡时生产能力利用率为

$$\frac{Q}{Q_{年}} \times 100\% = \frac{200\,000}{500\,000} \times 100\% = 40\%$$

例 7 在例 4 中,若该公司决定将服装的价格定为每件 450 元.
(1) 求总收益函数;
(2) 求总利润函数及保本点;
(3) 在同一坐标系中画出 $C(Q)$、$R(Q)$ 和 $L(Q)$ 的函数图形.

解: (1) 总收益函数为

$$R(Q) = Q \cdot P = 450Q$$

(2) 总利润函数为

$$L(Q) = R(Q) - C(Q) = 450Q - (100Q + 100\,000) = 350Q - 100\,000$$

令 $L(Q)=0$,得 $Q = 285\frac{5}{7}$,显然不能生产 $\frac{5}{7}$ 件服装,为此将其四舍五入成 286 件,即保本点为 286 件.

(3) $C(Q)$、$R(Q)$ 和 $L(Q)$ 的函数图形如图 1-3-20 所示.

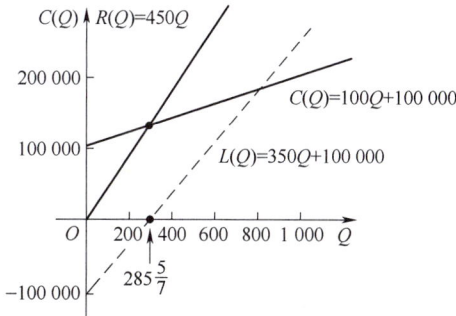

图 1-3-20

习题 1-3-2

习题答案

1. 已知某种商品的需求函数为 $Q=100-2P$，供给函数为 $Q=10P-8$，求该商品的市场均衡价格（单位：元）和市场均衡数量（单位：万件）．

2. 已知生产某种产品的成本函数为 $C(Q)=80+2Q$．求：
   （1）固定成本；
   （2）当产量为 50 时的平均成本．

3. 已知生产某种产品的成本函数为 $C(Q)=500+2Q$，其中 Q 为该产品的产量（单位：件），如果将该产品的售价定为每件 6 元．求：
   （1）生产 200 件该产品时的利润和平均利润；
   （2）该产品的盈亏平衡点．

4. 某项目设计生产能力为年产 80 万件产品，根据资料分析，估计单位产品价格为 150 元，单位产品可变成本为 125 元，固定成本为 500 万元．求项目达到盈亏平衡点时的产量、销售额、生产能力利用率分别是多少．

任务三　幂函数、指数函数与对数函数

幂函数、指数函数、对数函数、三角函数和反三角函数是五类基本初等函数．在中学数学中，我们已经深入学习过这些函数，这里只作简要复习．本任务先复习幂函数、指数函数与对数函数，三角函数与反三角函数将在下一任务中复习．

一、幂函数

1. 幂函数的定义

定义 1　函数 $y=x^{\alpha}(\alpha\in R)$ 称为幂函数．其定义域随 α 的取值不同而变化．

2. 幂函数的图像与性质

当 α 分别取值 $\dfrac{1}{2}$，1，2，3，-1 时，是最常用的幂函数，其对应的图像分别如图 1-3-21，图 1-3-22，图 1-3-23 所示．

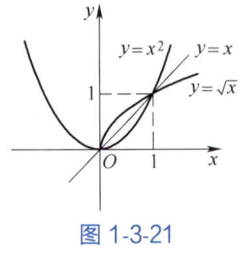
图 1-3-21

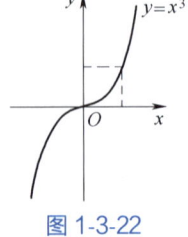
图 1-3-22

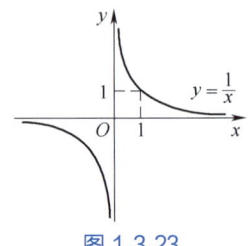
图 1-3-23

一般地，幂函数 $y=x^{\alpha}$ 具有下列共同性质：

(1) 当 α>0 时，图像过点 (0，0) 和 (1，1)，函数 $y=x^α$ 在 (0，+∞) 内单调增加。

(2) 当 α<0 时，图像过点 (1，1)，函数 $y=x^α$ 在 (0，+∞) 内单调减少.

二、指数函数

1. 指数函数的定义

定义 2 函数 $y=a^x$ ($a>0$，$a\neq 1$) 称为以 a 为底的指数函数，其定义域是 $x\in R$. 特别地，当 $a=e$ ($e=2.7182818\cdots$) 时，指数函数为 $y=e^x$.

2. 指数函数的图像与性质

指数函数的图像如图 1-3-24 所示.

一般地，指数函数 $y=a^x$ 具有下列共同性质：

(1) 图像在 x 轴上方且过点 (0，1)，$x\in(-\infty,+\infty)$，$y\in(0,+\infty)$.

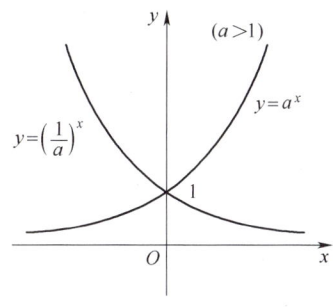

图 1-3-24

(2) 当 $a>1$ 时，指数函数单调增加；当 $0<a<1$ 时，指数函数单调减少.

例 1 设 $f(x)=2^x$. 计算 $f(0)$，$f(-3)$，$[f(3)]^2$，$f(5)\cdot f(3)$，$\dfrac{f(5)}{f(3)}$ 的值.

解： $f(0)=2^0=1$

$f(-3)=2^{-3}=\dfrac{1}{2^3}=\dfrac{1}{8}$

$[f(3)]^2=(2^3)^2=2^{3\times 2}=2^6=64$

$f(5)\cdot f(3)=2^5\times 2^3=2^{5+3}=2^8=256$

$\dfrac{f(5)}{f(3)}=\dfrac{2^5}{2^3}=2^{5-3}=2^2=4$

沉潜蓄势，
厚积薄发

指数函数在日常生活、经济管理、自然科学及工程技术中都有着广泛的应用. 例如，复利终值的计算；在电路的暂态过程分析中，其过渡过程的结论以及许多微分方程的解等都与指数函数有关.

例 2 甲同学为了满足个人消费欲望，从网上高息贷款 20 000 元，平台规定日利率为 0.5%，并按日复利计息. 如果甲同学不能尽快偿还该笔借款，请计算经过 30 天、90 天、1 年后该笔借款的本利和分别是多少？（一年按 365 天算，结果保留整数）

复利公式：设本金为 P，每期利率为 r，则 n 期后的本利和为 $P(1+r)^n$.

解： 30 天后的本利和为

$20\,000\times(1+0.005)^{30}\approx 23\,228(元)$；

90 天后的本利和为

$20\,000\times(1+0.005)^{90}\approx 31\,331(元)$；

1 年后的本利和为

$20\,000\times(1+0.005)^{365}\approx 123\,493(元).$

绷紧防范之弦，
远离套路贷

例 3 某厂有一台价值 200 万元的机器，假设每年的折旧率为 10%，问经过 10 年后，这台机器价值多少万元？

解： 10年后，这台机器价值为
$$200\times(1-10\%)^{10}\approx 69.74(万元).$$

三、对数函数

1. 对数函数的定义

定义3 函数 $y=\log_a x(a>0,a\neq 1)$ 称为以 a 为底的对数函数，其定义域为 $(0,+\infty)$. 特别地，当底数 $a=e$ 时，简记为 $y=\ln x$，称为自然对数；当底数 $a=10$ 时，简记为 $y=\lg x$，称为常用对数.

2. 对数函数的图像与性质

对数函数的图像如图 1-3-25 所示.

一般地，对数函数 $y=\log_a x$ 具有下列共同性质：

（1）图像在 y 轴右侧且过点 $(1,0)$，$x\in(0,+\infty)$，$y\in(-\infty,+\infty)$.

（2）当 $a>1$ 时，对数函数单调增加；当 $0<a<1$ 时，对数函数单调减少.

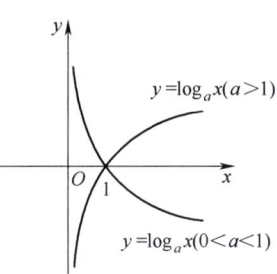

图 1-3-25

例4 设 $f(x)=\log_2 x$. 计算 $f(1)$，$f(2)$，$f(8)$，$f(32)+f(2)$，$f(32)-f(2)$ 的值.

解： $f(1)=\log_2 1=0$

$f(2)=\log_2 2=1$

$f(8)=\log_2 8=\log_2 2^3=3\log_2 2=3$

$f(32)+f(2)=\log_2 32+\log_2 2=\log_2(32\times 2)=\log_2 64=\log_2 2^6=6\log_2 2=6$

$f(32)-f(2)=\log_2 32-\log_2 2=\log_2\left(\dfrac{32}{2}\right)=\log_2 16=\log_2 2^4=4\log_2 2=4$

例5 假设乙将 100 000 元用于投资，预计年收益率是 8%，按复利计息，则多少年后乙的该笔投资可以翻番？

解： 该笔投资 n 年后的本利和为
$$100\,000\times(1+0.08)^n=100\,000\times 1.08^n$$

又根据题意得
$$100\,000\times 1.08^n=200\,000$$

即
$$1.08^n=2$$

所以 $n=\log_{1.08}2\approx 9$（年）.

3. 对数（半对数）坐标系

对数函数特别是常用对数 $y=\lg x$ 和自然对数 $y=\ln x$ 在自然科学和工程技术中都非常有用，在电工、电子及工控技术中，对数函数 $y=\lg x$ 常用来作为坐标的单位而将普通坐标系变成对数（半对数）坐标系.

例如，在普通坐标系中表示点 $A(10,1)$，$B(100,3)$，$C(1\,000,5)$ 时，x 轴会因为

自变量跨度很大而绘制十分困难,这时,如果采用对数(半对数)坐标系就可以解决这个问题,如图 1-3-26 所示.

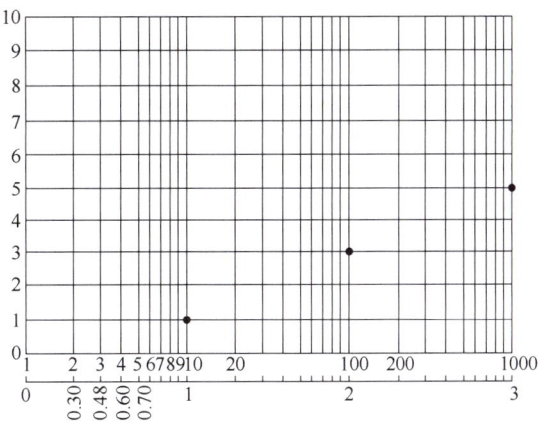

图 1-3-26

习题 1-3-3

习题答案

1. 假设甲将 100 000 元用于投资,时间为 5 年,预计年收益率为 8%,按复利计息,则甲的未来收益是多少?

2. 形如 $y=f(x)^{g(x)}$ 的函数称为幂指函数,可以利用对数运算将其化为复合函数
$$y = e^{\ln f(x)^{g(x)}} = e^{g(x)\ln f(x)}.$$
参考上述方法,请将下列幂指函数化为复合函数.
(1) $y=x^x$; (2) $y=x^{\sin x}$.

3. 试在图 1-3-27 所示的半对数坐标系中表示点 $A(10, 2)$,$B(100, 5)$,$C(1\,000, 7)$.

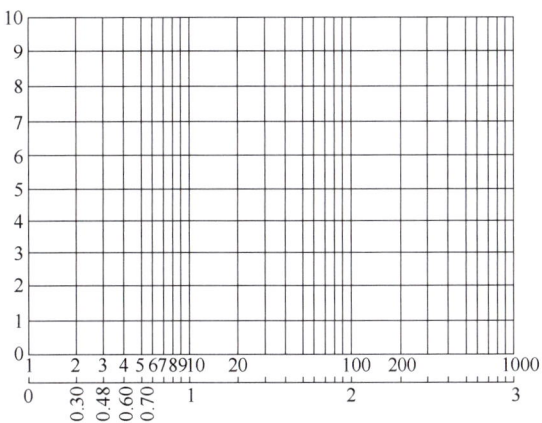

图 1-3-27

4. 通常表明地震能量大小的尺度是里氏震级,其计算公式为:

$$M = \lg A - \lg A_0,$$

其中，A 是被测地震的最大振幅，A_0 是"标准地震"的振幅（使用标准地震振幅是为了修正测震仪距实际震中的距离造成的偏差）.

假设在一次地震中，一个距离震中 100 千米的测震仪记录的地震最大振幅是 30，此时标准地震的振幅是 0.001，计算这次地震的震级.（精确到 0.1，$\lg 3 \approx 0.4770$）

任务四 三角函数与反三角函数

三角函数在机电类、信息类及建筑类专业中的应用非常广泛，许多问题都可转化为三角函数的运算问题. 本任务将主要学习三角函数与反三角函数的定义、基本三角公式等，并解决一些简单的实际问题.

一、锐角三角函数

1. 锐角三角函数的定义

如图 1-3-28 所示，在直角三角形 ABC（$Rt \triangle ABC$）中，角 C 为直角，A、B 为两锐角，对角 A 来说，三条边分别为其对边 a、邻边 b 和斜边 c. 我们规定：

正弦：$\sin A = \dfrac{对边}{斜边} = \dfrac{a}{c}$，余弦：$\cos A = \dfrac{邻边}{斜边} = \dfrac{b}{c}$，正切：$\tan A = \dfrac{对边}{邻边} = \dfrac{a}{b}$.

图 1-3-28

2. 特殊角的三角函数值

在直角三角形中，根据 30° 角所对的直角边是斜边的一半，我们可以设 30° 角所对的直角边长为 1，则斜边长为 2，由勾股定理可得邻边长为 $\sqrt{3}$，如图 1-3-29 所示.

则根据锐角三角函数的定义可得

$\sin 30° = \dfrac{对边}{斜边} = \dfrac{1}{2}$，$\cos 30° = \dfrac{邻边}{斜边} = \dfrac{\sqrt{3}}{2}$，$\tan 30° = \dfrac{对边}{邻边} = \dfrac{1}{\sqrt{3}} = \dfrac{\sqrt{3}}{3}$.

同理可推算出 45°，60° 角的三角函数值. 为便于应用，对于 $\left[0, \dfrac{\pi}{2}\right]$ 的特殊角三角函数值要熟练记忆，如下表所示.

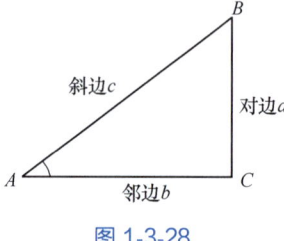

图 1-3-29

α	0°	30°	45°	60°	90°
弧度	0	$\dfrac{\pi}{6}$	$\dfrac{\pi}{4}$	$\dfrac{\pi}{3}$	$\dfrac{\pi}{2}$
$\sin \alpha$	0	$\dfrac{1}{2}$	$\dfrac{\sqrt{2}}{2}$	$\dfrac{\sqrt{3}}{2}$	1
$\cos \alpha$	1	$\dfrac{\sqrt{3}}{2}$	$\dfrac{\sqrt{2}}{2}$	$\dfrac{1}{2}$	0
$\tan \alpha$	0	$\dfrac{\sqrt{3}}{3}$	1	$\sqrt{3}$	不存在

3. 同角三角函数的关系

$$\sin^2\alpha + \cos^2\alpha = 1,\ \tan\alpha = \frac{\sin\alpha}{\cos\alpha}$$

4. 解直角三角形

解直角三角形在实际问题中具有广泛的应用,如在零件的加工中,经常需要转化为解直角三角形来进行计算.

例1 如图 1-3-30（a）所示的零件,铣平面 M 时,需由钳工画线,这时就要先求角度 α.

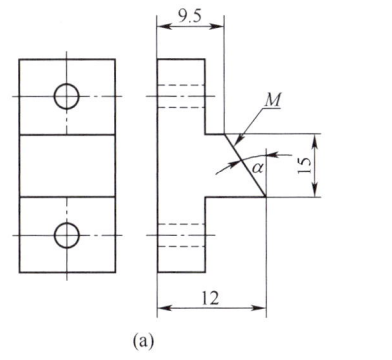
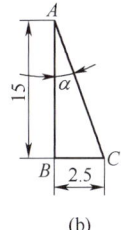

图 1-3-30

解： 分析零件图,画出计算图形（b）,其中,
$\angle B = 90°$, $\angle A = \alpha$, $BC = 12 - 9.5 = 2.5 (\text{mm})$.

根据正切函数的定义得 $\tan\alpha = \dfrac{BC}{AB} = \dfrac{2.5}{15} = 0.166\ 7$,

所以 $\alpha = \arctan 0.166\ 7 = 9.46° = 9°28'$ （见反三角函数）.

例2 如图 1-3-31 所示,山高 $AC = 74\text{m}$,西山坡 AB 的坡度为 $i = 2:5$,由山顶 A 处测得东山坡山脚 D 的仰角为 $45°$,若从 B 到 D 开通一条隧道 BD,求 BD 的长.

解： 在 $\text{Rt}\triangle ABC$ 中,$\angle ACB = 90°$,坡度 $i = 2:5$.

坡度是指坡高 AC 与水平宽度 BC 之比,即 $\dfrac{AC}{BC} = \dfrac{2}{5}$,

所以 $BC = AC \times \dfrac{5}{2} = 74 \times \dfrac{5}{2} = 185$ （m）.

在 $\text{Rt}\triangle ACD$ 中,因为仰角为 $\angle ADC = 45°$,所以 $CD = AC = 74$ （m）,
所以隧道 BD 的长为 $BD = BC + CD = 185 + 74 = 259$ （m）.

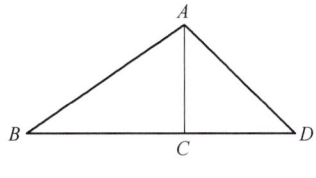
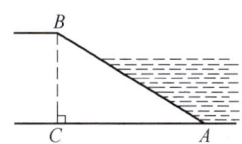

图 1-3-31　　　　　　　　图 1-3-32

例3 如图 1-3-32 所示，已知河堤横截面迎水坡 AB 的坡度为 $1:\sqrt{3}$，堤高 $BC=5\text{m}$，求坡面 AB 的长度.

解： 因为迎水坡 AB 的坡度是 $1:\sqrt{3}$，即 $\dfrac{BC}{AC}=\dfrac{1}{\sqrt{3}}$，所以

$$AC=\sqrt{3}BC=5\sqrt{3}\ (\text{m}),$$

再由勾股定理可得坡面 AB 的长度为

$$AB=\sqrt{BC^2+AC^2}=\sqrt{5^2+\left(5\sqrt{3}\right)^2}=10\ (\text{m}).$$

5. 斜度与锥度

（1）斜度。斜度是指一条直线（或平面）相对于另一条直线（或平面）的倾斜程度，其大小用该两直线（或平面）的夹角的正切值来表示，如图 1-3-33 所示，β 称为斜角.

$$\text{斜度}=\tan\beta=\frac{H-h}{L}=\frac{1}{n}.$$

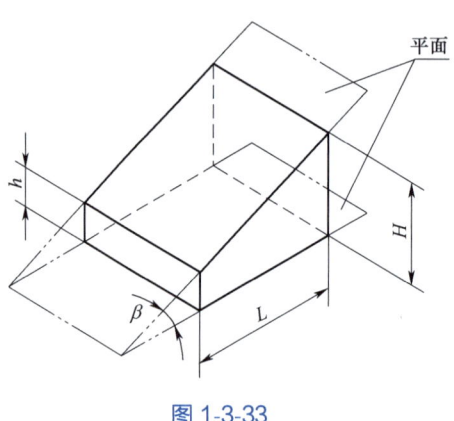

图 1-3-33

例4 如图 1-3-34 所示为一斜垫铁，斜度 $1:20$，已知小端尺寸为 $h=6\text{mm}$，斜垫铁的长为 $L=70\text{mm}$，试求大端尺寸 H，以便按大端尺寸备料.

解： 将 $h=6$，$L=70$，$1:n=1:20$ 代入公式 $\dfrac{H-h}{L}=\dfrac{1}{n}$，得

$$\frac{H-6}{70}=\frac{1}{20},$$

解得 $H=9.5\ (\text{mm})$.

（2）锥度。锥度是指正圆锥体的底圆直径 D 与锥高 L 之比. 如果是圆锥台则是上、下底圆直径之差 $(D-d)$ 与锥台高度 L 之比，如图 1-3-35 所示，α 称为锥角.

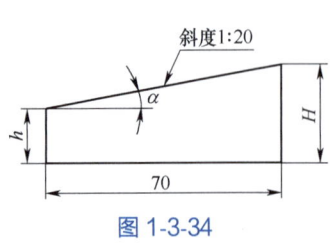

图 1-3-34

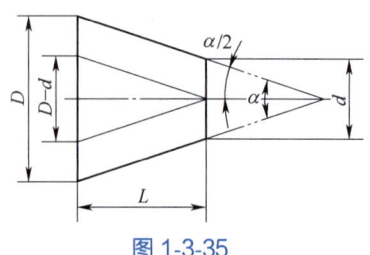

图 1-3-35

$$锥度 = \frac{D-d}{L} = \frac{1}{n} = 2\tan\frac{\alpha}{2}.$$

例5 有一圆锥销,如图 1-3-36 所示,已知锥度为 1∶25,大端直径为 30mm,小端直径为 28mm,求锥体长度 L,斜角 α 和锥角 φ.

解: 将 $d=28$,$D=30$,$1:n=1:25$ 代入公式 $\frac{D-d}{L} = \frac{1}{n}$,得

$$\frac{30-28}{L} = \frac{1}{25},$$

解得 $L=50$(mm).

又 $\tan\alpha = \frac{BC}{AC} = \frac{\frac{D}{2}-\frac{d}{2}}{L} = \frac{D-d}{2L} = \frac{30-28}{2\times 50} = 0.02$,

于是 $\alpha = \arctan 0.02 \approx 1.1458° = 1°9'$,

所以 $\varphi = 2\alpha = 2\times 1°9' = 2°18'$.

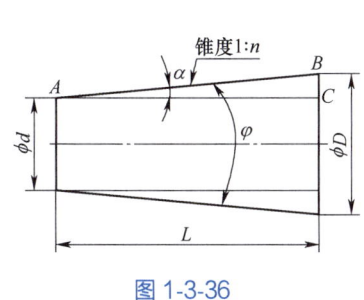

图 1-3-36

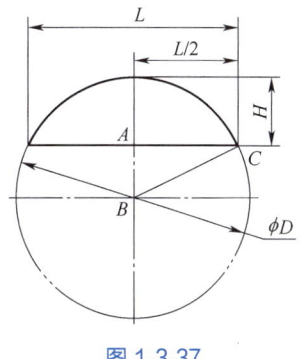

图 1-3-37

6. 弓形图形的计算

在实际生产中时常会遇到一些非整圆工件,或称弓形工件. 在加工或测量这些工件时,需要根据某些参数求出未知量,以适应加工与测量.

如图 1-3-37 所示,有一弓形零件,图中符号分别表示:

D——弓形所属圆的直径;

R——弓形所属圆的半径;

L——弓形弦长;

H——弓形高.

下面来推导直径公式、弦长公式与弓高公式.

在 Rt△ABC 中,由勾股定理知 $BC^2 = AB^2 + AC^2$,将已知条件 $BC = \frac{D}{2}$,$AB = \frac{D}{2} - H$,$AC = \frac{L}{2}$,代入上式得

$$\left(\frac{D}{2}\right)^2 = \left(\frac{D}{2} - H\right)^2 + \left(\frac{L}{2}\right)^2,$$

展开并化简得

$$DH = H^2 + \frac{L^2}{4},$$

所以，直径公式为 $D = H + \frac{L^2}{4H}$，弦长公式为 $L = 2\sqrt{H(D-H)}$，

解关于 H 的一元二次方程 $H^2 - DH + \frac{L^2}{4} = 0$，得弓高公式为

$$H = \frac{D \pm \sqrt{D^2 - L^2}}{2} = R \pm \frac{1}{2}\sqrt{4R^2 - L^2} \quad (D = 2R),$$

当弓形小于半圆时取"$-$"号，当弓形大于半圆时取"$+$"号.

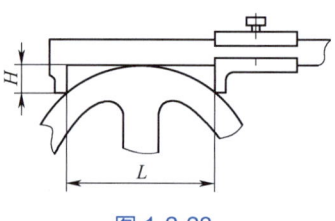

图 1-3-38

例 6 如图 1-3-38 所示，一个残缺的皮带轮，用卡尺测得弦长 $L = 200\text{mm}$，已知卡脚高度为 $H = 50\text{mm}$，试求该皮带轮的直径 D.

解： 由勾股定理得 $\left(\frac{D}{2}\right)^2 = \left(\frac{200}{2}\right)^2 + \left(\frac{D}{2} - 50\right)^2$，展开并化简得

$$D = 50 + \frac{200^2}{4 \times 50} = 250 \text{ (mm)}.$$

或直接代入直径公式 $D = H + \frac{L^2}{4H}$，其中 $H = 50$，$L = 200$，得

$$D = 50 + \frac{200^2}{4 \times 50} = 250 \text{ (mm)}.$$

7. 圆周等分

等分要求在机械零件中是比较常见的，如圆周均布的孔、槽及正多边形都属于等分结构. 一些复杂的具有等分要求的图形常常可以分解为若干简单几何图形加以研究.

圆周等分计算，在生产实践中，常常遇到一些在圆周上均匀分布若干孔的问题. 有 n 个孔，就是对该圆周进行 n 等分. 在确定这些孔的位置时，就涉及每一等分弦长的计算问题.

下面来推导圆周等分弦长公式. 设在直径为 D 的圆周上均匀分布 n 个孔，每一等分弦长为 L，如图 1-3-39 所示.

作 Rt△ABO，则 $AB = \frac{L}{2}$，$AO = \frac{D}{2}$，弦 AB 所对的圆心角为

$$\theta = \left(\frac{360°}{n}\right) \times \frac{1}{2} = \frac{180°}{n}.$$

又 $\sin\theta = \frac{AB}{AO}$，即 $\sin\frac{180°}{n} = \frac{L}{D}$，所以，每一等分弦长为

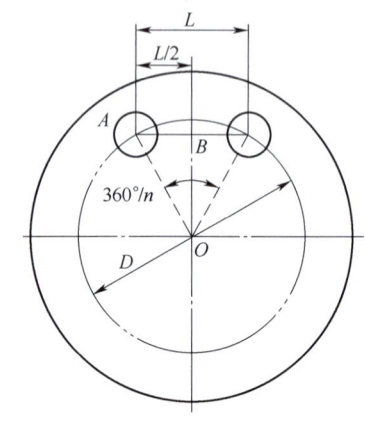

图 1-3-39

$$L = D \times \sin\frac{180°}{n}.$$

此公式便是等分直径为 D 的圆周时,每一等分弦长 L 的计算公式.

例 7 要在直径为 80mm 的圆周上钻 10 个等距的小孔,试求两孔中心距.

解: 将已知条件 $D=80$,$n=10$ 代入公式 $L=D\times\sin\dfrac{180°}{n}$,得

$$L = 80 \times \sin\frac{180°}{10} = 80 \times 0.3090 = 24.72 \text{(mm)}.$$

关于正多边形的计算通常可以把它作为圆的内接图形来处理,将问题转化为圆周等分问题.

例 8 已知圆的直径为 ϕ50mm,试用计算弦长法作圆的内接正九边形.

解: 将 $D=50$,$n=9$ 代入圆周等分弦长公式 $L=D\times\sin\dfrac{180°}{n}$ 得弦长

$$L = 50 \times \sin\frac{180°}{9} = 50 \times 0.342 = 17.1 \text{ (mm)}.$$

作图:画直径为 50mm 的圆,用弦长 $L=17.1$(mm)在该圆上顺次截取九个等分点,再依次连接九个等分点即为所求,如图 1-3-40 所示.

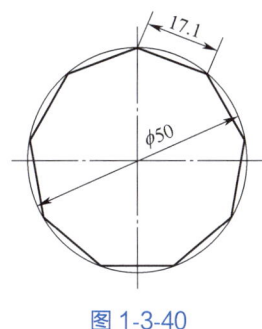

图 1-3-40

以方束己,
以圆处事

二、任意角三角函数

1. 任意角

平面内一条射线绕着它的端点从一个位置旋转到另一个位置所形成的图形.射线的端点称为角的顶点,射线旋转的开始位置和终止位置称为角的始边与终边,如图 1-3-41 和 1-3-42 所示.

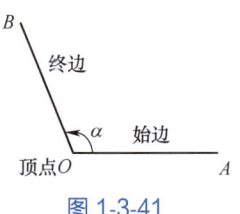

图 1-3-41

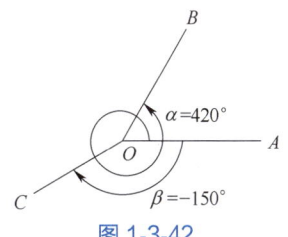

图 1-3-42

按逆时针方向旋转所形成的角叫正角,按顺时针方向旋转所形成的角叫负角. 如果射线没有作任何旋转,那么也把它看成一个角,叫零角. 如图 1-3-42 所示,$\alpha = 420°$,$\beta = -150°$.

这样就把角的概念推广到了任意角,包括正角、负角和零角.

2. 角的度量

(1) 角度制。我们已学习过角的度量,规定周角的 $\dfrac{1}{360}$ 为 1 度的角,记作 $1°$,这种用度作为单位来度量角的单位制叫作角度制. 比度小的单位是分、秒,分别记作 $1'$ 和 $1''$,它们的关系是 $1° = 60'$,$1' = 60''$. 除了采用角度制外,在科学研究中还经常采用弧度制.

(2) 弧度制。把长度等于半径长的弧所对的圆心角叫作 1 弧度的角,记作 1rad. 这种用弧度作为角的单位来度量角的单位制称为弧度制,如图 1-3-43 和图 1-3-44 所示.

正角的弧度数是正数,负角的弧度数是负数,零角的弧度数为 0.

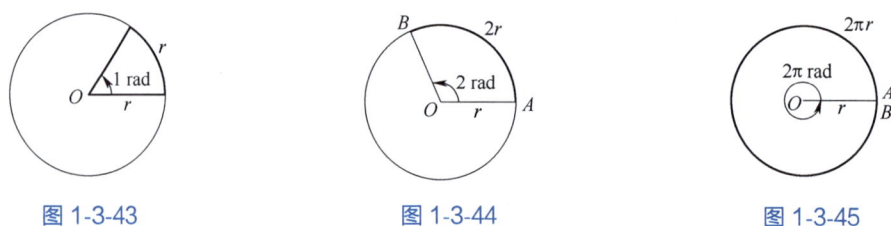

图 1-3-43　　　　　　图 1-3-44　　　　　　图 1-3-45

如图 1-3-45 所示,因为圆周角所对应的弧长为圆周长 $2\pi r$,所以圆周角 $360°$ 所对应的弧度数为 $\dfrac{2\pi r}{r} = 2\pi$,于是

$$360° = 2\pi \text{rad}$$

从而有

$$1° = \dfrac{\pi}{180}\text{rad} \approx 0.017\text{rad}$$

$$1\text{rad} = \dfrac{180°}{\pi} \approx 57.3°$$

用弧度表示角的大小时,只要不引起误解,也可以省略单位. 例如 1rad,2rad,πrad,可分别写成 1,2,π.

图 1-3-46 给出了一些特殊角的弧度数与角度数之间的对应关系.

(3) 扇形的弧长与面积。设扇形的圆心角为 αrad ($\alpha > 0$),所对弧长为 l,所在扇形的面积为 S,如图 1-3-47 所示,则

$$\dfrac{\alpha}{2\pi} = \dfrac{l}{2\pi r},\ \dfrac{\alpha}{2\pi} = \dfrac{S}{\pi r^2},$$

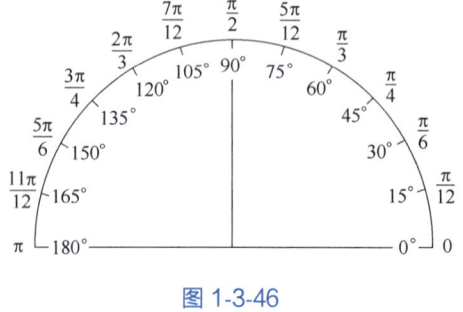

图 1-3-46

得弧长公式 $l = \alpha r$,扇形面积公式 $S = \dfrac{1}{2}\alpha r^2 = \dfrac{1}{2}lr$.

例 9 如图 1-3-48 所示,求公路弯道部分弧 AB 的长(长度单位:m,精确到 1m)

模块一　初等数学基础

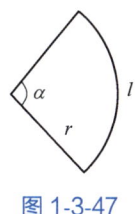

图 1-3-47

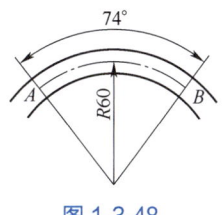

图 1-3-48

解： 因为 $74° = 74 \times \dfrac{\pi}{180} \approx 1.29$（rad），所以，公路弯道部分弧 AB 的长为

$$l = 1.29 \times 60 \approx 77(\text{m}).$$

3. 任意角三角函数

如图 1-3-49 所示，在平面直角坐标系中，设角 α 的终边上异于原点的任意一点 P 的坐标为 (x, y)，它到原点的距离为 r，则 $r = \sqrt{x^2 + y^2}$。

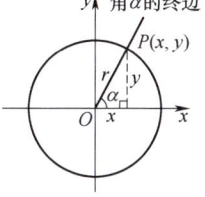 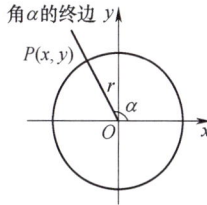

图 1-3-49

我们规定：

正弦：$\sin\alpha = \dfrac{y}{r}$，　余弦：$\cos\alpha = \dfrac{x}{r}$，　正切：$\tan\alpha = \dfrac{y}{x}$，

余切：$\cot\alpha = \dfrac{x}{y}$，　正割：$\sec\alpha = \dfrac{r}{x}$，　余割：$\csc\alpha = \dfrac{r}{y}$。

若把角 α 的值作为横坐标，对应的正弦值 $\sin\alpha$ 作为纵坐标，在平面直角坐标系中描出点 $(\alpha, \sin\alpha)$，如图 1-3-50 所示。

显然，对于每一个实数 α，都有唯一确定的实数 $\sin\alpha$ 与之对应，故 $\sin\alpha$ 是 α 的函数；同理，$\cos\alpha$ 也是 α 的函数；当 $\alpha \neq \dfrac{\pi}{2} + k\pi$（$k \in Z$）时，$\tan\alpha$ 也是 α 的函数。除去上述无意义的情况外，对于角 α 的每一个确定的值，上面的六个比值都是

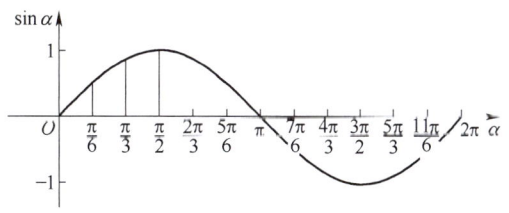

图 1-3-50

唯一确定的。所以 $\sin\alpha$，$\cos\alpha$，$\tan\alpha$，$\cot\alpha$，$\sec\alpha$，$\csc\alpha$ 都是角 α 的函数，统称为三角函数。

根据三角函数的定义，可得下列同角三角函数的关系：

（1）倒数关系

$$\sec\alpha = \dfrac{1}{\cos\alpha},\ \csc\alpha = \dfrac{1}{\sin\alpha},\ \cot\alpha = \dfrac{1}{\tan\alpha}$$

（2）商的关系

$$\tan\alpha = \dfrac{\sin\alpha}{\cos\alpha},\ \cot\alpha = \dfrac{\cos\alpha}{\sin\alpha}$$

（3）平分关系

$$\sin^2\alpha + \cos^2\alpha = 1,\ 1 + \tan^2\alpha = \sec^2\alpha,\ 1 + \cot^2\alpha = \csc^2\alpha$$

三、反三角函数

由前所述，我们知道，函数 $y=2x-1$ 的反函数为 $y=\dfrac{x+1}{2}$. 同理，在函数、反函数、三角函数的基础上，我们可以给出反三角函数的概念，对于反三角函数，我们不做深入讨论，只要求简单认识并会运用即可，见下表.

三角函数	反三角函数	图像
正弦函数: $y=\sin x$ 定义域 $x\in\left[-\dfrac{\pi}{2},\dfrac{\pi}{2}\right]$ 值域 $y\in[-1,1]$	反正弦函数: $y=\arcsin x$ 定义域 $x\in[-1,1]$ 值域 $y\in\left[-\dfrac{\pi}{2},\dfrac{\pi}{2}\right]$	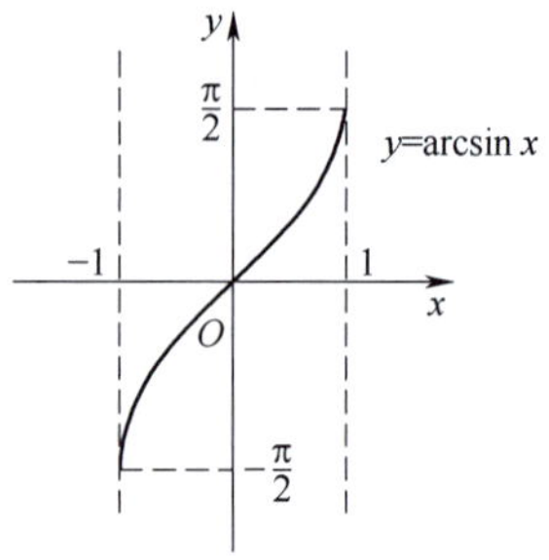 $y=\arcsin x$ 图像
余弦函数: $y=\cos x$ 定义域 $x\in[0,\pi]$ 值域 $y\in[-1,1]$	反余弦函数: $y=\arccos x$ 定义域 $x\in[-1,1]$ 值域 $y\in[0,\pi]$	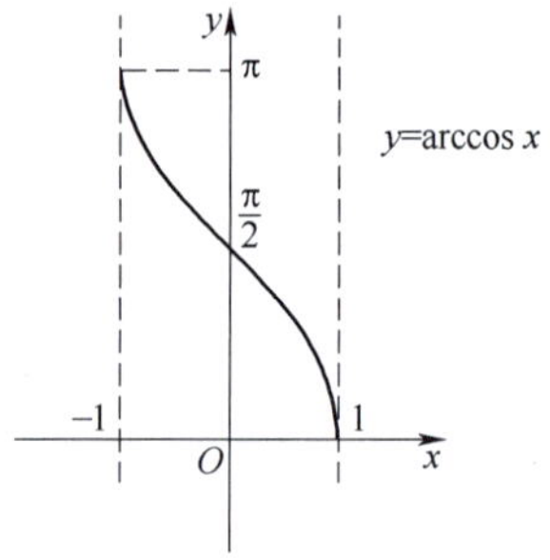 $y=\arccos x$ 图像
正切函数: $y=\tan x$ 定义域 $x\in\left(-\dfrac{\pi}{2},\dfrac{\pi}{2}\right)$ 值域 $y\in(-\infty,+\infty)$	反正切函数: $y=\arctan x$ 定义域 $x\in(-\infty,+\infty)$ 值域 $y\in\left(-\dfrac{\pi}{2},\dfrac{\pi}{2}\right)$	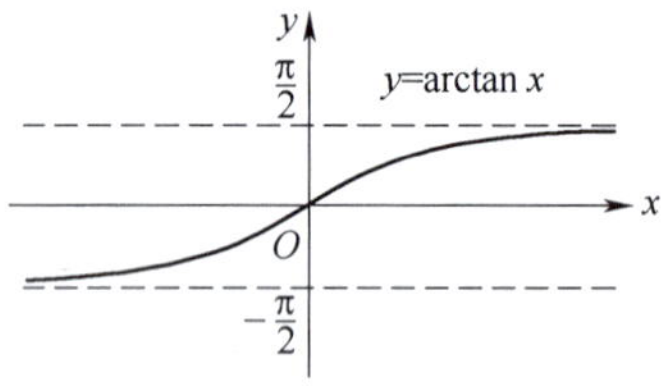 $y=\arctan x$ 图像

例 10 在 $Rt\triangle ABC$（角 C 为直角）中，若已知角 A 的正弦值 $\sin A=0.6318$，求角 A.

解： 由已知 $\sin A=0.6318$，则用反正弦函数表示角 A 得

$$A=\arcsin 0.6318\approx 39°.$$

四、基本三角公式

在进行与三角函数有关的计算时，需要灵活运用诱导公式、加法定理、和差化积、积化和差及正、余弦定理等三角公式，这里我们不加证明直接引入，为方便查阅，现汇总如下.

1. 诱导公式

公式一	$\sin(2k\pi+\alpha)=\sin\alpha, \cos(2k\pi+\alpha)=\cos\alpha, \tan(2k\pi+\alpha)=\tan\alpha$
公式二	$\sin(-\alpha)=-\sin\alpha, \cos(-\alpha)=\cos\alpha, \tan(-\alpha)=-\tan\alpha$
公式三	$\sin(\pi+\alpha)=-\sin\alpha, \cos(\pi+\alpha)=-\cos\alpha, \tan(\pi+\alpha)=\tan\alpha$
公式四	$\sin(\pi-\alpha)=\sin\alpha, \cos(\pi-\alpha)=-\cos\alpha, \tan(\pi-\alpha)=-\tan\alpha$
公式五	$\sin(2\pi-\alpha)=-\sin\alpha, \cos(2\pi-\alpha)=\cos\alpha, \tan(2\pi-\alpha)=-\tan\alpha$
公式六	$\sin\left(\dfrac{\pi}{2}-\alpha\right)=\cos\alpha, \cos\left(\dfrac{\pi}{2}-\alpha\right)=\sin\alpha, \tan\left(\dfrac{\pi}{2}-\alpha\right)=\cot\alpha,$ $\sin\left(\dfrac{\pi}{2}+\alpha\right)=\cos\alpha, \cos\left(\dfrac{\pi}{2}+\alpha\right)=-\sin\alpha, \tan\left(\dfrac{\pi}{2}+\alpha\right)=-\cot\alpha$

2. 加法定理

$$\sin(\alpha\pm\beta)=\sin\alpha\cos\beta\pm\cos\alpha\sin\beta$$

$$\cos(\alpha\pm\beta)=\cos\alpha\cos\beta\mp\sin\alpha\sin\beta$$

$$\tan(\alpha\pm\beta)=\dfrac{\tan\alpha\pm\tan\beta}{1\mp\tan\alpha\tan\beta}$$

3. 积化和差

$$\sin\alpha\cos\beta=\dfrac{1}{2}[\sin(\alpha+\beta)+\sin(\alpha-\beta)]$$

$$\cos\alpha\sin\beta=\dfrac{1}{2}[\sin(\alpha+\beta)-\sin(\alpha-\beta)]$$

$$\cos\alpha\cos\beta=\dfrac{1}{2}[\cos(\alpha+\beta)+\cos(\alpha-\beta)]$$

$$\sin\alpha\sin\beta=-\dfrac{1}{2}[\cos(\alpha+\beta)-\cos(\alpha-\beta)]$$

4. 和差化积

$$\sin\alpha+\sin\beta=2\sin\dfrac{\alpha+\beta}{2}\cos\dfrac{\alpha-\beta}{2}$$

$$\sin\alpha-\sin\beta=2\cos\dfrac{\alpha+\beta}{2}\sin\dfrac{\alpha-\beta}{2}$$

$$\cos\alpha+\cos\beta=2\cos\dfrac{\alpha+\beta}{2}\cos\dfrac{\alpha-\beta}{2}$$

$$\cos\alpha-\cos\beta=-2\sin\dfrac{\alpha+\beta}{2}\sin\dfrac{\alpha-\beta}{2}$$

5. 二倍角公式

$$\sin 2\alpha=2\sin\alpha\cos\alpha$$

$$\begin{aligned}\cos 2\alpha &=\cos^2\alpha-\sin^2\alpha\\ &=2\cos^2\alpha-1\\ &=1-2\sin^2\alpha\end{aligned}$$

6. 正、余弦定理

解任意三角形时，最常用的计算公式有正弦定理和余弦定理.

（1）正弦定理

$$\frac{a}{\sin A}=\frac{b}{\sin B}=\frac{c}{\sin C}=2R$$

其中，R 为三角形 ABC 外接圆半径.

（2）余弦定理

$$a^2=b^2+c^2-2bc\cos A \quad 或 \quad \cos A=\frac{b^2+c^2-a^2}{2bc}$$

$$b^2=a^2+c^2-2ac\cos B \quad 或 \quad \cos B=\frac{a^2+c^2-b^2}{2ac}$$

$$c^2=a^2+b^2-2ab\cos C \quad 或 \quad \cos C=\frac{a^2+b^2-c^2}{2ab}$$

例 11 在电工学中常用的正弦交流电的电流表达式为 $i=I_m\sin(\omega t+\varphi)(-\pi<\varphi<\pi)$. 试将电流 $i=-4\sqrt{2}\sin(\omega t+45°)$ 和 $i=5\cos(\omega t+60°)$ 分别改写成正弦交流电的表达形式.

解：（1）$i=-4\sqrt{2}\sin(\omega t+45°)=4\sqrt{2}\sin(180°+\omega t+45°)=4\sqrt{2}\sin(\omega t+225°)$
$=4\sqrt{2}\sin(\omega t+225°-360°)=4\sqrt{2}\sin(\omega t-135°)$；

（2）$i=5\cos(\omega t+60°)=5\sin[90°-(\omega t+60°)]=5\sin(30°-\omega t)$
$=5\sin[180°-(30°-\omega t)]=5\sin(\omega t+150°)$.

例 12 如图 1-3-51 所示，零件上有 3 个孔，已知其位置尺寸（单位：mm），因检验之需，需计算两小孔中心距 L.

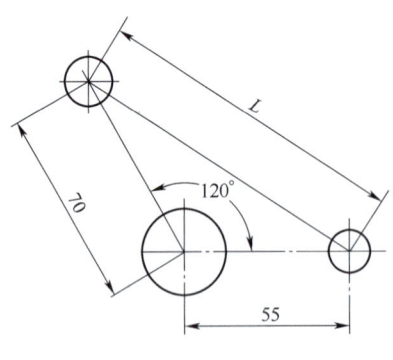

图 1-3-51

解： 由余弦定理得

$$L=\sqrt{55^2+70^2-2\times55\times70\times\cos 120°}$$
$$=\sqrt{3\,025+4\,900+7\,700\times0.5}$$
$$=\sqrt{11\,775}\approx 108.51(\text{mm}).$$

模块一 初等数学基础

习题 1-3-4

1. 如图 1-3-52 所示为一斜垫铁，斜度为 1∶5，已知小端尺寸为 15mm，斜垫铁的长为 42mm，求大端尺寸.
2. 要加工如图 1-3-53 所示的气门挺杆头部. 已知球部直径 $D=25$mm，杆部直径 $d=15$mm，求尺寸 H.

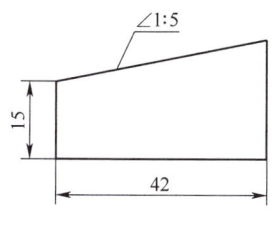

图 1-3-52

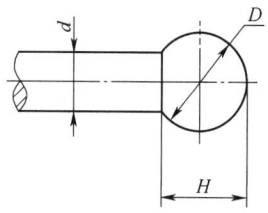

图 1-3-53

3. 如图 1-3-54 所示的弧形样板，已知尺寸如图. 现为了加工和测量的需要，试计算水平边 A 的长度.
4. 如图 1-3-55 所示，要在底座上钻 3 个孔，已知其位置尺寸和角度，要由钳工画线确定孔的中心. 操作时先确定 A、B 两孔圆心，计算出 AC 和 BC 的长度，用圆规画出两段圆弧，交点即为 C 孔圆心，试求 AC 和 BC 的长度.

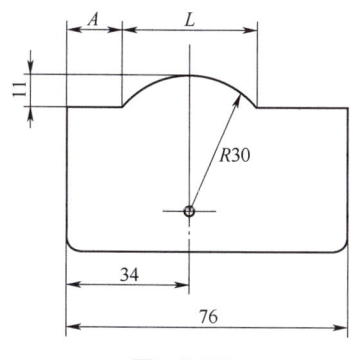

图 1-3-54

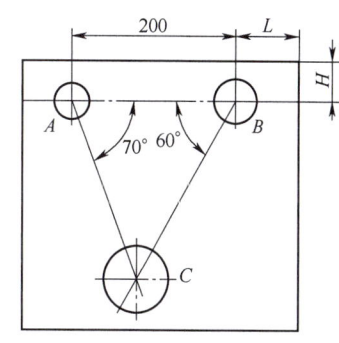

图 1-3-55

5. 现需要加工横截面为正六边形的螺母，要求正六边形的边长为 18mm，问：选用圆钢毛坯件的最小直径是多少？
6. 试将电流 $i=-20\sin(\omega t-30°)$ 和 $i=30\sqrt{2}\cos(\omega t+30°)$ 分别改写成正弦交流电的表达形式 $i=I_m\sin(\omega t+\varphi)$ $(-\pi<\varphi<\pi)$.

任务五　正弦型函数

在电学、物理学和工程技术中常会遇到形如 $y=A\sin(\omega x+\varphi)$ 的函数，例如，物体做简

谐振动时位移 s 与时间 t 的函数关系，正弦交流电的电流 i 与时间 t 的函数关系、电压 u 与时间 t 的函数关系等．这类函数就是正弦型函数，其应用十分广泛．

一、正弦型函数的概念

一般地，形如
$$y = A\sin(\omega x + \varphi)\ (x \in R)$$
的函数（$A>0$，$\omega>0$，$\varphi \in R$，A，ω，φ 都是常数）叫作正弦型函数，其图像叫作正弦型曲线，其中 A 叫作振幅（或最大值），ω 叫作角速度（或角频率），φ 叫作初相位．函数的周期是 $T = \dfrac{2\pi}{\omega}$．

当 $A=1$，$\omega=1$，$\varphi=0$ 时，正弦型函数 $y=A\sin(\omega x+\varphi)$ 就是正弦函数 $y=\sin x$．

例1 求正弦型函数 $y = 5\sin\left(2x + \dfrac{\pi}{6}\right)$ 的振幅、角速度、初相位、周期、最大值和最小值．

解： 振幅 $A=5$，角速度 $\omega=2$，初相位 $\varphi=\dfrac{\pi}{6}$，周期 $T=\dfrac{2\pi}{\omega}=\dfrac{2\pi}{2}=\pi$，最大值为 5，最小值为 -5．

二、正弦型函数的图像

用五点法作图可以作正弦型函数在一个周期内的简图，并与正弦函数进行比较．

1. 正弦型函数 $y = A\sin x\ (A>0)$ 的图像

例2 用五点法作图作正弦型函数 $y=3\sin x$ 在一个周期内的简图．

解： 函数的周期为 $T=2\pi$，最大值为 3，最小值为 -3．

（1）列表：

x	0	$\dfrac{\pi}{2}$	π	$\dfrac{3\pi}{2}$	2π
$\sin x$	0	1	0	-1	0
$y=3\sin x$	0	3	0	-3	0

（2）描点，连线，如图 1-3-56 所示.

由图 1-3-56 可以看出，函数 $y=3\sin x$ 的图像可以看作把函数 $y=\sin x$ 图像（图中虚线部分）上所有点的横坐标保持不变，纵坐标扩大 3 倍得到．

一般地，函数 $y=A\sin x$ 的图像可由函数 $y=\sin x$ 的图像通过下列变换得到：

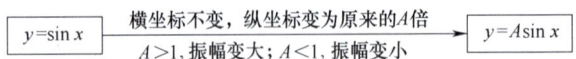

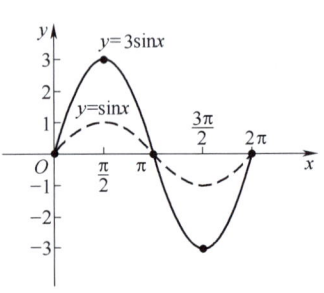

图 1-3-56

2. 正弦型函数 $y=\sin\omega x$（$\omega>0$）的图像

例 3 用五点法作图作正弦型函数 $y=\sin 2x$ 在一个周期内的简图.

解： 函数的周期为 $T=\pi$，最大值为 1，最小值为 -1.

（1）列表：

x	0	$\dfrac{\pi}{4}$	$\dfrac{\pi}{2}$	$\dfrac{3\pi}{4}$	π
$y=\sin 2x$	0	1	0	-1	0

（2）描点，连线，如图 1-3-57 所示.

图 1-3-57

由图 1-3-57 可以看出，函数 $y=\sin 2x$ 的图像可以看作把函数 $y=\sin x$ 图像（图中虚线部分）上所有点的纵坐标保持不变，横坐标沿 x 轴向原点压缩到原来的 $\dfrac{1}{2}$ 得到.

一般地，函数 $y=\sin\omega x$ 的图像可由函数 $y=\sin x$ 的图像通过下列变换得到：

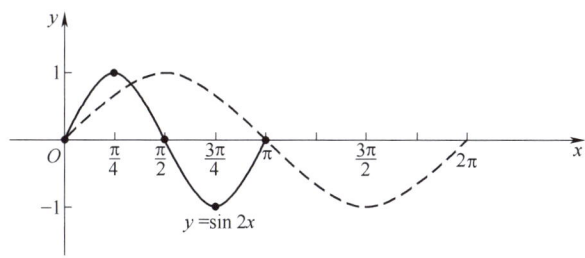

3. 正弦型函数 $y=\sin(x+\varphi)$ 的图像

例 4 用五点法作图作正弦型函数 $y=\sin\left(x+\dfrac{\pi}{3}\right)$ 在一个周期内的简图.

解： 函数的周期为 $T=2\pi$，最大值为 1，最小值为 -1.

（1）列表：

x	$-\dfrac{\pi}{3}$	$\dfrac{\pi}{6}$	$\dfrac{2\pi}{3}$	$\dfrac{7\pi}{6}$	$\dfrac{5\pi}{3}$
$y=\sin\left(x+\dfrac{\pi}{3}\right)$	0	1	0	-1	0

（2）描点，连线，如图 1-3-58 所示.

由图 1-3-58 可以看出，函数 $y=\sin\left(x+\dfrac{\pi}{3}\right)$ 的图像可以看作把函数 $y=\sin x$ 图像（图中

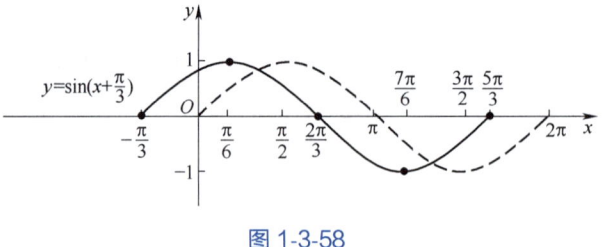

图 1-3-58

虚线部分）向左平移 $\dfrac{\pi}{3}$ 个单位.

一般地，函数 $y=\sin(x+\varphi)$ 的图像可由函数 $y=\sin x$ 的图像通过下列变换得到：

$$y=\sin x \xrightarrow[\text{向右}(\varphi<0\text{时})\text{平移}|\varphi|\text{个单位}]{\text{向左}(\varphi>0\text{时})\text{平移}\varphi\text{个单位}} y=\sin(x+\varphi)$$

综上所述，可知正弦型函数 $y=A\sin(\omega x+\varphi)$ 的图像可由函数 $y=\sin x$ 的图像通过下列变换得到：

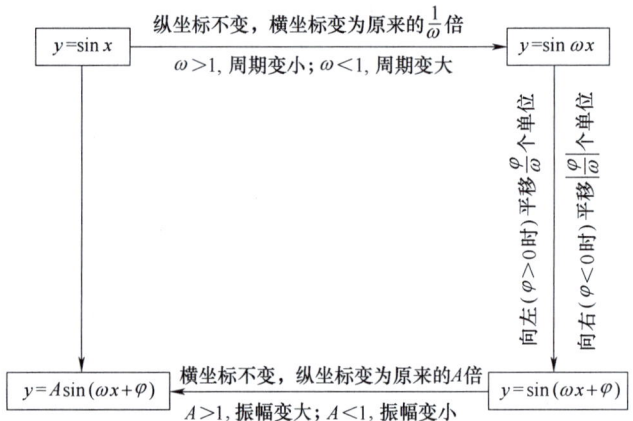

三、正弦量

正弦型函数 $y=A\sin(\omega x+\varphi)$ 在电工学中最常见的应用就是按正弦规律变化的交流电的电压和电流：

$$u=U_m\sin(\omega t+\varphi_1),\ i=I_m\sin(\omega t+\varphi_2).$$

上式中 u，i 分别称为正弦电压、正弦电流，统称为正弦量.

在电学中，A 称为正弦量的最大值；$T=\dfrac{2\pi}{\omega}$ 称为正弦量的周期；$f=\dfrac{1}{T}$ 称为正弦量的频率；ω 称为角频率，φ 称为初相位，$\omega x+\varphi$ 称为相位. 频率（或周期）、最大值（振幅）和初相称为正弦量的三要素.

例 5 已知正弦交流电的电流 i（单位：A）与时间 t（单位：s）的函数关系为 $i=25\sqrt{2}\sin\left(100\pi t-\dfrac{\pi}{3}\right)$. 求：

（1）电流的最大值、周期、频率和初相；

（2）电流的有效值（对于正弦交流电而言，最大值除以$\sqrt{2}$即为有效值，电器"铭牌"上所标的一般是有效值）.

解： （1）电流的最大值为$I_m=25\sqrt{2}$（A）；周期为$T=\dfrac{2\pi}{\omega}=\dfrac{2\pi}{100\pi}=0.02$（s）；频率为$f=\dfrac{1}{T}=\dfrac{1}{0.02}=50$（Hz）；初相为$\varphi=-\dfrac{\pi}{3}$.

（2）电流的有效值为$I=\dfrac{25\sqrt{2}}{\sqrt{2}}=25$（A）.

例6 用跟踪示波器测得正弦电压在一个周期内的波形如图 1-3-59 所示. 试写出电压 u 的瞬时表达式，并求 $t=0$ 时的初始值 u_0.

解： 设 u 的瞬时表达式为 $u=U_m\sin(\omega t+\varphi)$. 由图 1-3-59 可知，

电压的最大值为 $U_m=20$（伏）；

周期为 $T=[3.5-(-0.5)]\times 10^{-3}=4\times 10^{-3}$（秒）；

角频率为 $\omega=\dfrac{2\pi}{T}=\dfrac{2\pi}{4\times 10^{-3}}=500\pi$（弧度/秒）；

又当 $t=-0.5\times 10^{-3}$ 时，$u=0$，所以
$u=U_m\sin(-0.5\times 10^{-3}\omega+\varphi)=0$，即
$$-0.5\times 10^{-3}\omega+\varphi=0,$$

所以，$\varphi=0.5\times 10^{-3}\omega=0.5\times 10^{-3}\times 500\pi=\dfrac{\pi}{4}$，

于是 u 的瞬时表达式为
$$u=20\sin\left(500\pi t+\dfrac{\pi}{4}\right).$$

令 $t=0$ 得初始值为 $u_0=20\sin\dfrac{\pi}{4}=20\times\dfrac{\sqrt{2}}{2}=10\sqrt{2}$（伏）.

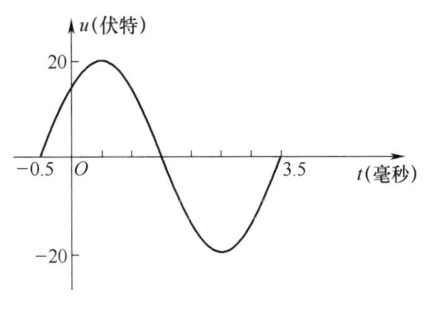

图 1-3-59

例7 已知两个同频正弦交流电的电流为 $i_1=4\sin\left(100\pi t+\dfrac{\pi}{3}\right)$，$i_2=2\sin\left(100\pi t+\dfrac{\pi}{6}\right)$. 试求和 $i=i_1+i_2$.

解：
$$\begin{aligned}i &=i_1+i_2=4\sin\left(100\pi t+\dfrac{\pi}{3}\right)+2\sin\left(100\pi t+\dfrac{\pi}{6}\right)\\&=4\left[\sin(100\pi t)\cos\left(\dfrac{\pi}{3}\right)+\cos(100\pi t)\sin\left(\dfrac{\pi}{3}\right)\right]\\&\quad+2\left[\sin(100\pi t)\cos\left(\dfrac{\pi}{6}\right)+\cos(100\pi t)\sin\left(\dfrac{\pi}{6}\right)\right]\\&=\sin(100\pi t)\left[4\cos\left(\dfrac{\pi}{3}\right)+2\cos\left(\dfrac{\pi}{6}\right)\right]+\cos(100\pi t)\left[4\sin\left(\dfrac{\pi}{3}\right)+2\sin\left(\dfrac{\pi}{6}\right)\right]\end{aligned}$$

$$= \sin(100\pi t)(2+\sqrt{3}) + \cos(100\pi t)(2\sqrt{3}+1)$$
$$= 2\sqrt{5+2\sqrt{3}}\left[\sin(100\pi t)\frac{2+\sqrt{3}}{2\sqrt{5+2\sqrt{3}}} + \cos(100\pi t)\frac{2\sqrt{3}+1}{2\sqrt{5+2\sqrt{3}}}\right]$$

令 $\cos\theta = \dfrac{2+\sqrt{3}}{2\sqrt{5+2\sqrt{3}}}$，$\sin\theta = \dfrac{2\sqrt{3}+1}{2\sqrt{5+2\sqrt{3}}}$，于是有

$$i = i_1 + i_2 = 2\sqrt{5+2\sqrt{3}}\left[\sin(100\pi t)\cos\theta + \cos(100\pi t)\sin\theta\right]$$
$$= 2\sqrt{5+2\sqrt{3}}\sin(100\pi t+\theta).$$

由此可见，两个同频正弦交流电叠加后仍然是同频正弦交流电.

习题答案

习题 1-3-5

1. 工业用电与民用电常用的是正弦交流电，其电压 $u(\text{V})$ 与时间 $t(\text{s})$ 之间的函数关系式为 $u = 220\sqrt{2}\sin(100\pi t)$. 试求其最大值、周期、频率及有效值.

2. 正弦型函数 $y = 3\sin\left(2x - \dfrac{\pi}{4}\right)$ 的图像可由函数 $y = \sin x$ 的图像通过怎样的变换得到？

3. 已知正弦电流 i（单位：A）随时间 t（单位：s）的部分变化曲线如图 1-3-60 所示，试写出 i 与 t 之间的函数关系式.

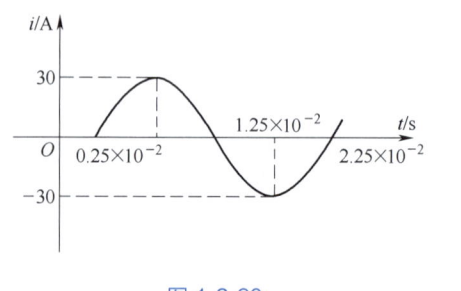

图 1-3-60

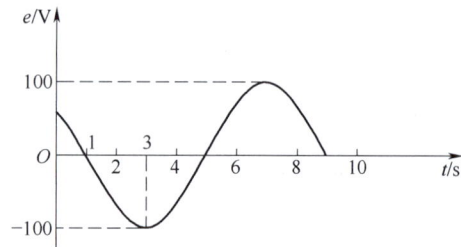

图 1-3-61

4. 如图 1-3-61 所示，试写出正弦交流电的电动势 $e(\text{V})$ 随时间 $t(\text{s})$ 变化的表达式，并求出 $t=0$ 时的初始值为 e_0.

项目四 复数

复数在电学中应用非常广泛，电学中的许多计算问题都可以转化成复数间的四则运算问题，从而大大降低了计算难度. 这里将主要介绍复数的基本概念，复数的加、减、乘、除运算，复数的三角形式、指数形式与极坐标形式等内容.

任务一 复数及其代数运算

本任务主要学习复数的基本概念，复数的几何意义，复数的向量表示，复数的模与辐角，复数的加、减、乘、除运算.

一、复数基本概念

一般地，形如 $a+bi(a,b\in R)$ 的数叫作复数，通常用字母 z 表示，即
$$z=a+bi(a,b\in R)$$
其中，a 叫作复数的实部，b 叫作复数的虚部，i 称为虚数单位，且规定 $i^2=-1$.

特别地，当 $b=0$ 时，复数 $z=a$ 是一个实数，所以，实数是一类特殊的复数. 当 $b\neq 0$ 时，复数 $z=a+bi$ 称为虚数. 当 $a=0$，$b\neq 0$ 时，复数 $z=bi$ 称为纯虚数.

一般地，称复数 $a-bi$ 为复数 $a+bi$ 的共轭复数，用 $\bar{z}$ 表示，读作"z 的共轭复数"，即
$$\bar{z}=a-bi.$$
显然，$z+\bar{z}=2a$ 为实数，$z-\bar{z}=2bi$ 为纯虚数.

两个复数相等的充要条件是实部与实部相等，虚部与虚部相等，即
$$a+bi=c+di \Leftrightarrow a=c, b=d \quad (a,b,c,d\in R)$$
特别地，$a+bi=0 \Leftrightarrow a=b=0$.

如果两个复数都是实数，则它们可以比较大小；如果两个复数至少有一个不是实数，那么它们只有相等与不相等两种关系，而不能比较大小. 例如，$2i$ 与 $3i$，3 与 $3i$ 均不能比较大小.

实数和虚数统称为复数. 全体复数构成的集合
$$\{z|z=a+bi, a,b\in R\}$$
叫作复数集，通常用 C 来表示.

二、复数的几何意义

1. 复平面及相关概念

显然，任何一个复数 $z=a+bi(a,b\in R)$ 都与一个有序实数对 (a,b) 一一对应. 而有序实数对 (a,b) 又与平面直角坐标系中的点 $Z(a,b)$ 是一一对应的，即任何一个复数 $z=a+bi$ 都与平面直角坐标系中的点 $Z(a,b)$ 一一对应，我们把这种建立了直角坐标系用来表示复数的平面称为复平面. 用复平面内的点来表示复数，叫作复数的几何表示法，如图 1-4-1 所示. 这时横轴称为实轴，纵轴除去原点的部分称为虚轴.

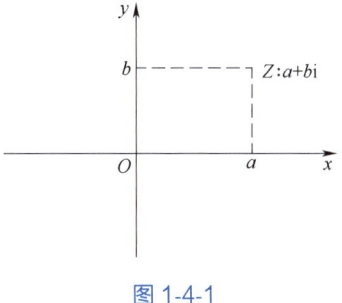

图 1-4-1

显然，实轴上的点都表示实数，虚轴上的点都表示纯虚数.

2. 用向量表示复数

如图 1-4-2 所示，如果复平面内的点 $Z(a,b)$ 表示复数 $a+bi$，连结原点 O 和点 Z，

并把 O 点看作线段 OZ 的起点，Z 点看作线段 OZ 的终点，那么有向线段 $\overrightarrow{OZ}$ 就是向量.

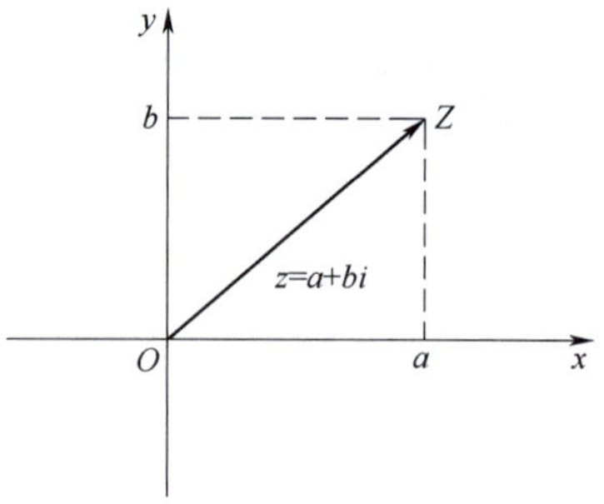

根据以上规定，复平面内的点 Z 和向量 $\overrightarrow{OZ}$ 之间可以建立一一对应的关系. 因为复平面内的点 $Z(a, b)$ 和复数 $a+bi$ 一一对应，所以，复数 $a+bi$ 和向量 $\overrightarrow{OZ}$ 之间也是一一对应的，于是复数 $a+bi$ 也可以用向量 $\overrightarrow{OZ}$ 来表示.

3. 复数的模与辐角

不同的复数在复平面上对应的点的位置是不同的. 除了可以用有序实数对 (a, b) 表示它们的不同之外，还可以用模与辐角两个量来表示它们的不同.

图 1-4-2

一般地，我们把复平面内表示复数 $z=a+bi(a, b \in R)$ 的点 $Z(a, b)$ 到原点的距离叫作复数的模，记作 $|z|$ 或 $|a+bi|$，由模的定义可得

$$|z| = |a+bi| = \sqrt{a^2+b^2}.$$

特别地，当虚部 $b=0$ 时，即复数 $z=a$ 是实数时，它的模等于 $|z|=|a|$，就是实数 a 的绝对值；当复数 $z=0$ 时，它的模等于 0.

以实轴的正半轴为始边，OZ 为终边的角 θ 叫作复数 z 的辐角. 复数的辐角是不唯一的. 事实上，若 θ 是复数 z 的辐角，那么 $2k\pi+\theta(k \in Z)$ 也是复数 z 的辐角. 我们把复数 z 在 $[-\pi, \pi)$ 内的辐角称为复数 z 的辐角主值，记作 $\arg z$. 以后所说的辐角一般指的是辐角主值，如图 1-4-3 所示.

例如，$\arg 2 = 0$，$\arg i = \dfrac{\pi}{2}$，$\arg(-1) = -\pi$，$\arg(1+i) = \dfrac{\pi}{4}$.

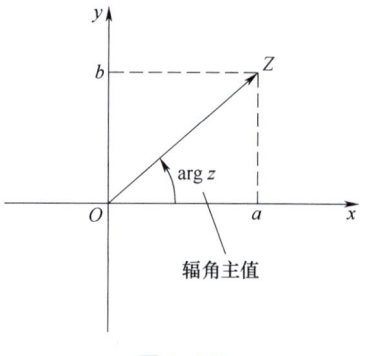

图 1-4-3

规定：复数 0 的辐角是任意值.

每一个非零复数 $z=a+bi(a, b \in R)$ 都有唯一的模和辐角主值，并且可由它的模和辐角主值唯一确定，由此可知：两个非零复数相等的充要条件是它们的模和辐角主值分别相等.

当 $a \neq 0$ 时，复数 $z=a+bi(a, b \in R)$ 的辐角 θ 由 $\tan\theta = \dfrac{b}{a}$ 和表示复数 z 的点所在象限确定.

例1 求复数 $z=1+i$ 的模和辐角.

解： 复数的模为

$$|z| = |1+i| = \sqrt{1^2+1^2} = \sqrt{2}.$$

又因为 $\tan\theta = \dfrac{b}{a} = 1$，且复数 $z = 1+i$ 对应的点位于第一象限，如图 1-4-4 所示，所以辐角为 $\arg z = \dfrac{\pi}{4}$.

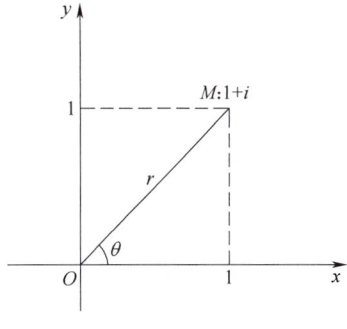

图 1-4-4

三、复数的加、减、乘、除运算

一般地，我们把复数 $z = a+bi$（a, $b \in R$）叫作复数的代数形式. 在代数形式中，如果把虚数单位 i 看作多项式中的一个字母，那么复数间的四则运算就变成了多项式的四则运算.

1. 复数的加法与减法

设任意两个复数 $z_1 = a+bi$，$z_2 = c+di$（a, b, c, $d \in R$），我们定义复数的加法与减法如下：

$$z_1 + z_2 = (a+bi) + (c+di) = (a+c) + (b+d)i;$$
$$z_1 - z_2 = (a+bi) - (c+di) = (a-c) + (b-d)i.$$

可以看出，两个复数和或差的结果仍是一个复数.

例 2 已知 $z_1 = 3-2i$，$z_2 = -5+3i$. 计算：（1）$z_1 + z_2$；（2）$z_1 - z_2$.

解：（1）$z_1 + z_2 = (3-2i) + (-5+3i) = (3-5) + (-2+3)i = -2+i$；

（2）$z_1 - z_2 = (3-2i) - (-5+3i) = (3+5) + (-2-3)i = 8-5i$.

2. 复数的乘法

设任意两个复数 $z_1 = a+bi$，$z_2 = c+di$（a, b, c, $d \in R$），我们定义复数乘法如下：

$$z_1 \cdot z_2 = (a+bi)(c+di) = ac + adi + bci + bdi^2 = (ac-bd) + (ad+bc)i.$$

可以看出，两个复数相乘，类似于两个多项式相乘，只是运算中要将 i^2 换成 -1，并把结果写成复数的代数形式.

例 3 已知 $z_1 = 3-2i$，$z_2 = -5-i$. 计算：（1）$z_1 \cdot z_2$；（2）$z_1 \cdot \overline{z_1}$；（3）z_1^2.

解：（1）$z_1 \cdot z_2 = (3-2i)(-5-i)$
$= [3\times(-5) - (-2)\times(-1)] + [3\times(-1) + (-2)\times(-5)]i$
$= -17+7i$；

（2）$z_1 \cdot \overline{z_1} = (3-2i)(3+2i) = [3\times3 - (-2)\times2] + [3\times2 + (-2)\times3]i = 13$；

（3）$z_1^2 = (3-2i)(3-2i) = [3\times3 - (-2)\times(-2)] + [3\times(-2) + (-2)\times3]i = 5-12i$.

例 4 证明：$z \cdot \bar{z} = |z|^2$.

证明：设复数 $z = a+bi$（a, $b \in R$），则 $\bar{z} = a-bi$.

所以 $z \cdot \bar{z} = (a+bi)(a-bi) = a^2 + b^2$.

又由 $|z| = |a+bi| = \sqrt{a^2+b^2}$，所以 $z \cdot \bar{z} = |z|^2$.

3. 复数的除法

设任意两个复数 $z_1 = a+bi$，$z_2 = c+di \neq 0$（a, b, c, $d \in R$），我们定义复数除法如下：

$$\frac{z_1}{z_2}=\frac{a+bi}{c+di}=\frac{(a+bi)(c-di)}{(c+di)(c-di)}=\frac{(ac+bd)+(bc-ad)i}{c^2+d^2}=\frac{ac+bd}{c^2+d^2}+\frac{bc-ad}{c^2+d^2}i.$$

该法则表明，在进行复数除法运算时，用分母的共轭复数同乘分子和分母，并把结果写成复数的代数形式.

例 5 已知 $z_1=3+i$，$z_2=2+3i$. 计算：$\dfrac{z_1}{z_2}$.

解： $\dfrac{z_1}{z_2}=\dfrac{3+i}{2+3i}=\dfrac{(3+i)(2-3i)}{(2+3i)(2-3i)}=\dfrac{6+3+2i-9i}{2^2+3^2}=\dfrac{9}{13}-\dfrac{7}{13}i.$

习题 1-4-1

1. 当实数 m 取何值时，复数 $z=m^2-2m-3+(m-3)i$ 是.
   (1) 实数；(2) 虚数；(3) 纯虚数.
2. 求下列各复数的模与辐角主值.
   (1) $z=-1+\sqrt{3}i$；(2) $z=-3i$.
3. 设复数 $z_1=3+2i$，$z_2=-2+4i$. 计算：
   (1) $z_1+\overline{z_2}$；(2) z_1^3；(3) $z_1\cdot z_2$；(4) $\dfrac{z_1}{z_2}$.
4. 求下列方程的根.
   (1) $3x^2+x+10=0$；(2) $2x^2+3x+2=0$.

习题答案

任务二 复数的三角形式、指数形式与极坐标形式

复数除了代数形式外，还有三角形式、指数形式与极坐标形式. 本任务将主要学习复数的三角形式、指数形式、极坐标形式以及它们之间的互化.

一、复数的三角形式

有了复数的模和辐角，就可以用另一种形式来表示复数.

1. 复数的三角形式

如图 1-4-5 所示，设复数 $z=a+bi\ne 0$ 的模为 $|z|=r$，辐角为 θ，则

$$z=a+bi=r\cos\theta+ir\sin\theta=r(\cos\theta+i\sin\theta).$$

其中，$r=|z|=\sqrt{a^2+b^2}$，θ 由 $\tan\theta=\dfrac{b}{a}(a\ne 0)$ 和表示复数 z 的点所在象限确定. 我们把这种表示形式称为复数的三角形式.

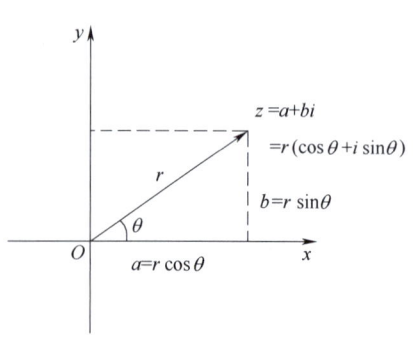

图 1-4-5

模块一　初等数学基础

例1　将复数 $z=-\sqrt{3}+i$ 表示成三角形式.

解：复数的模 $r=\sqrt{(-\sqrt{3})^2+1^2}=2$，辐角 $\arg z=\dfrac{5\pi}{6}$.

所以三角形式为 $z=-\sqrt{3}+i=2\left(\cos\dfrac{5\pi}{6}+i\sin\dfrac{5\pi}{6}\right)$.

例2　在并联电路中，已知两条支路的复数电流分别为 $\dot{I}_1=2\left(\cos\dfrac{\pi}{3}+j\sin\dfrac{\pi}{3}\right)$ 和 $\dot{I}_2=2\left(\cos\dfrac{\pi}{4}+j\sin\dfrac{\pi}{4}\right)$. 求干路中总复数电流 $\dot{I}=\dot{I}_1+\dot{I}_2$（结果用复数的代数形式表示）.

其中，j 表示虚数单位 i（在电学中，i 表示电流，为了与之相区分，电学中用 j 表示虚数单位）.

解：
$$\begin{aligned}\dot{I}&=\dot{I}_1+\dot{I}_2=2\left(\cos\dfrac{\pi}{3}+j\sin\dfrac{\pi}{3}\right)+2\left(\cos\dfrac{\pi}{4}+j\sin\dfrac{\pi}{4}\right)\\&=2\left(\cos\dfrac{\pi}{3}+\cos\dfrac{\pi}{4}\right)+2\left(\sin\dfrac{\pi}{3}+\sin\dfrac{\pi}{4}\right)j\\&=2\left(\dfrac{1}{2}+\dfrac{\sqrt{2}}{2}\right)+2\left(\dfrac{\sqrt{3}}{2}+\dfrac{\sqrt{2}}{2}\right)j\\&=(1+\sqrt{2})+(\sqrt{3}+\sqrt{2})j\end{aligned}$$

2. 复数三角形式的乘除运算

设复数
$$z_1=r_1(\cos\theta_1+i\sin\theta_1)$$
$$z_2=r_2(\cos\theta_2+i\sin\theta_2)$$
$$z=r(\cos\theta+i\sin\theta)$$

则
$$z_1z_2=r_1r_2[\cos(\theta_1+\theta_2)+i\sin(\theta_1+\theta_2)]$$
$$\dfrac{z_1}{z_2}=\dfrac{r_1}{r_2}[\cos(\theta_1-\theta_2)+i\sin(\theta_1-\theta_2)]\quad(z_2\neq 0)$$
$$z^n=r^n(\cos n\theta+i\sin n\theta)(n\in N)$$

以上三个公式就是复数三角形式的乘除运算法则，其中，第三个公式称为棣莫弗公式.

例3　已知复数 $z_1=12\left(\cos\dfrac{\pi}{3}+i\sin\dfrac{\pi}{3}\right)$，$z_2=3\left(\cos\dfrac{\pi}{4}+i\sin\dfrac{\pi}{4}\right)$. 求：

（1）$z_1\cdot z_2$；（2）$\dfrac{z_1}{z_2}$；（3）z_1^{2023}.

解：（1）$z_1\cdot z_2=12\times 3\times\left[\cos\left(\dfrac{\pi}{3}+\dfrac{\pi}{4}\right)+i\sin\left(\dfrac{\pi}{3}+\dfrac{\pi}{4}\right)\right]=36\left(\cos\dfrac{7\pi}{12}+i\sin\dfrac{7\pi}{12}\right)$；

（2）$\dfrac{z_1}{z_2}=\dfrac{12}{3}\times\left[\cos\left(\dfrac{\pi}{3}-\dfrac{\pi}{4}\right)+i\sin\left(\dfrac{\pi}{3}-\dfrac{\pi}{4}\right)\right]=4\left(\cos\dfrac{\pi}{12}+i\sin\dfrac{\pi}{12}\right)$；

(3) $z_1^{2023} = 12^{2023} \times \left[\cos\left(2023 \times \dfrac{\pi}{3}\right) + i\sin\left(2023 \times \dfrac{\pi}{3}\right)\right]$

$= 12^{2023} \times \left[\cos\left(674\pi + \dfrac{\pi}{3}\right) + i\sin\left(674\pi + \dfrac{\pi}{3}\right)\right]$

$= 12^{2023}\left(\cos\dfrac{\pi}{3} + i\sin\dfrac{\pi}{3}\right).$

二、复数的指数形式

利用欧拉公式
$$\cos\theta + i\sin\theta = e^{i\theta}$$
可以将复数 $z = r(\cos\theta + i\sin\theta)$ 用另一种形式表示出来，即
$$z = r(\cos\theta + i\sin\theta) = re^{i\theta}$$
称为复数的指数形式.

在指数形式下，对复数进行的主要也是乘除运算，但运算要方便得多，设复数
$$z_1 = r_1 e^{i\theta_1},\ z_2 = r_2 e^{i\theta_2},\ z = re^{i\theta}$$
则
$$z_1 z_2 = r_1 e^{i\theta_1} \cdot r_2 e^{i\theta_2} = r_1 r_2 e^{i(\theta_1 + \theta_2)}$$
$$\dfrac{z_1}{z_2} = \dfrac{r_1 e^{i\theta_1}}{r_2 e^{i\theta_2}} = \dfrac{r_1}{r_2} e^{i(\theta_1 - \theta_2)} \quad (z_2 \neq 0)$$
$$z^n = (re^{i\theta})^n = r^n e^{in\theta} \quad (n \in N)$$

例 4 在电阻电感电容并联交流电路中，并联电路中的总阻抗 Z 为
$$\dfrac{1}{Z} = \dfrac{1}{R} + \dfrac{1}{jX_L} + \dfrac{1}{-jX_C}.$$
其中，j 表示虚数单位 i（在电学中，i 表示电流，为了与之相区分，电学中用 j 表示虚数单位）.

若已知该电路中 $R = 50\Omega$，$X_L = 40\Omega$，$X_C = 20\Omega$，试求该电路的总阻抗 Z.（表示成指数形式）

解： 代入数据得
$$\dfrac{1}{Z} = \dfrac{1}{50} + \dfrac{1}{40j} + \dfrac{1}{-20j} = \dfrac{1}{50} - \dfrac{1}{40j} = \dfrac{1}{50} + \dfrac{1}{40}j$$
于是
$$Z = \dfrac{1}{\dfrac{1}{50} + \dfrac{1}{40}j} = \dfrac{\dfrac{1}{50} - \dfrac{1}{40}j}{\left(\dfrac{1}{50} + \dfrac{1}{40}j\right)\left(\dfrac{1}{50} - \dfrac{1}{40}j\right)} = \dfrac{800}{41} - \dfrac{1000}{41}j.$$

又 Z 的模为 $|Z| = \sqrt{\left(\dfrac{800}{41}\right)^2 + \left(-\dfrac{1000}{41}\right)^2} \approx 31.23$，辐角为 $\arg Z \approx -51.34°$.

所以该电路的总阻抗为 $Z \approx 31.23e^{-j51.34°}$.

三、复数的极坐标形式

在电学中，经常用 $r\angle\theta$ 来表示模为 r，辐角为 θ 的复数，即

$$z = a + bi = r\angle\theta$$

我们将复数的这种形式称为复数的极坐标形式. 如图 1-4-6 所示. 复数的极坐标形式和指数形式广泛地应用于电学中.

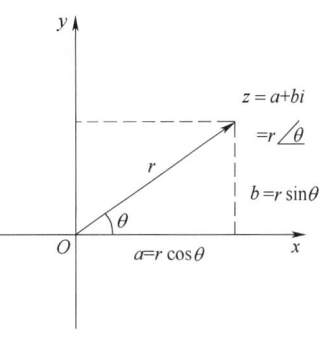

图 1-4-6

在极坐标形式下，复数的乘除运算法则如下：

$$r_1\angle\theta_1 \cdot r_2\angle\theta_2 = r_1 \cdot r_2 \angle\theta_1+\theta_2$$

$$\frac{r_1\angle\theta_1}{r_2\angle\theta_2} = \frac{r_1}{r_2}\angle\theta_1-\theta_2$$

$$(r\angle\theta)^n = r^n\angle n\theta$$

例 5 设复数的代数形式为 $z = \sqrt{3} + i$. 试将其化为三角形式，指数形式和极坐标形式.

解： 复数的模 $r = \sqrt{(\sqrt{3})^2 + 1^2} = 2$，辐角 $\arg z = \frac{\pi}{6}$. 则

$$z = 2\left(\cos\frac{\pi}{6} + i\sin\frac{\pi}{6}\right) = 2e^{\frac{\pi}{6}i} = 2\angle\frac{\pi}{6}.$$

例 6 设复数的极坐标形式为 $z = 2\angle\frac{\pi}{4}$. 试将其化为指数形式，三角形式和代数形式.

解： 复数的模 $r = 2$，辐角 $\theta = \frac{\pi}{4}$. 则

$$z = 2e^{\frac{\pi}{4}i} = 2\left(\cos\frac{\pi}{4} + i\sin\frac{\pi}{4}\right) = \sqrt{2} + \sqrt{2}i.$$

例 7 设复数的指数形式为 $z = 4e^{\frac{\pi}{2}i}$. 试将其化为极坐标形式，三角形式和代数形式.

解： 复数的模 $r = 4$，辐角 $\theta = \frac{\pi}{2}$. 则

$$z = 4\angle\frac{\pi}{2} = 4\left(\cos\frac{\pi}{2} + i\sin\frac{\pi}{2}\right) = 4i.$$

习题 1-4-2

1. 将复数 $z = -1 + \sqrt{3}i$ 化成三角形式.

2. 已知两个正弦交流电压所对应的复数电压分别为 $\dot{U}_1 = 100(\cos30° + j\sin30°)$ 和

$\dot{U}_2 = 100(\cos 60° + j\sin 60°)$. 求：$\dot{U} = \dot{U}_1 + \dot{U}_2$（结果用复数的三角形式表示）.

3. 已知复数 $z_1 = 20\left(\cos\dfrac{2\pi}{3} + i\sin\dfrac{2\pi}{3}\right)$, $z_2 = 4\left(\cos\dfrac{\pi}{6} + i\sin\dfrac{\pi}{6}\right)$. 求：

（1）$z_1 \cdot z_2$; （2）$\dfrac{z_1}{z_2}$; （3）$z_2^{\,4}$.

4. 已知复数 $z_1 = 3\mathrm{e}^{\frac{\pi}{3}i}$, $z_2 = \sqrt{3}\,\mathrm{e}^{\frac{\pi}{4}i}$. 求：

（1）$z_1 \cdot z_2$; （2）$\dfrac{z_1}{z_2}$; （3）$z_2^{\,3}$.

5. 已知复数 $z_1 = 4\angle\dfrac{3\pi}{4}$, $z_2 = 2\angle\dfrac{\pi}{6}$. 求：

（1）$z_1 \cdot z_2$; （2）$\dfrac{z_1}{z_2}$; （3）$z_2^{\,3}$.

项目五　等差数列与等比数列

等差数列与等比数列在高中阶段已进行过深入学习，这里我们只对基本概念、基本公式进行简单复习回顾，重点学习等差数列与等比数列在资金时间价值中的实际应用，通过解决等额本金与等额本息两个实际问题来体会数学的应用价值.

一、数列基本概念

1. 数列

按一定次序排成的一列数

$$u_1, u_2, u_3, \cdots, u_n, \cdots$$

称为数列，记作：$\{u_n\}$. 其中 u_1 称为数列的首项，u_n 称为数列的通项（或一般项）.

例如，

$2, 4, 8, \cdots, 2^n, \cdots$　　　　记作：$\{2^n\}$

$2, \dfrac{3}{2}, \dfrac{4}{3}, \cdots, \dfrac{n+1}{n}, \cdots$　　　　记作：$\left\{\dfrac{n+1}{n}\right\}$

$1, -1, 1, \cdots, (-1)^{n+1}, \cdots$　　　　记作：$\{(-1)^{n+1}\}$

注： 数列也可看作定义域为正整数的函数 $u_n = f(n)$ 按自变量增大的顺序排列着的一串函数值 $f(1), f(2), \cdots, f(n), \cdots$.

2. 数列的前 n 项和

将数列 $u_1, u_2, u_3, \cdots, u_n, \cdots$ 前 n 项相加的和称为数列 $\{u_n\}$ 的前 n 项和，记作 S_n，即

$$S_n = u_1 + u_2 + u_3 + \cdots + u_n = \sum_{k=1}^{n} u_k.$$

例1 求数列 $\left\{\dfrac{1}{n(n+1)}\right\}$ 的前 n 项和 S_n.

解： 因为 $u_n=\dfrac{1}{n(n+1)}=\dfrac{1}{n}-\dfrac{1}{n+1}$，所以

$$S_n=u_1+u_2+u_3+\cdots+u_n=\dfrac{1}{1}-\dfrac{1}{2}+\dfrac{1}{2}-\dfrac{1}{3}+\dfrac{1}{3}-\dfrac{1}{4}+\cdots+\dfrac{1}{n}-\dfrac{1}{n+1}$$

$$=1-\dfrac{1}{n+1}=\dfrac{n}{n+1}.$$

二、等差数列

1. 等差数列

一般地，如果一个数列从第 2 项起，每一项与它前一项的差都等于同一个常数，这样的数列称为等差数列，这个常数称为等差数列的公差，常用字母 d 表示.

例如，数列 2，4，6，8，10，12 就是一个等差数列.

一般地，若 a，A，b 成等差数列，则 $A=\dfrac{a+b}{2}$，A 称为 a 与 b 的等差中项.

设等差数列 $\{a_n\}$ 的首项是 a_1，公差是 d，则其通项公式为

$$a_n=a_1+(n-1)d.$$

2. 等差数列的前 n 项和

设等差数列 $\{a_n\}$ 的首项是 a_1，公差是 d，则其前 n 项和为

$$S_n=\dfrac{n(a_1+a_n)}{2} \quad \text{或} \quad S_n=na_1+\dfrac{n(n-1)}{2}d.$$

3. 等额本金还款法

等额本金指的是在还款期内将贷款本金等分，每个月偿还等额的本金和剩余本金所产生的利息.

例2 假设甲贷款 10 万元，月利率是 1%，按等额本金还款法分期付款，5 个月还清，则甲每个月偿还的金额分别是多少元？总利息是多少元？

解： 每月应还贷款本金 $\dfrac{100\,000}{5}=20\,000$（元），

第 1 个月的利息为 $100\,000\times 1\%=1\,000$（元），
第 2 个月的利息为 $(100\,000-20\,000)\times 1\%=800$（元），
第 3 个月的利息为 $(100\,000-2\times 20\,000)\times 1\%=600$（元），
第 4 个月的利息为 $(100\,000-3\times 20\,000)\times 1\%=400$（元），
第 5 个月的利息为 $(100\,000-4\times 20\,000)\times 1\%=200$（元），

由此可见，每月所付利息是以 $a_1=1\,000$ 元为首项，$d=-200$ 为公差的等差数列 $\{a_n\}$. 因为贷款 5 个月还清，所以 $n=5$，利息总和为

$$S_5=5\times 1\,000+\dfrac{5\times(5-1)}{2}\times(-200)=3\,000(\text{元}),$$

或

$$S_5 = \frac{5 \times (1\,000+200)}{2} = 3\,000(元).$$

下面推导一般的等额本金还款公式：设贷款金额是 a，期数是 n，月利率是 r，每月还款额是 a_k（$1 \leq k \leq n$）. 显然，每月应还的本金为 $\frac{a}{n}$.

第一个月产生的利息为：$\frac{a}{n} \times n \times r = ar$；

第二个月产生的利息为：$\frac{a}{n} \times (n-1) \times r = \frac{(n-1)ar}{n}$；

第三个月产生的利息为：$\frac{a}{n} \times (n-2) \times r = \frac{(n-2)ar}{n}$；

……

第 k 个月产生的利息为：$\frac{a}{n} \times [n-(k-1)] \times r = \frac{(n-k+1)ar}{n}$；

……

第 n 个月（最后一期）产生的利息为：$\frac{a}{n} \times [n-(n-1)] \times r = \frac{ar}{n}$.

这是一个可以看成是以 ar 为首项，以 $-\frac{ar}{n}$ 为公差的等差数列，利用等差数列求和公式，可得累计利息为

$$S_n = ar + \frac{ar(n-1)}{n} + \frac{ar(n-2)}{n} + \cdots + \frac{ar}{n}$$

$$= \frac{ar}{n} \times [n+(n-1)+(n-2)+\cdots+1]$$

$$= \frac{ar(n+1)}{2}.$$

即

$$累计利息 = \frac{贷款金额 \times 月利率 \times (期数+1)}{2}$$

而第 k 个月的还款额就是每个月应还的本金与剩余未还本金在当月产生的利息之和，即

$$a_k = \frac{a}{n} + \frac{a}{n} \times [n-(k-1)] \times r \,(k=1,2,\cdots,n)$$

即

$$每月还款额 = \frac{贷款金额}{还款月数} + 剩余未还本金 \times 月利率$$

从中我们可以发现，等额本金的还款方式每月还款本金固定，而利息递减，所以每月还款金额是递减的. 可见，等额本金的还款方式在前期还款压力较大，后期还款压力较小.

例3 甲向银行贷款 100 万元买房，贷款年利率为 4.2%，贷款期限为 30 年，采用等额本金还款法分期付款.

（1）月利率、期数、月还本金分别是多少？

（2）计算甲前 3 个月的月还款额分别是多少元？

（3）假设甲没有提前还贷，则贷款还清后累计利息是多少元？

解： （1）月利率：$r = \dfrac{4.2\%}{12} = 0.0035$；

期数：$n = 30 \times 12 = 360$（期）；

月还本金：$\dfrac{a}{n} = \dfrac{1\,000\,000}{360} \approx 2\,777.78$（元）；

（2）第 1 个月还款额：$\dfrac{1\,000\,000}{360} + 1\,000\,000 \times 0.0035 \approx 6\,277.78$（元）；

第 2 个月还款额：$\dfrac{1\,000\,000}{360} + \left(1\,000\,000 - \dfrac{1\,000\,000}{360} \times 1\right) \times 0.0035 \approx 6\,268.06$（元）；

第 3 个月还款额：$\dfrac{1\,000\,000}{360} + \left(1\,000\,000 - \dfrac{1\,000\,000}{360} \times 2\right) \times 0.0035 \approx 6\,258.34$（元）；

（3）累计利息为：$\dfrac{1\,000\,000 \times 0.0035 \times (360+1)}{2} = 631\,750.00$（元）.

三、等比数列

1. 等比数列

一般地，如果一个数列从第 2 项起，每一项与它前一项的比都等于同一个非零常数，这样的数列称为等比数列，这个常数称为等比数列的公比，常用字母 q（$q \neq 0$）表示.

例如，数列 2，4，8，16，32，64 就是一等比数列.

一般地，若 a，G，b 成等比数列，则 $G^2 = ab$，G 称为 a 与 b 的等比中项.

设等比数列 $\{a_n\}$ 的首项是 a_1，公比是 d，则其通项公式为

$$a_n = a_1 q^{n-1}.$$

2. 等比数列的前 n 项和

设等比数列 $\{a_n\}$ 的首项是 a_1，公比是 q，则其前 n 项和为

$$S_n = \begin{cases} \dfrac{a_1(1-q^n)}{1-q}, & q \neq 1 \\ na_1, & q = 1 \end{cases}.$$

3. 等额本息还款法

等额本金前期还款压力太大，那能否合理分配本金，使每个月还款金额是一个固定的值，将还款压力均摊呢？下面介绍另一种还款方式——等额本息.

等额本息指的是在还款期内每个月偿还相等数额的贷款（包括本金和利息）.

下面推导一般的等额本息还款公式.

设贷款金额是 P，还款期数是 n，月利率为 r，每月还款额为定值 A（本金+利息），根据资金时间价值理论，可以将每月还款额 A 折算成贷款时的价值（现值），画出资金流量图，如图 1-5-1 所示.

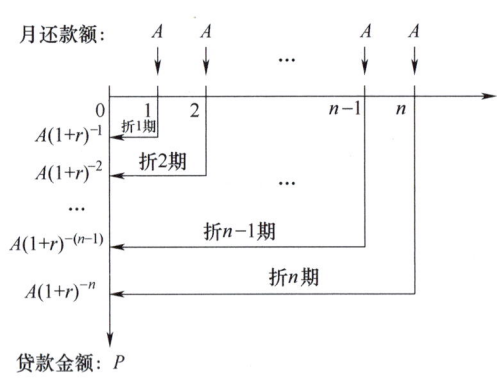

图 1-5-1

第 1 个月的还款额 A 相当于开始还贷时的 $A(1+r)^{-1}$；

第 2 个月的还款额 A 相当于开始还贷时的 $A(1+r)^{-2}$；

……

第 n 个月的还款额 A 相当于开始还贷时的 $A(1+r)^{-n}$；

这是一个可以看成是以 $A(1+r)^{-1}$ 为首项，以 $(1+r)^{-1}$ 为公比的等比数列，利用等比数列求和公式，可得

$$A\times(1+r)^{-1}+A\times(1+r)^{-2}+\cdots+A\times(1+r)^{-n}$$
$$=A\times[(1+r)^{-1}+(1+r)^{-2}+\cdots+(1+r)^{-n}]$$
$$=A\times\frac{1-(1+r)^{-n}}{r}$$

显然，n 期的还款额 A 的现值之和应等于贷款金额 P，即 $A\times\frac{1-(1+r)^{-n}}{r}=P$，解出 A 得

$$A=\frac{Pr(1+r)^n}{(1+r)^n-1}$$

即

$$\text{每期还款额}=\frac{\text{贷款金额}\times\text{利率}\times(1+\text{利率})^{\text{期数}}}{(1+\text{利率})^{\text{期数}}-1}$$

累计利息 = 每期还款额 × 期数 − 贷款金额

例 4 乙向银行贷款 100 万元买房，贷款年利率为 4.2%，贷款期限为 30 年，采用等额本息还款法分期付款.

（1）计算乙的月还款额是多少元？

（2）假设乙没有提前还贷，则贷款还清后累计利息是多少元？

解：（1）月利率为 $r=\frac{4.2\%}{12}=0.0035$，还款期数为 $n=30\times12=360$（期）；

月还款额为 $\frac{1\,000\,000\times0.0035\times(1+0.0035)^{360}}{(1+0.0035)^{360}-1}\approx 4\,890.17$（元）；

量力而行，尽力而为

（2）累计利息为：$4\,890.17\times360-1\,000\,000=760\,461.20$（元）.

综合来看，等额本金每月还的本金为定值，前期还款压力大，后期还款压力小，适合前期收入较高的人群；等额本息每月还款总额为定值，将还款压力均摊，也就是我们常说

的"先还利息",适合前期收入较低的人群,但累计利息较多,比如,例 4 中等额本息累计利息比例 3 中等额本金累计利息多出了 760 461.20−631 750.00=128 711.20 元.

习题 1-5-1

习题答案

1. 已知数列 $\{a_n\}$ 为等差数列,且 $a_1=5$,$a_8=75$,求其前 n 项和 S_n.
2. 已知数列 $\{a_n\}$ 为等比数列,且 $a_1=2$,$q=3$,$a_k=162$,求 S_k.
3. 已知数列 $\{a_n\}$ 的前 n 项和 $S_n=2n^2-4n$,求其通项公式.
4. 某人购买一辆 20 万元的汽车,首付 5 万元,其余车款按等额本金还款法分期付款,10 年付清. 如果贷款按月利率为 0.5%. 计算:
   (1) 贷款金额、还款期数、月还本金分别是多少?
   (2) 前 3 个月每月应还利息多少元?
   (3) 贷款还清后累计利息是多少元?
5. 假设甲贷款 10 万元,月利率为 1%,按等额本息还款法分期付款,5 个月还清,则甲每月应偿还的金额是多少元?总利息是多少元?

项目六　面积与体积

面积与体积的计算问题多应用于建筑工程类专业中,比如场地平整面积和土方量等的计算问题,水库的汇水面积与库容等,这些工程量的计算以及计算结果的准确性与工程量、经济效益、工程设计与安全的问题密切相关. 这里在简要复习汇总一些简单图形或几何体的面积公式或体积公式的基础上,重点通过具体实例来理解运用数学知识解决实际问题的方法.

一、常见平面图形的面积

常见平面图形的周长与面积公式汇总如下:

名称	图形	公式
长方形		周长:$L=2(a+b)$ 面积:$S=ab$
正方形		周长:$L=4a$ 面积:$S=a^2$

续表

名称	图形	公式
平行四边形		周长：$L=2(a+b)$ 面积：$S=ah=bh'$
三角形		周长：$L=a+b+c$；半周长：$p=\dfrac{L}{2}$ 面积：$S=\dfrac{1}{2}ah=\dfrac{1}{2}ab\sin\theta$ $=\sqrt{p(p-a)(p-b)(p-c)}$
梯形		面积：$S=\dfrac{1}{2}(a+b)h$
圆		周长：$L=2\pi r$ 面积：$S=\pi r^2$
扇形		弧长：$l=\alpha r=\dfrac{n\pi r}{180}$，圆心角为 $\alpha\,\mathrm{rad}$ 或 $n°$ 面积：$S=\dfrac{1}{2}lr=\dfrac{1}{2}\alpha r^2$
椭圆		周长：$L=2\pi b+4(a-b)$ 面积：$S=\pi ab$

例 1 设正 n 边形的边长为 a，求其面积.

解： 如图 1-6-1 所示，以正 n 边形的中心为顶点将其分割成 n 个全等的等腰三角形. 则每个三角形的顶角为 $2\theta=\dfrac{360°}{n}$，即 $\theta=\dfrac{180°}{n}$. 于是，三角形的高为 $h=\dfrac{\dfrac{a}{2}}{\tan\theta}=\dfrac{a}{2\tan\dfrac{180°}{n}}$，所以正 n 边形的面积为

$$S_n=\dfrac{1}{2}\times a\times h\times n=\dfrac{1}{2}\times a\times \dfrac{a}{2\tan\dfrac{180°}{n}}\times n=\dfrac{na^2}{4\tan\dfrac{180°}{n}}.$$

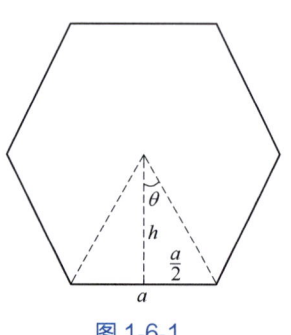

图 1-6-1

特别地，当 $n=6$ 时，正六边形的面积为

$$S_6 = \frac{6a^2}{4\tan\dfrac{180°}{6}} = \frac{6a^2}{4\times\dfrac{\sqrt{3}}{3}} = \frac{3\sqrt{3}}{2}a^2.$$

例 2 欲为下列简易房间铺设地板砖，请问需要地板砖的总面积为多少平方米？（图 1-6-2 中标注数据单位均为毫米）

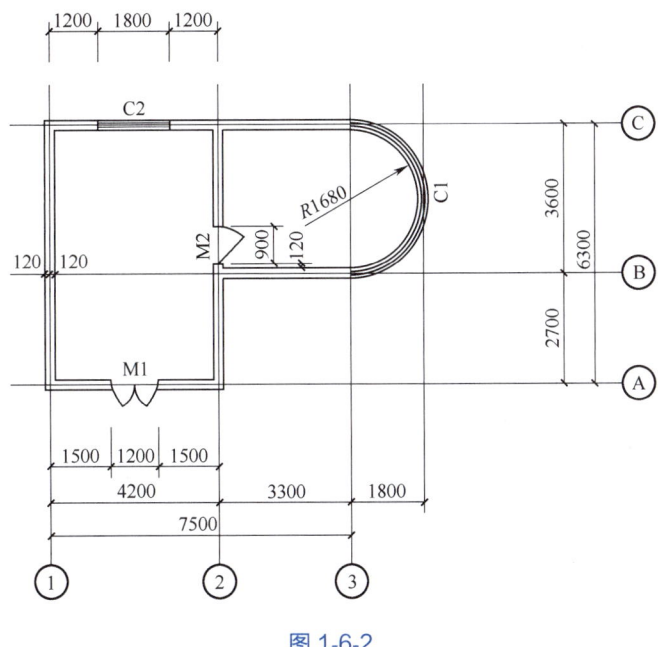

图 1-6-2

解： 房间的使用面积即为地板砖的总面积，如图 1-6-3 所示，图形简化为

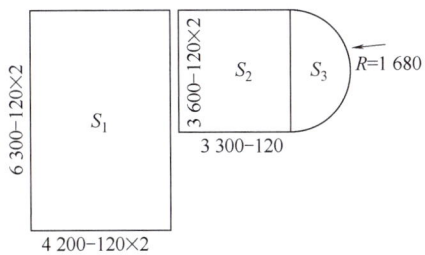

图 1-6-3

于是，总面积可分为三个部分计算：

$$S_1 = (4\,200-120\times2)\times(6\,300-120\times2) = 23\,997\,600\ (\text{mm}^2)$$
$$S_2 = (3\,300-120)\times(3\,600-120\times2) = 10\,684\,800\ (\text{mm}^2)$$
$$S_3 = 0.5\pi R^2 = 0.5\times3.14\times[0.5\times(3\,600-120\times2)]^2$$
$$= 4\,431\,168\ (\text{mm}^2)$$

于是，需要地板砖的总面积为

$$S=S_1+S_2+S_3=23\ 997\ 600+10\ 684\ 800+4\ 431\ 168$$
$$=39\ 113\ 568\ (\text{mm}^2)\approx 39.11\ (\text{m}^2).$$

二、简单几何体的表面积与体积

常见简单几何体的表面积与体积公式汇总如下：

名称	图形及展开图	侧面积	体积
直棱柱	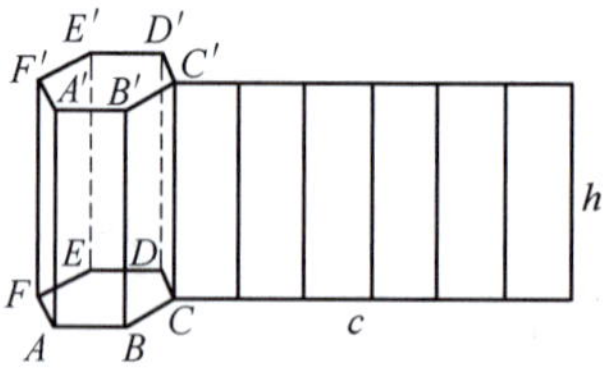	$S=ch$	$V=S_\text{底}h$
正棱锥	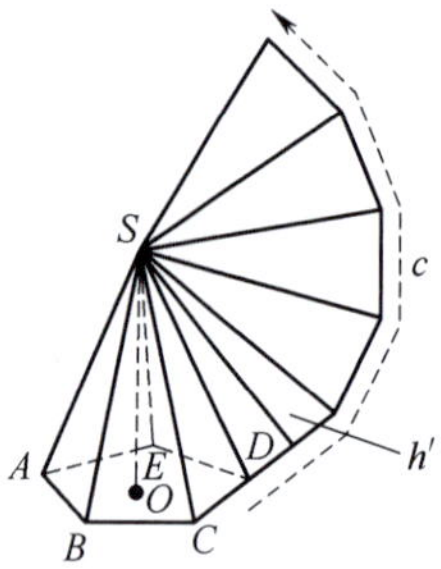	$S=\dfrac{1}{2}ch'$	$V=\dfrac{1}{3}S_\text{底}h$
正棱台	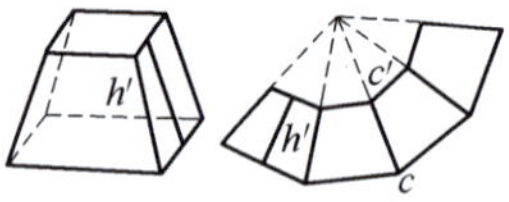	$S=\dfrac{1}{2}(c+c')h'$	$V=\dfrac{h}{3}(S_\text{上}+S_\text{下}+\sqrt{S_\text{上}S_\text{下}})$
圆柱	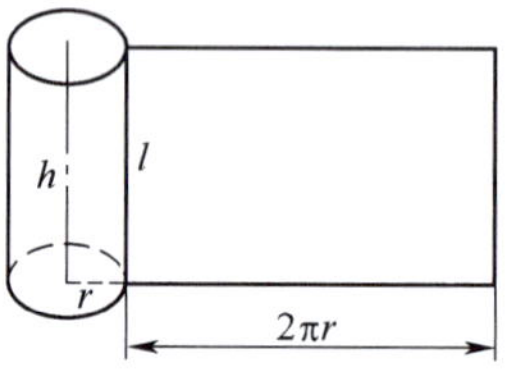	$S=2\pi rl$	$V=\pi r^2 h$
圆锥	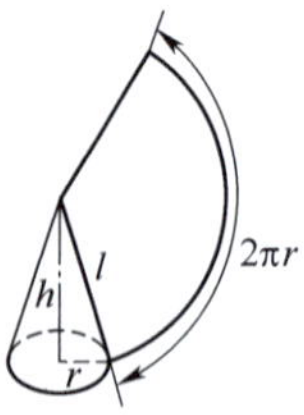	$S=\pi rl$	$V=\dfrac{1}{3}\pi r^2 h$
圆台	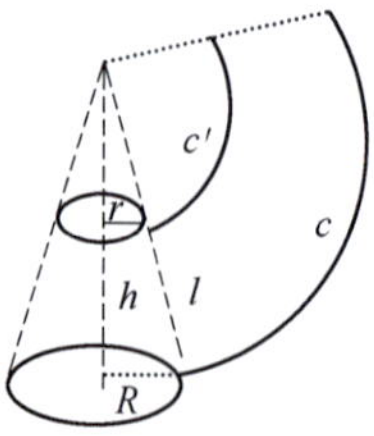	$S=\pi l(r+R)$	$V=\dfrac{\pi h}{3}(r^2+R^2+rR)$

名称	图形及展开图	侧面积	体积
球	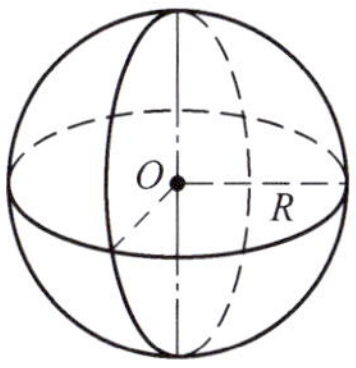	$S_{球面}=4\pi R^2$	$V=\dfrac{4}{3}\pi R^3$
球缺	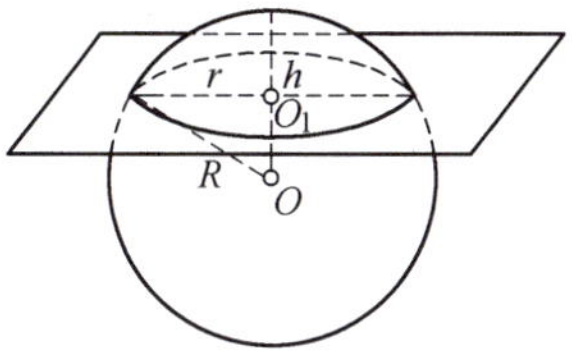	$S_{球缺}=2\pi Rh$ $=\pi(r^2+h^2)$	$V=\dfrac{1}{3}\pi(3R-h)h^2$ $=\dfrac{1}{6}\pi h(3r^2+h^2)$

例3 养路处建造圆锥形仓库用于贮藏工业盐（供融化高速公路上的积雪之用），已建的仓库的底面直径为12m，高4m．养路处拟建一个更大的圆锥形仓库，以存放更多工业盐．现有两种方案：一是新建的仓库的底面直径比原来大4m（高不变）；二是高度增加4m（底面直径不变）．

（1）分别计算按这两种方案所建的仓库的容积；
（2）分别计算按这两种方案所建的仓库的侧面积；
（3）哪个方案更经济些？

解： （1）方案1：底面直径为16m，高为4m．所以仓库的容积为

$$V_1=\dfrac{1}{3}\pi\times\left(\dfrac{16}{2}\right)^2\times 4=\dfrac{256}{3}\pi\ (m^3).$$

方案2：底面直径为12m，高为8m．所以仓库的容积为

$$V_2=\dfrac{1}{3}\pi\times\left(\dfrac{12}{2}\right)^2\times 8=96\pi\ (m^3).$$

（2）方案1：母线长 $l_1=\sqrt{8^2+4^2}=4\sqrt{5}$（m），所以仓库的侧面积为

$$S_1=\pi\times 8\times 4\sqrt{5}=32\sqrt{5}\pi\ (m^2).$$

方案2：母线长 $l_1=\sqrt{8^2+6^2}=10$（m），所以仓库的侧面积为

$$S_2=\pi\times 6\times 10=60\pi\ (m^2).$$

（3）因为 $V_1<V_2$ 且 $S_1>S_2$，方案2比方案1用更少的材料建成更大的仓库，所以方案2更经济些．

三、基坑、基槽土方量的计算

如图1-6-4所示，基坑土方量可按立体几何中拟柱体（由两个平行的平面做底的一种多面体）体积的公式计算：

$$V=\dfrac{H}{6}(S_1+4S_0+S_2)$$

式中，H——基坑深度（m）；

S_1、S_2——基坑上、下底的面积（m^2）；

S_0——基坑的中截面积（m^2）.

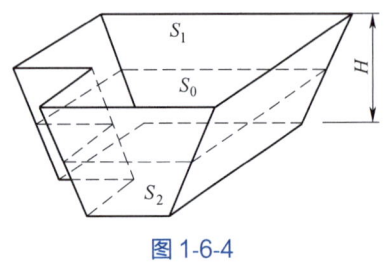

图 1-6-4

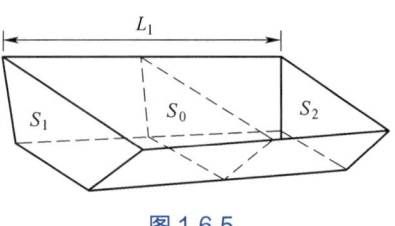

图 1-6-5

如图 1-6-5 所示，基槽和路堤土方量的计算可沿长度方向划分成若干段进行计算，每一段都按照基坑的公式计算土方量，比如，第一段的土方量为

$$V_1 = \frac{L_1}{6}(S_1 + 4S_0 + S_2),$$

式中，V_1——第一段的土方量（m^3）；

L_1——第一段的长度（m）；

将各分段土方量累加即得总的土方量：

$$V = V_1 + V_2 + \cdots + V_n$$

式中，V_1，V_2，$\cdots$，V_n——各分段土方量.

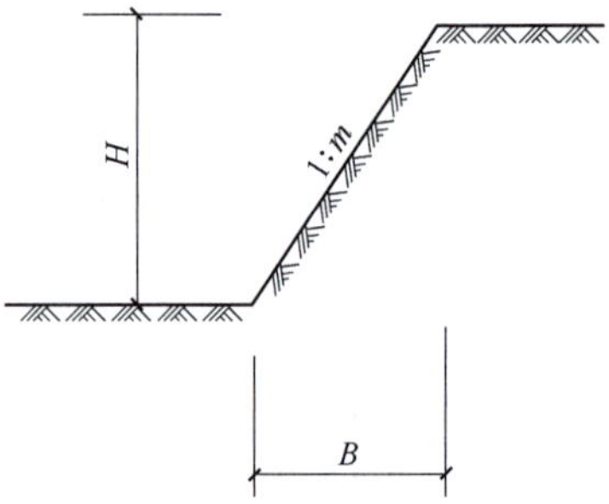

图 1-6-6

如图 1-6-6 所示，土方边坡坡度 $= \dfrac{\text{坡高}}{\text{水平宽度}} = \dfrac{H}{B} = \dfrac{1}{\dfrac{B}{H}} = \dfrac{1}{m} = 1 : m.$

式中 $m = \dfrac{B}{H}$ 称为边坡系数（倒坡比），即当已知边坡高度 H 时，其边坡宽度为 $B = mH$.

例 4 某项工程需要挖一个基坑，已知基坑底面长 15m，宽 10m，深 5m，四边放坡，边坡坡度为 $1:0.5$. 试计算该基坑的土方量.

解： 因为基坑深 5 米，边坡坡度为 $1:0.5$，所以边坡宽度为 $5 \times 0.5 = 2.5$（m）. 于是，

基坑顶面长为 $15 + 2 \times 2.5 = 20$（m），

基坑顶面宽为 $10 + 2 \times 2.5 = 15$（m），

基坑体积为 $V = \dfrac{H}{6}(S_1 + 4S_0 + S_2)$

$= \dfrac{1}{6} \times 5 \times \left(20 \times 15 + 4 \times \dfrac{15 + 20}{2} \times \dfrac{10 + 15}{2} + 15 \times 10\right)$

≈ 1104（m^3）

例 5 如图 1-6-7 所示，为一基槽截面图. 已知基槽底宽 $BC = a$，挖深为 $AB = H$，坡度系数为 k，求截面面积 S.

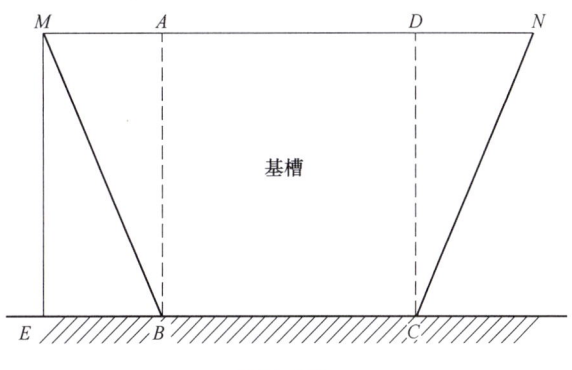

图 1-6-7

解： 如图，因为 $k=\dfrac{BE}{ME}=\dfrac{BE}{H}$，所以边坡宽度 $BE=kH$，即 $AM=kH$.
所以，$MN=AD+2AM=a+2kH$，于是，截面面积为
$$S=\dfrac{MN+BC}{2}\times H=\dfrac{1}{2}(a+2kH+a)H=(a+kH)H.$$

例 6 在企业的废水监测中，需要监测企业的废水排放总量. 假设企业有规则的排放沟渠，其横截面如图 1-6-8 所示. 利用浮标法测定废水的流速，测定结果为 1min 浮标漂浮 10m，企业每天排放废水的时间是 1h，求该企业每天排放废水多少立方米?

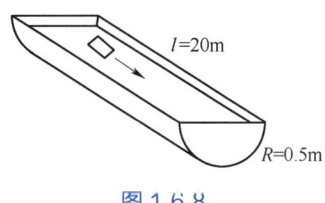

图 1-6-8

解： 废水流速为 $v=10\text{m/min}$，
每分钟废水流量（横截面积×流速）为
$$Q=0.5\pi R^2 \times v=0.5\times 3.14\times 0.5^2\times 10=3.925(\text{m}^3/\text{min}),$$
于是每天排放废水总量（流量×时间）为
$$W=Q\times t=3.925\times 60=235.5(\text{m}^3).$$

习题 1-6-1

习题答案

1. 已知一个圆锥体零件，底圆直径 D 为 50mm，垂直高 h 为 70mm，求斜高 L 和体积 V.
2. 已知一个圆台形零件，上底面直径 d 为 100mm，下底面直径 D 为 160mm，垂直高 h 为 105mm，求斜高 L 和体积 V.
3. 设计一个如图 1-6-9 所示的正四棱锥形的冷水塔顶（无底面），高为 0.8m，底面

边长为 1.2m，制造这种塔顶至少需要多少平方米铁板？该冷水塔顶的容积是多少 m³？

4. 如图 1-6-10 所示，一个六角螺帽毛坯的底面边长为 10mm，高为 5mm，内孔直径为 6mm，求这个毛坯的体积是多少 mm³（精确到 0.01）. ($\sqrt{3} \approx 1.732$, $\pi \approx 3.142$)

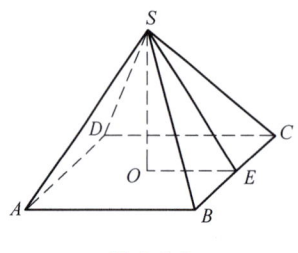

图 1-6-9

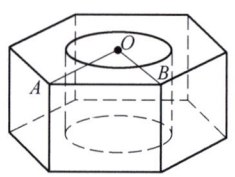

图 1-6-10

5. 在某矩形房间内墙上抹砂浆（地面除外），要求三层总厚度为 20mm，房间开间 3.5m，进深 5m，高度 3m，安有一扇窗户（1 800mm×1 500mm），一个门（900mm×2 000mm），则完成此房间内墙的抹灰至少需要多少砂浆？

6. 已知某基槽底宽 1.6m，挖深 1.8m，坡度系数为 0.43，计算该基槽截面面积 S.

模块二

一元函数微积分学基础

 项目一 极限与连续

高等数学或微积分的主要研究对象是函数,而研究函数的基本工具是极限,极限概念是微积分的基础,高等数学中许多基本概念,例如连续、导数、定积分、无穷级数等都是建立在极限的基础之上的. 连续则是函数的性态之一,自然界中的许多现象都是连续变化的,连续函数就是刻画变量连续变化的数学模型.

 任务一 极限的概念

极限思想是微积分的基本思想,是在实践中探求某些实际问题的精确解而逐渐产生的,是大脑抽象思维的产物. 例如,我国哲学家庄子在《庄子•天下篇》中对"截丈问题"有一段名言:"一尺之棰,日取其半,万世不竭",以及我国数学家刘徽的割圆术,其中都蕴含着深刻的极限思想. 本任务将主要介绍数列极限、函数极限及左、右极限的概念.

一、数列的极限

引例 1 战国时代的哲学家庄周所著的《庄子•天下篇》中有一句著名的话:"一尺之棰,日取其半,万世不竭",也就是说一根长为一尺的木棒,每天截去一半,这样的过程可以无限制地进行下去.

只要我们足够努力,就能无限接近目标

我们把每天截后剩下部分的长度记录如下(单位:尺):

第一天剩下 $\frac{1}{2}$;第二天剩下 $\frac{1}{2^2}$;第三天剩下 $\frac{1}{2^3}$;…;第 n 天剩下 $\frac{1}{2^n}$;…. 现将这些数依次排在一起,就得到一个数列:

$$\frac{1}{2}, \frac{1}{2^2}, \frac{1}{2^3}, \cdots, \frac{1}{2^n}, \cdots \quad 记作: \left\{\frac{1}{2^n}\right\}$$

不难看出,n 越大,$\frac{1}{2^n}$ 就越小,若 n 无限增大,则 $\frac{1}{2^n}$ 将无限地接近于 0.

引例2 三国时代的大数学家刘徽指出:"割之弥细,所失弥少,割之又割,以至于不可割,则与圆合体而无所失矣."这就是历史上有名的"割圆术". 所谓割圆术就是用圆内接正多边形的面积去逼近圆的面积.

设有一圆,首先作圆内接正六边形,面积记为 A_1;再作内接正 $6×2$ 边形,面积记为 A_2;如此下去,每次边数加倍,一般地,有 $6×2^{n-1}$ 边形,面积记为 A_n,如图 2-1-1 所示.

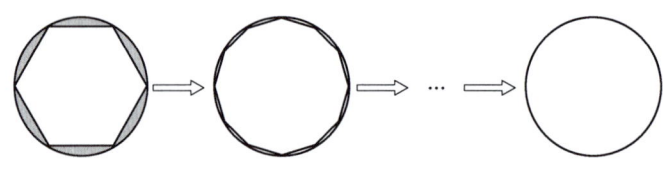

图 2-1-1

这样就得到一系列正多边形的面积数列:
$$A_1, A_2, \cdots, A_n, \cdots \quad \text{记作}:\{A_n\}$$

显然,n 越大,A_n(圆内接正多边形的面积)就越接近圆的面积,当 n 无限增大时,A_n 就无限地接近于圆的面积 S.

据记载,刘徽计算了圆内接正 3 072 边形的面积和周长,从而推得 $3.141\ 024 < \pi < 3.142\ 704$. 而国外一千多年以后才推算到同样精确度的小数.

以上的两个例子可概括为:在 n 无限增大的过程中,数列 $\{u_n\}$ 的通项 u_n 无限地接近于某一个确定的常数. 一般地,有如下定义.

定义1 对于数列 $\{u_n\}$,若当 n 无限增大时,通项 u_n 无限地接近于某一个确定的常数 A,则称 A 为数列 $\{u_n\}$ 的极限,或称数列 $\{u_n\}$ 收敛于 A,记作:
$$\lim_{n\to\infty} u_n = A \quad \text{或} \quad u_n \to A(n\to\infty),$$

符号"→"读作"趋于".

若数列 $\{u_n\}$ 没有极限,则称该数列发散.

根据定义,引例1 可记为 $\lim_{n\to\infty} \dfrac{1}{2^n} = 0$;

引例2 可记为 $\lim_{n\to\infty} A_n = S$ (设圆的面积为 S).

例1 观察下列数列,并根据数列极限的定义写出它们的极限.

(1) $u_n = 3$; (2) $u_n = 1 - \dfrac{1}{n}$;

(3) $u_n = (0.1)^n$; (4) $u_n = \left(-\dfrac{6}{5}\right)^n$.

解: (1) 当 n 无限增大时,通项 $u_n = 3$ 为定值,故 $\lim_{n\to\infty} 3 = 3$;

(2) 当 n 无限增大时,$\dfrac{1}{n}$ 无限地接近于 0,即通项 $u_n = 1 - \dfrac{1}{n}$ 无限地接近于 1,故 $\lim_{n\to\infty}\left(1 - \dfrac{1}{n}\right) = 1$;

(3) 当 n 无限增大时,通项 $u_n = (0.1)^n$ 无限地接近于 0,故 $\lim_{n\to\infty}(0.1)^n = 0$;

(4) 当 n 无限增大时，通项 $u_n = \left(-\dfrac{6}{5}\right)^n$ 的绝对值无限增大，不会接近于任何一个确定的常数，根据数列极限的定义，该数列的极限是不存在的，但有时为了叙述方便，我们也称数列的极限是无穷大，并记作 $\lim\limits_{n\to\infty}\left(-\dfrac{6}{5}\right)^n = \infty$.

注： 熟记以下三个基本数列的极限：

(1) $\lim\limits_{n\to\infty} c = c$（$c$ 为常数）；　　(2) $\lim\limits_{n\to\infty} \dfrac{1}{n^a} = 0$（$a>0$）；

(3) $\lim\limits_{n\to\infty} q^n = \begin{cases} 0, & |q|<1 \\ \infty, & |q|>1 \end{cases}$.

二、函数的极限

函数的极限主要是研究在自变量的某个变化过程中，相应函数值的变化趋势. 例如函数 $f(x) = \dfrac{1}{x^2}$，当自变量取值 $x = 1, 2, 3, \cdots$ 且无限增大时（记为 $x\to+\infty$），相应的函数值为 $f(x) = 1, \dfrac{1}{4}, \dfrac{1}{9}, \cdots$，显然其将无限地接近于常数 0 [记为 $f(x) = \dfrac{1}{x^2} \to 0$]；再如函数 $f(x) = x^3$，当自变量 x 取值无限接近于常数 2 时（记为 $x\to 2$），其函数值显然无限接近于常数 8 [记为 $f(x) = x^3 \to 8$]. 这里的常数 0 就称为函数 $f(x) = \dfrac{1}{x^2}$ 当 $x\to+\infty$ 时的极限，而常数 8 就称为函数 $f(x) = x^3$ 当 $x\to 2$ 时的极限.

定义 2 设函数 $y = f(x)$，若在自变量 x 的某一个变化过程中，相应的函数值 $f(x)$ 无限地接近于某一个确定的常数 A，则称常数 A 为函数 $y = f(x)$ 在该变化过程中的极限，记为

$$\lim_{x\to\square} f(x) = A \quad \text{或} \quad f(x) \to A(x\to\square)$$

其中 $x\to\square$ 表示自变量的某一个变化过程.

于是，上述例子可分别记作：$\lim\limits_{x\to+\infty} \dfrac{1}{x^2} = 0$，$\lim\limits_{x\to 2} x^3 = 8$.

自变量的变化过程主要有以下六种：

符号	含义	图示
$x\to+\infty$	$x>0$ 且无限增大	
$x\to-\infty$	$x<0$ 且 $|x|$ 无限增大	
$x\to\infty$	$|x|$ 无限增大	

续表

符号	含义	图示
$x \to x_0^+$	$x > x_0$ 且无限接近于 x_0	
$x \to x_0^-$	$x < x_0$ 且无限接近于 x_0	
$x \to x_0$	x 无限接近于 x_0	

例 2 根据函数极限的定义并结合图像分别考察下列函数当 $x \to \infty$ 时的极限：

(1) $f(x) = e^x$； (2) $y = \arctan x$.

解： (1) 如图 2-1-2 所示，当 $x \to -\infty$ 时，曲线无限地接近 x 轴，即 e^x 的值无限地接近于 0，故 $\lim\limits_{x \to -\infty} e^x = 0$；而当 $x \to +\infty$ 时，曲线向上无限延伸，即 e^x 的值无限地增大，故 $\lim\limits_{x \to +\infty} e^x$ 不存在，但为了便于叙述，也记作 $\lim\limits_{x \to +\infty} e^x = +\infty$. 显然当 $x \to \infty$ 时，e^x 的值不会无限地接近于某一个常数，故 $\lim\limits_{x \to \infty} e^x$ 不存在.

(2) 如图 2-1-3 所示，当 $x \to +\infty$ 时，函数值 y 无限地接近于常数 $\dfrac{\pi}{2}$，故 $\lim\limits_{x \to +\infty} \arctan x = \dfrac{\pi}{2}$；当 $x \to -\infty$ 时，函数值 y 无限地接近于常数 $-\dfrac{\pi}{2}$，故 $\lim\limits_{x \to -\infty} \arctan x = -\dfrac{\pi}{2}$. 显然 $\lim\limits_{x \to \infty} \arctan x$ 不存在.

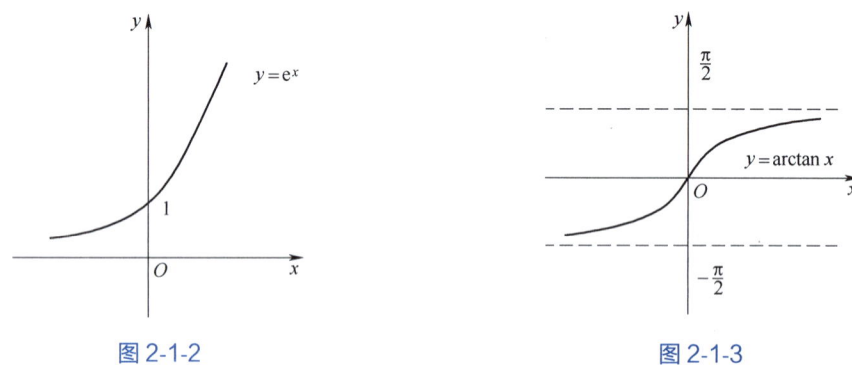

图 2-1-2　　　　　　　　图 2-1-3

定理 1 $\lim\limits_{x \to \infty} f(x) = A$ 的充要条件是 $\lim\limits_{x \to +\infty} f(x) = \lim\limits_{x \to -\infty} f(x) = A$.

例 3 根据函数极限的定义并结合图像分别考察下列函数的极限：

(1) $\lim\limits_{x \to 0} \sin x$； (2) $\lim\limits_{x \to 0} \cos x$；

(3) $\lim\limits_{x \to x_0} x$； (4) $\lim\limits_{x \to 3} \dfrac{x^2 - 9}{x - 3}$.

解： （1）如图 2-1-4 所示，当 $x \to 0$ 时，$\sin x$ 的值无限地接近于 0，故 $\lim\limits_{x \to 0}\sin x = 0$；

（2）如图 2-1-5 所示，当 $x \to 0$ 时，$\cos x$ 的值无限地接近于 1，故 $\lim\limits_{x \to 0}\cos x = 1$；

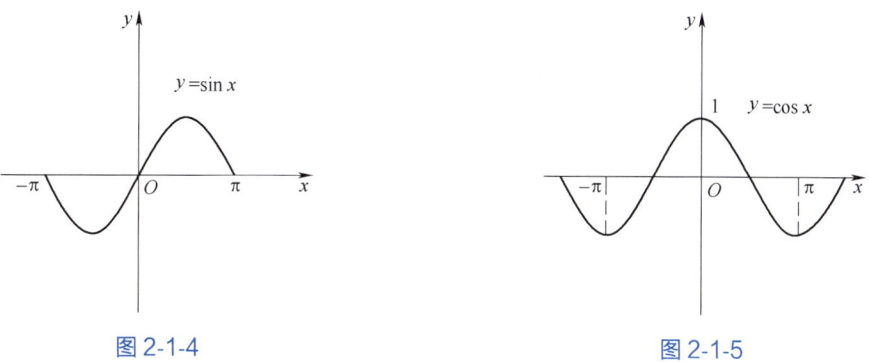

图 2-1-4　　　　　　　　　　　图 2-1-5

（3）因为无论自变量 x 取何值，$y = x$ 的值都与 x 相等，所以当 x 趋于 x_0 时，y 也趋于 x_0，故 $\lim\limits_{x \to x_0}x = x_0$，如图 2-1-6 所示；

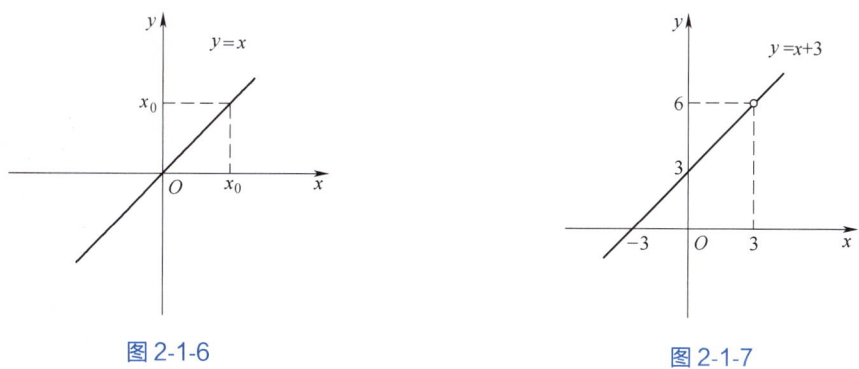

图 2-1-6　　　　　　　　　　　图 2-1-7

（4）函数 $f(x)$ 在 $x = 3$ 处无定义，但当 $x \neq 3$ 时，$f(x) = \dfrac{x^2-9}{x-3} = x+3$，如图 2-1-7 所示，当 $x \to 3$ 时，函数值 $f(x)$ 无限地接近于 6，故 $\lim\limits_{x \to 3}\dfrac{x^2-9}{x-3} = 6$.

由该例可以看出，研究当 $x \to x_0$ 时函数 $f(x)$ 的极限，是指 x 无限接近于 x_0 时函数 $f(x)$ 的变化趋势，而不是求函数 $f(x)$ 在点 x_0 处的函数值，因此，求函数 $f(x)$ 在点 x_0 处的极限时，与函数 $f(x)$ 在点 x_0 处是否有定义无关.

例 4　考察函数 $f(x) = \begin{cases} x+1, & x \geq 0 \\ x-1, & x < 0 \end{cases}$ 在 $x = 0$ 处的极限.

解： 如图 2-1-8 所示，当 x 从 0 的左侧趋于 0 时，函数值 $f(x)$ 趋于 -1，称为函数 $f(x)$ 当 $x \to 0$ 时的左极限，记作：$\lim\limits_{x \to 0^-}f(x) = -1$.

当 x 从 0 的右侧趋于 0 时，函数值 $f(x)$ 趋于 1，称为函数 $f(x)$ 当 $x \to 0$ 时的右极限，记作：$\lim\limits_{x \to 0^+}f(x) = 1$. 显然，极限 $\lim\limits_{x \to 0}f(x)$ 不存在.

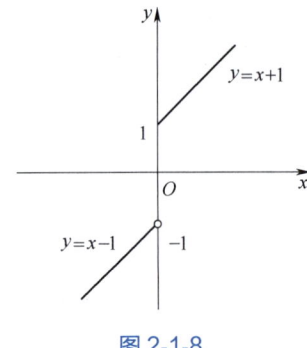

图 2-1-8

定理 2 $\lim\limits_{x \to x_0} f(x) = A$ 的充分必要条件是 $\lim\limits_{x \to x_0^-} f(x) = \lim\limits_{x \to x_0^+} f(x) = A$.

例 5 设函数 $f(x) = \begin{cases} a+3x, & x<1 \\ 2, & x=1 \\ 1+x^2, & x>1 \end{cases}$，试问当 a 为何值时，极限 $\lim\limits_{x \to 1} f(x)$ 存在.

解： 因为 $\lim\limits_{x \to 1^-} f(x) = \lim\limits_{x \to 1^-} (a+3x) = a+3$，$\lim\limits_{x \to 1^+} f(x) = \lim\limits_{x \to 1^+} (1+x^2) = 2$，由极限存在的充要条件知，要使极限 $\lim\limits_{x \to 1} f(x)$ 存在，则必有 $\lim\limits_{x \to 1^-} f(x) = \lim\limits_{x \to 1^+} f(x)$，即 $a+3=2$，得 $a=-1$，故当 $a=-1$ 时，极限 $\lim\limits_{x \to 1} f(x)$ 存在.

习题 2-1-1

1. 判断极限 $\lim\limits_{x \to 0} \dfrac{|x|}{x}$ 是否存在，若存在，试求其值；若不存在，试说明理由.

2. 设函数 $f(x) = e^{\frac{1}{x}}$，试分别讨论当 $x \to \infty$、$x \to 0$ 时函数 $f(x)$ 极限的存在性，若存在，试求其值；若不存在，请说明理由.

3. 设 $f(x) = \begin{cases} x+1, & 0 \leq x \leq 1 \\ x^2-1, & x>1 \end{cases}$，求下列极限，若不存在，试说明理由.

   (1) $\lim\limits_{x \to 2} f(x)$ (2) $\lim\limits_{x \to 1} f(x)$.

4. 试讨论函数 $f(x) = \begin{cases} x-1, & x \leq 0 \\ 2^x, & 0<x<1 \\ x+1, & x \geq 1 \end{cases}$ 在 $x=0$ 及 $x=1$ 处的极限是否存在，若存在，求其值；若不存在，请说明理由.

5. 设函数 $f(x) = \begin{cases} 2+x, & x>1 \\ a-x^2, & x<1 \end{cases}$，问当 a 为何值时，$\lim\limits_{x \to 1} f(x)$ 存在？

任务二 极限的运算

极限是微积分的理论基础，极限计算贯穿于微积分的始终. 微积分中的许多重要概念，如连续、导数、定积分等都是利用极限定义的，熟练掌握极限的计算方法与技巧，是进行后续学习的基础. 本任务主要介绍极限的四则运算法则，常用的极限计算方法、两个重要极限等内容.

一、极限的四则运算法则

在下面的讨论中，记号"lim"下面没有标明自变量的变化过程，是指对 $x \to x_0$ 和 $x \to \infty$ 以及单侧极限均成立.

定理1 设 $\lim f(x) = A$，$\lim g(x) = B$，则

（1）$\lim[f(x) \pm g(x)] = \lim f(x) \pm \lim g(x) = A \pm B$；

（2）$\lim[f(x) \cdot g(x)] = \lim f(x) \cdot \lim g(x) = AB$；

（3）$\lim \dfrac{f(x)}{g(x)} = \dfrac{\lim f(x)}{\lim g(x)} = \dfrac{A}{B} (B \neq 0)$.

推论 若极限 $\lim f(x)$ 存在，则

（1）$\lim[cf(x)] = c \lim f(x)$（$c$ 为常数）.

（2）$\lim[f(x)]^n = [\lim f(x)]^n$（$n \in N_+$）.

例1 求极限：$\lim\limits_{x \to 3}(2x^3 - x^2 + 5)$.

解： $\lim\limits_{x \to 3}(2x^3 - x^2 + 5) = \lim\limits_{x \to 3} 2x^3 - \lim\limits_{x \to 3} x^2 + \lim\limits_{x \to 3} 5 = 54 - 9 + 5 = 50$.

一般地，有

$$\lim_{x \to x_0}(a_n x^n + a_{n-1} x^{n-1} + \cdots + a_1 x + a_0) = a_n x_0^n + a_{n-1} x_0^{n-1} + \cdots + a_1 x_0 + a_0.$$

即多项式函数在 x_0 处的极限等于该函数在 x_0 处的函数值.

例2 求极限：$\lim\limits_{x \to 2} \dfrac{x^3 + 5x + 2}{x^2 - 14}$.

解： 因为 $\lim\limits_{x \to 2}(x^2 - 14) = -10 \neq 0$，$\lim\limits_{x \to 2}(x^3 + 5x + 2) = 20$，

所以 $\lim\limits_{x \to 2} \dfrac{x^3 + 5x + 2}{x^2 - 14} = \dfrac{\lim\limits_{x \to 2}(x^3 + 5x + 2)}{\lim\limits_{x \to 2}(x^2 - 14)} = \dfrac{20}{-10} = -2$.

一般地，对于有理分式函数 $\dfrac{P(x)}{Q(x)}$，其中 $P(x)$，$Q(x)$ 为多项式函数，若 $\lim\limits_{x \to x_0} Q(x) \neq 0$，则 $\lim\limits_{x \to x_0} \dfrac{P(x)}{Q(x)} = \dfrac{P(x_0)}{Q(x_0)}$.

例3 求极限：$\lim\limits_{x \to 2} \dfrac{x^2 + x - 6}{x^2 - 4}$.

解： 所给函数的分子、分母的极限都为零$\left(\text{这类极限常称为"}\dfrac{0}{0}\text{"型极限}\right)$，但经过因式分解以后，它们都有趋向于零但不等于零的公因子 $x-2$，故可先约去这个不为零的公因子，再求极限.

$$\lim_{x \to 2} \frac{x^2+x-6}{x^2-4} = \lim_{x \to 2} \frac{(x-2)(x+3)}{(x-2)(x+2)} = \lim_{x \to 2} \frac{x+3}{x+2} = \frac{5}{4}.$$

例 4 求极限：$\lim\limits_{x \to 5} \dfrac{\sqrt{x+4}-3}{x-5}$.

解： 这是 "$\dfrac{0}{0}$" 型极限，且分子含有根式，这类问题的一般解法是先对分子或分母进行有理化，再求极限.

$$\lim_{x \to 5} \frac{\sqrt{x+4}-3}{x-5} = \lim_{x \to 5} \frac{(\sqrt{x+4}-3)(\sqrt{x+4}+3)}{(x-5)(\sqrt{x+4}+3)}$$
$$= \lim_{x \to 5} \frac{x-5}{(x-5)(\sqrt{x+4}+3)} = \lim_{x \to 5} \frac{1}{\sqrt{x+4}+3} = \frac{1}{6}.$$

例 5 求极限：$\lim\limits_{x \to \infty} \dfrac{3x^2+x+1}{2x^3+5}$.

解： 当 $x \to \infty$ 时，分子、分母都趋于无穷大（这类极限常称为 "$\dfrac{\infty}{\infty}$" 型极限），不能用极限的运算法则，但若分子、分母同除以 x^3，就可将分子、分母转化为极限为零或常数的和与差，这样就可运用极限的运算法则了.

$$\lim_{x \to \infty} \frac{3x^2+x+1}{2x^3+5} = \lim_{x \to \infty} \frac{\dfrac{3}{x}+\dfrac{1}{x^2}+\dfrac{1}{x^3}}{2+\dfrac{5}{x^3}} = \frac{0+0+0}{2+0} = 0.$$

例 6 求极限：$\lim\limits_{x \to \infty} \dfrac{3x^3+x+1}{2x^3+5}$.

解： 分子、分母同除以 x^3，

$$\lim_{x \to \infty} \frac{3x^3+x+1}{2x^3+5} = \lim_{x \to \infty} \frac{3+\dfrac{1}{x^2}+\dfrac{1}{x^3}}{2+\dfrac{5}{x^3}} = \frac{3+0+0}{2+0} = \frac{3}{2}.$$

一般地，当 $a_0 \neq 0$，$b_0 \neq 0$，m 和 n 为非负数时，有

$$\lim_{x \to \infty} \frac{a_0 x^n + a_1 x^{n-1} + \cdots + a_n}{b_0 x^m + b_1 x^{m-1} + \cdots + b_m} = \begin{cases} 0, & n < m \\ \dfrac{a_0}{b_0}, & n = m \\ \infty, & n > m \end{cases}.$$

把握主次矛盾，
成就出彩人生

例 7 求极限：$\lim\limits_{x \to 1} \left(\dfrac{3}{1-x^3} - \dfrac{1}{1-x} \right)$.

解： 当 $x \to 1$ 时，括号内的两项都趋于无穷大（这类极限常称为 "$\infty - \infty$" 型极

限),其一般解法是先通分再用其他的求极限方法.

$$\lim_{x\to 1}\left(\frac{3}{1-x^3}-\frac{1}{1-x}\right)=\lim_{x\to 1}\frac{3-(1+x+x^2)}{1-x^3}$$
$$=\lim_{x\to 1}\frac{(1-x)(x+2)}{(1-x)(1+x+x^2)}=\lim_{x\to 1}\frac{x+2}{1+x+x^2}=1.$$

例 8 求极限:$\lim_{x\to+\infty}(\sqrt{x^2+2x}-x)$.

解: 这也是"$\infty-\infty$"型极限,其一般解法是先进行有理化再求极限.

$$\lim_{x\to+\infty}(\sqrt{x^2+2x}-x)=\lim_{x\to+\infty}\frac{(\sqrt{x^2+2x}-x)(\sqrt{x^2+2x}+x)}{\sqrt{x^2+2x}+x}$$
$$=\lim_{x\to+\infty}\frac{2x}{\sqrt{x^2+2x}+x}=\lim_{x\to+\infty}\frac{2}{\sqrt{1+\frac{2}{x}}+1}=1.$$

二、两个重要极限

1. 重要极限:$\lim_{x\to 0}\frac{\sin x}{x}=1$ ("$\frac{0}{0}$"型)

因为函数$\frac{\sin x}{x}$是偶函数,故只需讨论$x\to 0^+$时的情况. 我们先来考察当$x\to 0^+$时,函数$\frac{\sin x}{x}$值的变化趋势,列表如下:

x	0.5	0.3	0.2	0.1	0.01	0.001	…	$\to 0^+$
$\frac{\sin x}{x}$	0.958 85	0.985 07	0.993 35	0.998 33	0.999 98	0.999 99	…	$\to 1$

从表中可以看出,当$x\to 0^+$时,函数$\frac{\sin x}{x}$值无限地接近于1,即$\lim_{x\to 0^+}\frac{\sin x}{x}=1$. 可以证明$\lim_{x\to 0}\frac{\sin x}{x}=1$,如图 2-1-9 所示.

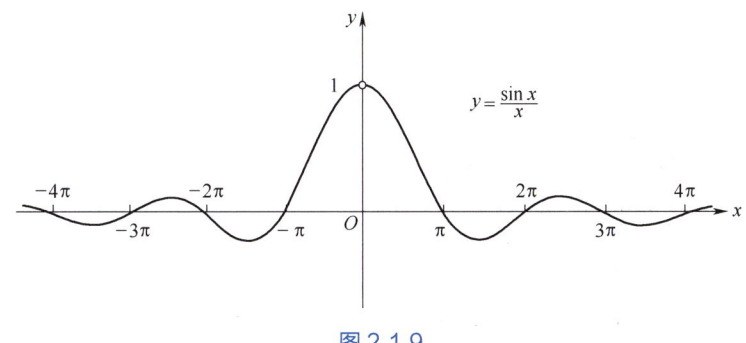

图 2-1-9

例9 求极限：$\lim\limits_{x\to 0}\dfrac{\tan x}{x}$.

解： $\lim\limits_{x\to 0}\dfrac{\tan x}{x}=\lim\limits_{x\to 0}\left(\dfrac{\sin x}{x}\cdot\dfrac{1}{\cos x}\right)=\lim\limits_{x\to 0}\dfrac{\sin x}{x}\cdot\lim\limits_{x\to 0}\dfrac{1}{\cos x}=1\times 1=1$.

例10 求极限：$\lim\limits_{x\to 0}\dfrac{\arcsin x}{x}$.

解： 设 $\arcsin x=t$，则 $x=\sin t$，且当 $x\to 0$ 时有 $t\to 0$，于是

$$\lim\limits_{x\to 0}\dfrac{\arcsin x}{x}=\lim\limits_{t\to 0}\dfrac{t}{\sin t}=1.$$

例11 求极限：$\lim\limits_{x\to 0}\dfrac{\sin kx}{x}$ ($k\neq 0$).

解： 因为 $\dfrac{\sin kx}{x}=k\dfrac{\sin kx}{kx}$，所以设 $kx=t$，且当 $x\to 0$ 时有 $t\to 0$，于是

$$\lim\limits_{x\to 0}\dfrac{\sin kx}{x}=k\lim\limits_{x\to 0}\dfrac{\sin kx}{kx}=k\lim\limits_{t\to 0}\dfrac{\sin t}{t}=k.$$

熟练掌握后也可不设新变量，并注意其推广形式：

$$\lim\limits_{u\to 0}\dfrac{\sin u}{u}=1$$

其中 u 为 x 的函数.

例12 求极限：$\lim\limits_{x\to 1}\dfrac{\sin(x-1)}{x^2+x-2}$.

解： $\lim\limits_{x\to 1}\dfrac{\sin(x-1)}{x^2+x-2}=\lim\limits_{x\to 1}\dfrac{\sin(x-1)}{(x-1)(x+2)}=\lim\limits_{x\to 1}\dfrac{\sin(x-1)}{x-1}\cdot\lim\limits_{x\to 1}\dfrac{1}{x+2}=\dfrac{1}{3}$.

例13 求极限 $\lim\limits_{x\to 0}\dfrac{1-\cos x}{x^2}$.

解： $\lim\limits_{x\to 0}\dfrac{1-\cos x}{x^2}=\lim\limits_{x\to 0}\dfrac{2\sin^2\dfrac{x}{2}}{x^2}=\dfrac{1}{2}\lim\limits_{x\to 0}\dfrac{\sin^2\dfrac{x}{2}}{\left(\dfrac{x}{2}\right)^2}=\dfrac{1}{2}\lim\limits_{x\to 0}\left(\dfrac{\sin\dfrac{x}{2}}{\dfrac{x}{2}}\right)^2=\dfrac{1}{2}$.

2. 重要极限：$\lim\limits_{x\to\infty}\left(1+\dfrac{1}{x}\right)^x=\text{e}$（"$1^\infty$" 型）

先考察函数 $f(x)=\left(1+\dfrac{1}{x}\right)^x$ 的变化趋势，如下表：

x	10	10^2	10^4	10^5	10^6	⋯
$\left(1+\dfrac{1}{x}\right)^x$	2.593 74	2.704 81	2.718 15	2.718 27	2.718 28	⋯

从表中可以看出，当自变量 x 无限增大时（$x \to +\infty$），函数 $f(x) = \left(1+\dfrac{1}{x}\right)^x$ 无限地接近于常数 e，即，

$$\lim_{x \to +\infty} \left(1+\dfrac{1}{x}\right)^x = \mathrm{e}$$

我们还可以证明对一般的实数 x，仍有

$$\lim_{x \to \infty} \left(1+\dfrac{1}{x}\right)^x = \mathrm{e}$$

成立，如图 2-1-10 所示.

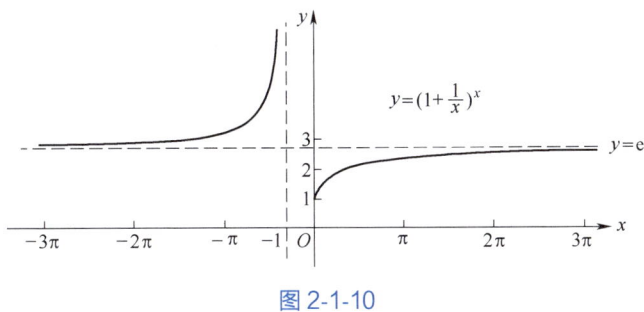

图 2-1-10

若令 $t = \dfrac{1}{x}$，则还可以得到另一个等价的形式：

$$\lim_{t \to 0}(1+t)^{\frac{1}{t}} = \mathrm{e} \quad \text{或} \quad \lim_{x \to 0}(1+x)^{\frac{1}{x}} = \mathrm{e}.$$

一般地，若当 $x \to \infty$ 时，$f(x) \to 0$，则 $\lim\limits_{x \to \infty}[1+f(x)]^{\frac{1}{f(x)}} = \mathrm{e}$，因为

$$\lim_{x \to \infty}[1+f(x)]^{\frac{1}{f(x)}} \xrightarrow{\text{设} f(x)=t} \lim_{t \to 0}(1+t)^{\frac{1}{t}} = \mathrm{e}.$$

例 14 求极限：$\lim\limits_{x \to \infty}\left(1+\dfrac{3}{x}\right)^x$.

解： 显然当 $x \to \infty$ 时，$f(x) = \dfrac{3}{x} \to 0$，所以

$$\lim_{x \to \infty}\left(1+\dfrac{3}{x}\right)^x = \lim_{x \to \infty}\left[\left(1+\dfrac{3}{x}\right)^{\frac{x}{3}}\right]^3 = \mathrm{e}^3.$$

例 15 求极限：$\lim\limits_{x \to 0}(1+2x)^{\frac{3}{x}}$.

解： 显然当 $x \to 0$ 时，$f(x) = 2x \to 0$，所以

$$\lim_{x \to 0}(1+2x)^{\frac{3}{x}} = \lim_{x \to 0}[(1+2x)^{\frac{1}{2x}}]^6 = \mathrm{e}^6.$$

例 16 求极限：$\lim\limits_{x \to \infty}\left(\dfrac{x-3}{x}\right)^{2x-1}$.

解： 因为 $\left(\dfrac{x-3}{x}\right)^{2x-1} = \left(1+\dfrac{-3}{x}\right)^{2x-1} = \left[\left(1+\dfrac{-3}{x}\right)^{-\frac{x}{3}}\right]^{-\frac{3(2x-1)}{x}}$，且

$$\lim_{x\to\infty}\left(1+\dfrac{-3}{x}\right)^{-\frac{x}{3}} = \mathrm{e},\ \lim_{x\to\infty}\left[-\dfrac{3(2x-1)}{x}\right] = -6,$$

所以 $\lim\limits_{x\to\infty}\left(\dfrac{x-3}{x}\right)^{2x-1} = \lim\limits_{x\to\infty}\left(1+\dfrac{-3}{x}\right)^{2x-1} = \lim\limits_{x\to\infty}\left[\left(1+\dfrac{-3}{x}\right)^{-\frac{x}{3}}\right]^{-\frac{3(2x-1)}{x}} = \mathrm{e}^{-6}.$

重要极限 2 在金融学上的一个重要应用——连续复利的计算.

例 17 甲年初打算将单位发放的年终奖 10 000 元存入银行，存期为 5 年，银行年利率为 5%，若银行按年计算复利，则到期后甲可取出多少钱？若银行按季度计算复利，则到期后甲可取出多少钱？若银行按天计算复利，则到期后甲可取出多少钱？

幸福是奋斗出来的

解： 若银行按年计算复利，此时的银行年利率 5% 为实际利率，则到期后的本利和为 $10\,000\times(1+5\%)^5 = 12\,762.82$ 元；

若银行按季度计算复利，则每年复利 4 次，5 年共复利 $5\times 4 = 20$ 次，到期后的本利和为 $10\,000\times\left(1+\dfrac{5\%}{4}\right)^{5\times 4} = 12\,820.37$ 元；

若银行按天计算复利，则每年复利 365 次，5 年共复利 $5\times 365 = 1\,825$ 次，到期后的本利和为 $10\,000\times\left(1+\dfrac{5\%}{365}\right)^{5\times 365} = 12\,840.03$ 元.

可以发现，银行复利的次数越多，甲最后得到的本利和也就越多. 一般地，设存入银行的本金为 P，年利率为 r，银行每年复利 t 次，则每期的利率为 $\dfrac{r}{t}$，n 年后共复利 nt 次，于是 n 年后的本利和为 $S_n = P\left(1+\dfrac{r}{t}\right)^{nt}$. 假设银行为了吸引更多储户，将计息期间无限缩短，即将计息次数 t 无限增大（$t\to\infty$），于是可得到连续复利计算公式：

$$S_n = \lim_{t\to\infty}P\left(1+\dfrac{r}{t}\right)^{nt} = P\lim_{t\to\infty}\left(1+\dfrac{r}{t}\right)^{nt} = P\lim_{t\to\infty}\left(1+\dfrac{r}{t}\right)^{\frac{t}{r}\cdot nr} = P\mathrm{e}^{nr}.$$

例 18 某企业计划进行一笔 1 000 000 元的投资，时间 5 年，期望年收益率为 8%，若采用连续复利计算其未来收益，则该笔投资的未来收益是多少元？

解： $S = 1\,000\,000\times\mathrm{e}^{0.08\times 5} \approx 1\,491\,824.70$（元）.

习题 2-1-2

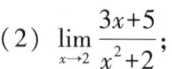

习题答案

1. 计算下列极限.

(1) $\lim\limits_{x\to 2}(2x^3 - x^2 + 5)$；

(2) $\lim\limits_{x\to 2}\dfrac{3x+5}{x^2+2}$；

(3) $\lim\limits_{x\to 2}\dfrac{x^2+4x-12}{x^2-4}$；

(4) $\lim\limits_{x\to 1}\dfrac{x^2-2x+1}{x^3-x}$；

(5) $\lim\limits_{x\to 1}\dfrac{\sqrt{x}-1}{x-1}$;

(6) $\lim\limits_{x\to 3}\dfrac{\sqrt{x+6}-3}{x-3}$;

(7) $\lim\limits_{x\to 2}\left(\dfrac{1}{x-2}-\dfrac{4}{x^2-4}\right)$;

(8) $\lim\limits_{x\to -1}\left(\dfrac{1}{1+x}-\dfrac{3}{1+x^3}\right)$;

(9) $\lim\limits_{x\to \infty}\dfrac{(3x^2+1)^5(1-2x)^{10}}{(2x+1)^{20}}$;

(10) $\lim\limits_{u\to \infty}\dfrac{\sqrt[3]{3u^3+1}}{2u-1}$;

(11) $\lim\limits_{x\to +\infty}\sqrt{x}(\sqrt{9x+1}-3\sqrt{x})$;

(12) $\lim\limits_{x\to +\infty}x(\sqrt{x^2+1}-x)$.

2. 计算下列极限.

(1) $\lim\limits_{x\to 0}\dfrac{3x}{\sin 2x}$;

(2) $\lim\limits_{x\to 0}\dfrac{\sin 2x}{\sin 5x}$;

(3) $\lim\limits_{x\to 2}\dfrac{\sin(x-2)}{x^2-4}$;

(4) $\lim\limits_{x\to 0}\dfrac{\sin x^2}{2x}$;

(5) $\lim\limits_{x\to \infty}x\sin\dfrac{\pi}{x}$;

(6) $\lim\limits_{x\to 0}\dfrac{2x-\sin x}{3x+\sin x}$.

3. 计算下列极限.

(1) $\lim\limits_{x\to \infty}\left(1+\dfrac{3}{x}\right)^{2x}$;

(2) $\lim\limits_{x\to \infty}\left(1-\dfrac{2}{x}\right)^{2x}$;

(3) $\lim\limits_{x\to 0}(1-2x)^{\frac{3}{x}}$;

(4) $\lim\limits_{x\to 0}(1-x)^{\frac{5}{2x}}$;

(5) $\lim\limits_{x\to \infty}\left(\dfrac{x+2}{x}\right)^{x}$;

(6) $\lim\limits_{x\to \infty}\left(\dfrac{x-2}{x-3}\right)^{x}$.

4. 乙年初打算将单位发放的年终奖 20 000 元存入银行,存期为 3 年,银行年利率为 3.5%.

(1) 若银行按年计算复利,则到期后乙可取出多少钱?

(2) 若银行按季度计算复利,则到期后乙可取出多少钱?

(3) 若银行按天计算复利,则到期后乙可取出多少钱?

5. 某企业投资 500 000 元,时间 3 年,年息为 10%,试按连续复利计算其未来值.

任务三　无穷大与无穷小

以上在研究函数 $f(x)$ 的极限时发现,在自变量 x 的某个特定变化过程中,有些函数的绝对值无限地增大,而有些函数的绝对值却无限地减小(极限为零)这样两种情形. 例如当 $x\to +\infty$ 时 e^x 无限增大,而 $\dfrac{1}{x}$ 却无限地减小. 下面分别介绍这两种情形.

一、无穷大

定义 1　若当 $x\to x_0$ 时,$f(x)\to \infty$,则称 $f(x)$ 为当 $x\to x_0$ 时的无穷大量,简称无穷大.

注:（1）根据函数极限的定义,$f(x)$ 的极限是不存在的,但为了便于研究函数的这一趋势,我们也称"函数的极限是无穷大",并记作 $\lim\limits_{x\to x_0}f(x)=\infty$.

（2）定义中的 $x\to x_0$ 可以换成 $x\to \infty$ 等其他几种变化过程.

(3) 无穷大是变量，不能理解为绝对值很大的数，例如 10^{10}，$e^{1\,000}$ 等都是常数，而不是无穷大.

(4) 无穷大总是和自变量的变化趋势相对应的，例如 $f(x)=\dfrac{1}{x}$，当 $x\to 0$ 时，$f(x)=\dfrac{1}{x}\to\infty$ 为无穷大，而当 $x\to\infty$ 时，$f(x)=\dfrac{1}{x}\to 0$ 就不是无穷大了.

二、无穷小

1. 无穷小定义

定义 2 若当 $x\to x_0$ 时，$f(x)\to 0$，则称 $f(x)$ 为当 $x\to x_0$ 时的无穷小量，简称无穷小.

例如：当 $x\to 0$ 时，$\sin x$ 是无穷小；当 $x\to +\infty$ 时，$\dfrac{1}{x}$ 为无穷小.

注：（1）定义中的 $x\to x_0$ 可以换成 $x\to\infty$ 等其他几种变化过程.

（2）无穷小是变量，不能理解为绝对值很小的数，例如 $0.000\,1$，10^{-10} 等都是常数，而不是无穷小，但零是唯一的一个可以作为无穷小的常数.

（3）和无穷大一样，无穷小也总是和自变量的变化趋势相对应的.

2. 无穷大与无穷小的关系

定理 1 在自变量的同一变化过程中

（1）若 $f(x)$ 为无穷大，则 $\dfrac{1}{f(x)}$ 为无穷小；

（2）若 $f(x)$ 为无穷小，且 $f(x)\neq 0$，则 $\dfrac{1}{f(x)}$ 为无穷大.

例 1 求极限：$\lim\limits_{x\to 2}\dfrac{x^2+3}{x-2}$.

解： 因为 $\lim\limits_{x\to 2}\dfrac{x-2}{x^2+3}=0$，所以 $\lim\limits_{x\to 2}\dfrac{x^2+3}{x-2}=\infty$.

3. 无穷小的性质

性质 1 有限个无穷小的和、差、积仍为无穷小.

性质 2 有界函数与无穷小的乘积仍为无穷小.

推论 常数与无穷小之积为无穷小.

例 2 求极限：$\lim\limits_{x\to\infty}\dfrac{\sin x}{x}$.

解： 因为 $\lim\limits_{x\to\infty}\dfrac{1}{x}=0$，$|\sin x|\leq 1$，所以，由无穷小的性质 2 知 $\lim\limits_{x\to\infty}\dfrac{\sin x}{x}=0$.

4. 无穷小的比较

定义 3 设 α 和 β 是同一变化过程中的两个无穷小.

（1）若 $\lim\dfrac{\beta}{\alpha}=0$，则称 β 是比 α 高阶的无穷小，记作 $\beta=o(\alpha)$；

(2) 若 $\lim\dfrac{\beta}{\alpha}=\infty$，则称 β 是比 α 低阶的无穷小；

(3) 若 $\lim\dfrac{\beta}{\alpha}=c\neq 0$，则称 β 与 α 是同阶无穷小. 特别地，当 $c=1$ 时，称 β 与 α 是等价无穷小，记作 $\beta\sim\alpha$.

下面是一些常见的当 $x\to 0$ 时互为等价的无穷小量（$\alpha\neq 0$ 且为常数）：

$$\sin x\sim x,\ \tan x\sim x,\ \arcsin x\sim x,\ 1-\cos x\sim\dfrac{1}{2}x^2,\ \ln(1+x)\sim x,\ \mathrm{e}^x-1\sim x,\ (1+x)^\alpha-1\sim\alpha x.$$

定理 2 若在自变量的同一变化过程中，$F(x)\sim f(x)$，$G(x)\sim g(x)$，且 $\lim\dfrac{f(x)}{g(x)}=A$，则 $\lim\dfrac{F(x)}{G(x)}=A$.

定理表明，在求两个无穷小之比的极限时，分子或分母都可以用等价无穷小替换. 因此，如果无穷小的替换运用得当，则可以简化求极限的运算过程.

例 3 求极限：$\lim\limits_{x\to 0}\dfrac{(\mathrm{e}^x-1)\ln(1+x)}{1-\cos x}$.

解：分子、分母用等价无穷小替换.

$$\lim_{x\to 0}\dfrac{(\mathrm{e}^x-1)\ln(1+x)}{1-\cos x}=\lim_{x\to 0}\dfrac{x\cdot x}{\dfrac{1}{2}x^2}=2.$$

例 4 求 $\lim\limits_{x\to 0}\dfrac{\sin x-\tan x}{\tan^3 x}$.

解：$\lim\limits_{x\to 0}\dfrac{\tan x(\cos x-1)}{\tan^3 x}=\lim\limits_{x\to 0}\dfrac{x\cdot\left(-\dfrac{1}{2}x^2\right)}{x^3}=-\dfrac{1}{2}.$

在该例中若一开始就对原式作无穷小替换，则将导致：

$$\lim_{x\to 0}\dfrac{\sin x-\tan x}{\tan^3 x}=\lim_{x\to 0}\dfrac{x-x}{x^3}=0$$

的错误结果. 一般地，我们只对分子或分母采用整体或乘积因子作等价无穷小替换.

习题答案

习题 2-1-3

1. 判断下列说法是否正确.

(1) 无穷大就是绝对值很大的数，故 10^{10}，$\mathrm{e}^{1\,000}$ 等都是无穷大.（　　）

(2) e^x 是无穷大.（　　）

(3) 无穷小就是绝对值很小的数，故 $0.000\,1$，10^{-10} 等都是无穷小.（　　）

(4) 因为 0 是常数，所以 0 不是无穷小.（　　）

(5) 当 $x\to 0$ 时，x，$4x$，$\sin x$，$1-\cos x$，$\ln(1+x)$，e^x-1 都是无穷小. （　　）

(6) 因为当 $x\to\infty$ 时 $\dfrac{1}{x}$ 为无穷小，所以 $\dfrac{1}{x}$ 就不可能再是无穷大了. （　　）

(7) 无穷大的倒数是无穷小，无穷小的倒数是无穷大. （　　）

2. 利用无穷小的性质求下列极限.

(1) $\lim\limits_{x\to\infty}\dfrac{\cos x}{x}$；

(2) $\lim\limits_{x\to\infty}\dfrac{x^2+2}{x^3-x}(2+3\cos x)$；

(3) $\lim\limits_{x\to 0}\dfrac{x^2\sin\dfrac{1}{x}}{\sin x}$.

3. 计算下列极限.

(1) $\lim\limits_{x\to 0}\dfrac{e^{2x}-1}{x}$；

(2) $\lim\limits_{x\to 0}\dfrac{\ln(1+2x)}{\tan 4x}$；

(3) $\lim\limits_{x\to 0}\dfrac{2\sin 4x}{3\arctan 2x}$；

(4) $\lim\limits_{x\to 0}\dfrac{\sin x^3 \tan x}{1-\cos x^2}$；

(5) $\lim\limits_{x\to 0^+}\dfrac{\sqrt{1-\cos x}}{\sin x}$；

(6) $\lim\limits_{x\to 0}\dfrac{1-\cos(\sin x)}{2\ln(1-x^2)}$；

(7) $\lim\limits_{x\to 0}\dfrac{\sin^2 x\cdot(1-\cos 2x)}{(e^{3x^2}-1)\cdot\ln(1+x^2)}$；

(8) $\lim\limits_{x\to 0^+}\sqrt[x]{\cos\sqrt{x}}$；

(9) $\lim\limits_{x\to\infty}x\sin\dfrac{1}{x}$.

4. 若当 $x\to 0$ 时，$1-\cos x$ 与 $a\tan^2 x$ 为等价无穷小，求常数 a 的值.

5. 若 $\lim\limits_{x\to 1}\dfrac{x^2+ax+b}{1-x}=5$，求常数 a 与 b 的值.

任务四　函数的连续性

在自然界中，有许多现象都是连续变化的，比如时间的流逝、温度的变化、动植物的生长等. 这些连续不断发展变化的现象抽象到数学上，就是函数的连续性. 下面将要引入的连续函数就是刻画变量连续变化的数学模型.

波属云委，
源源不绝

一、连续函数的概念

连续函数不仅是微积分的研究对象，而且微积分中的主要概念、定理、公式与法则等，往往都要求函数具有连续性. 为描述函数的连续性，我们先引入增量的概念.

1. 增量

设函数 $y=f(x)$ 在点 x_0 的某邻域内有定义，当自变量从初值 x_0 变化到终值 x 时，我们称改变量 $x-x_0$ 为函数 $y=f(x)$ 在点 x_0 时的增量，记作：Δx，即 $x-x_0=\Delta x$，如图 2-1-11 所示.

相应地，因变量的增量为

$$\Delta y=y-y_0=f(x)-f(x_0)=f(x_0+\Delta x)-f(x_0).$$

注： 增量可以是正数，也可以是负数或零.

例如，设函数 $f(x)=x^2+1$，当自变量 x 在点 x_0 处取得增量 Δx（即 x 由 x_0 变化到 $x_0+\Delta x$）时，函数相应的增量为

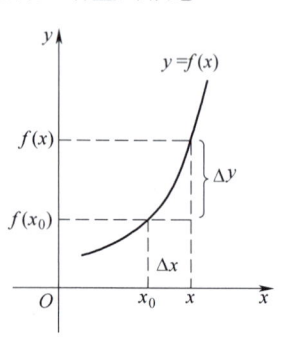

图 2-1-11

$$\Delta y = f(x_0+\Delta x)-f(x_0)=[(x_0+\Delta x)^2+1]-(x_0^2+1)=2x_0\Delta x+(\Delta x)^2.$$

2. 函数在一点处连续的定义

如图 2-1-12 和 2-1-13 所示，从几何图形上看，若函数 $f(x)$ 在点 x_0 处不断开（即连续），则显然有

$$\lim_{\Delta x\to 0}\Delta y=0 \quad 或 \quad \lim_{x\to x_0}f(x)=f(x_0).$$

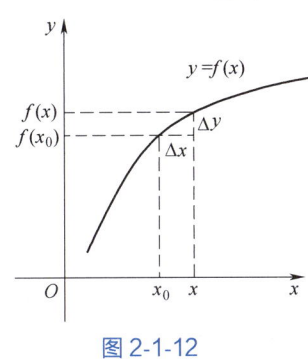
图 2-1-12

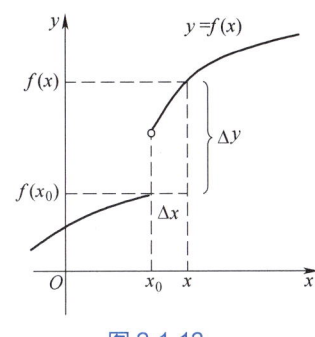
图 2-1-13

若函数 $f(x)$ 在点 x_0 处断开（即不连续），则显然有

$$\lim_{\Delta x\to 0}\Delta y\neq 0 \quad 或 \quad \lim_{x\to x_0}f(x)\neq f(x_0).$$

定义 1 若 $\lim\limits_{\Delta x\to 0}\Delta y=0$ ［或 $\lim\limits_{x\to x_0}f(x)=f(x_0)$］，则称 $f(x)$ 在点 x_0 处连续，x_0 称为 $f(x)$ 的连续点．

例 1 判定函数 $f(x)=x^2+1$ 在点 $x=1$ 处的连续性．

解：设函数 $f(x)$ 在点 $x=1$ 处的增量为 Δx，则相应函数的增量为

$$\Delta y=f(1+\Delta x)-f(1)=(1+\Delta x)^2+1-2=2\Delta x+(\Delta x)^2,$$

因为 $\lim\limits_{\Delta x\to 0}\Delta y=\lim\limits_{\Delta x\to 0}[2\Delta x+(\Delta x)^2]=0$，所以函数 $f(x)$ 在点 $x=1$ 处连续．

或者，因为 $\lim\limits_{x\to 1}f(x)=\lim\limits_{x\to 1}(x^2+1)=2=f(1)$，所以函数 $f(x)$ 在点 $x=1$ 处连续．

例 2 考察函数 $f(x)=\begin{cases}\dfrac{x^2-1}{x-1} & x\neq 1\\ 2, & x=1\end{cases}$ 在点 $x=1$ 处的连续性．

解：因为 $\lim\limits_{x\to 1}f(x)=\lim\limits_{x\to 1}\dfrac{x^2-1}{x-1}=\lim\limits_{x\to 1}(x+1)=2=f(1)$，

所以函数 $f(x)$ 在点 $x=1$ 处连续．

由定义可知，函数 $f(x)$ 在点 x_0 处连续必须同时满足以下三个条件：

（1）函数 $f(x)$ 在点 x_0 处有定义；

（2）$\lim\limits_{x\to x_0}f(x)=A$；

（3）$A=f(x_0)$．

3. 左连续与右连续

定义 2 若 $\lim\limits_{x\to x_0^-}f(x)=f(x_0)$，则称 $f(x)$ 在点 x_0 处左连续；若 $\lim\limits_{x\to x_0^+}f(x)=f(x_0)$，则称

$f(x)$ 在点 x_0 处右连续.

定理 1 函数 $f(x)$ 在点 x_0 处连续的充要条件是函数 $f(x)$ 在点 x_0 处既左连续又右连续,即

$$\lim_{x \to x_0} f(x) = f(x_0) \Leftrightarrow \lim_{x \to x_0^-} f(x) = f(x_0) \text{ 且 } \lim_{x \to x_0^+} f(x) = f(x_0).$$

例 3 设函数 $f(x) = \begin{cases} \dfrac{\sin 3x}{x}, & x > 0 \\ e^x + k, & x \leq 0 \end{cases}$ 在点 $x = 0$ 处连续,求 k 的值.

解: $\lim\limits_{x \to 0^-} f(x) = \lim\limits_{x \to 0^-}(e^x + k) = 1 + k = f(0)$,$\lim\limits_{x \to 0^+} f(x) = \lim\limits_{x \to 0^+} \dfrac{\sin 3x}{x} = 3$.

因为函数 $f(x)$ 在点 $x = 0$ 处连续,所以有 $1 + k = 3$,即 $k = 2$.

4. 连续函数与连续区间

若函数在区间上的每一点都连续,则称函数在区间上是连续的,区间称为函数的连续区间. 从几何图形上看,连续函数的图像是一条连绵不断的曲线.

可以证明,基本初等函数在各自的定义域内都是连续的.

5. 复合函数的连续性

定理 2 设复合函数 $y = f[\varphi(x)]$,若 $\lim\limits_{x \to x_0} \varphi(x) = a$,且 $y = f(u)$ 在点 a 处连续,则

$$\lim_{x \to x_0} f[\varphi(x)] = f\left[\lim_{x \to x_0} \varphi(x)\right] = f(a).$$

例 4 求极限:$\lim\limits_{x \to 0} \dfrac{\ln(1+x)}{x}$.

解: 因为 $\lim\limits_{x \to 0}(1+x)^{\frac{1}{x}} = e$,且函数 $y = \ln u$ 在 $u = e$ 处连续,故

$$\lim_{x \to 0} \frac{\ln(1+x)}{x} = \lim_{x \to 0} \ln(1+x)^{\frac{1}{x}} = \ln\left[\lim_{x \to 0}(1+x)^{\frac{1}{x}}\right] = \ln e = 1.$$

6. 初等函数的连续性

定理 3 一切初等函数在其定义区间内都是连续的.

例 5 当 a 为何值时,函数 $f(x) = \begin{cases} x\sin\dfrac{1}{x}, & x \neq 0 \\ a + 1, & x = 0 \end{cases}$ 在 $(-\infty, +\infty)$ 内连续.

解: 当 $x \neq 0$ 时,$f(x) = x\sin\dfrac{1}{x}$ 为初等函数,在 $(-\infty, 0) \cup (0, +\infty)$ 内连续.

又 $\lim\limits_{x \to 0} f(x) = \lim\limits_{x \to 0} x\sin\dfrac{1}{x} = 0$,$f(0) = a + 1$,故当 $a + 1 = 0$,即 $a = -1$ 时,函数 $f(x)$ 在 $x = 0$ 处连续.

综上可知,当 $a = -1$ 时,函数 $f(x)$ 在 $(-\infty, +\infty)$ 内连续.

二、函数的间断点

定义 3 若 $f(x)$ 在点 x_0 处不连续,则称函数 $f(x)$ 在点 x_0 处间断,x_0 称为函数 $f(x)$

的间断点.

由函数在某点连续的定义可知,若函数 $f(x)$ 在点 x_0 处有下列三种情况之一,则函数 $f(x)$ 在点 x_0 处是间断的：

(1) 函数 $f(x)$ 在点 x_0 处没有定义；

(2) 函数 $f(x)$ 在点 x_0 处有定义但极限 $\lim\limits_{x \to x_0} f(x)$ 不存在；

(3) 函数 $f(x)$ 在点 x_0 处有定义且极限存在,但 $\lim\limits_{x \to x_0} f(x) \neq f(x_0)$.

函数的间断点通常可以分为下面两类：

设函数 $f(x)$ 在点 x_0 处间断,若函数 $f(x)$ 在点 x_0 处左、右极限都存在,则称 x_0 为函数 $f(x)$ 的第一类间断点,否则称 x_0 为函数 $f(x)$ 的第二类间断点.

对第一类间断点又分为：

(1) 当左、右极限都存在但不相等时,即 $\lim\limits_{x \to x_0^-} f(x) \neq \lim\limits_{x \to x_0^+} f(x)$,称 x_0 为 $f(x)$ 的跳跃间断点；

(2) 当左、右极限都存在且相等时,即 $\lim\limits_{x \to x_0} f(x)$ 存在但不等于 $f(x_0)$ 或 $f(x)$ 在 x_0 处无定义,称 x_0 为 $f(x)$ 的可去间断点.

例 6 求函数 $f(x) = \dfrac{\sin x}{|x|(x-2)}$ 的间断点并判断其类型.

解： 因为 $f(x)$ 在 $x=0$ 和 $x=2$ 处无定义,所以 $x=0$ 和 $x=2$ 是函数 $f(x)$ 的间断点.
又因为 $\lim\limits_{x \to 0^-} f(x) = \lim\limits_{x \to 0^-} \dfrac{\sin x}{|x|(x-2)} = \lim\limits_{x \to 0^-} \dfrac{\sin x}{-x(x-2)} = -\lim\limits_{x \to 0^-} \left(\dfrac{\sin x}{x} \cdot \dfrac{1}{x-2}\right) = \dfrac{1}{2}$,

$\lim\limits_{x \to 0^+} f(x) = \lim\limits_{x \to 0^+} \dfrac{\sin x}{|x|(x-2)} = \lim\limits_{x \to 0^+} \dfrac{\sin x}{x(x-2)} = \lim\limits_{x \to 0^+} \left(\dfrac{\sin x}{x} \cdot \dfrac{1}{x-2}\right) = -\dfrac{1}{2}$,

$\lim\limits_{x \to 2} f(x) = \lim\limits_{x \to 2} \dfrac{\sin x}{|x|(x-2)} = \infty$,

所以 $x=0$ 是函数 $f(x)$ 的跳跃间断点, $x=2$ 是函数 $f(x)$ 的第二类间断点.

例 7 设函数 $f(x) = \begin{cases} \dfrac{x^2-4}{x-2}, & x \neq 2 \\ 0, & x=0 \end{cases}$. 试讨论 $f(x)$ 在 $x=2$ 处的连续性,若不连续,请判断间断点的类型.

解： 因为 $\lim\limits_{x \to 2} f(x) = \lim\limits_{x \to 2} \dfrac{x^2-4}{x-2} = \lim\limits_{x \to 2}(x+2) = 4$, $f(0) = 0$,即 $\lim\limits_{x \to 2} f(x) \neq f(0)$,

所以函数 $f(x)$ 在 $x=2$ 处不连续,且 $x=2$ 是函数 $f(x)$ 的可去间断点.

三、闭区间上连续函数的性质

下面介绍闭区间上连续函数的几个性质,我们仅借助几何图形来直观理解,略去证明.

定理 4（最大最小值定理）若函数 $f(x)$ 在闭区间 $[a,b]$ 上连续,则函数 $f(x)$ 在 $[a,b]$ 上一定有最大值和最小值. 如图 2-1-14 所示.

推论 若函数 $f(x)$ 在闭区间 $[a, b]$ 上连续，则函数 $f(x)$ 在 $[a, b]$ 上有界.

定理 5 （介值定理）若函数 $f(x)$ 在闭区间 $[a, b]$ 上连续，μ 为介于最大值和最小值之间的任意一个数，则至少存在一点 $\xi \in (a, b)$，使得 $f(\xi) = \mu$，如图 2-1-15 所示.

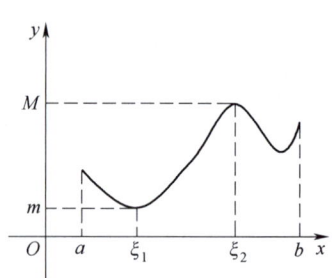

图 2-1-14

设函数 $f(x)$，若存在 x_0 使得 $f(x_0) = 0$，则称 x_0 为 $f(x)$ 的零点.

推论 （零点定理）若函数 $f(x)$ 在闭区间 $[a, b]$ 上连续，且 $f(a) \cdot f(b) < 0$，则至少存在一点 $\xi \in (a, b)$，使得 $f(\xi) = 0$，如图 2-1-16 所示.

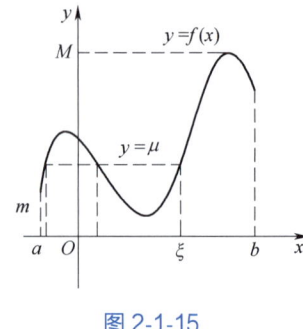

图 2-1-15

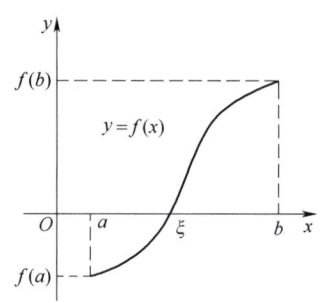

图 2-1-16

例 8 证明方程 $\sin x + x - 1 = 0$ 在 $\left(0, \dfrac{\pi}{2}\right)$ 内至少存在一个实根.

证明： 作辅助函数 $f(x) = \sin x + x - 1$，显然 $f(x)$ 为初等函数，故其在闭区间 $\left[0, \dfrac{\pi}{2}\right]$ 上连续，又 $f(0) = -1 < 0$，$f\left(\dfrac{\pi}{2}\right) = \dfrac{\pi}{2} > 0$，所以由零点定理可得，在开区间 $\left(0, \dfrac{\pi}{2}\right)$ 内至少存在一点 x_0，使得 $f(x_0) = 0$，即方程 $\sin x + x - 1 = 0$ 在 $\left(0, \dfrac{\pi}{2}\right)$ 内至少存在一个实根.

习题 2-1-4

习题答案

1. 若函数 $f(x) = \begin{cases} \dfrac{\sin 2x}{x}, & x \neq 0 \\ k, & x = 0 \end{cases}$ 在点 $x = 0$ 处连续，求常数 k 的值.

2. 求函数 $f(x) = \dfrac{(x-2)\sin x}{x^2 - 4}$ 的间断点，并判断其类型.

3. 讨论函数 $f(x) = \begin{cases} \dfrac{1 - \cos x}{x^2}, & x \neq 0 \\ 0, & x = 0 \end{cases}$ 在点 $x = 0$ 处的连续性，若不连续，请判断间断点

4. 设函数 $f(x)=\begin{cases} \dfrac{\sin 2x}{x}, & x<0 \\ 2, & x=0 \\ 2(1-x^2), & 0<x\leq 1 \\ \dfrac{\ln x}{1-x}, & x>1 \end{cases}$,讨论 $f(x)$ 在其定义域内的连续性,并写出其连续区间.

5. 证明方程 $e^x-3x=0$ 在区间 (0,1) 内至少有一个实根.

项目二 导 数

微分学是从数量关系上描述物质运动的数学工具,是微积分的重要组成部分,在科学技术中有着广泛的应用. 导数和微分是微分学的基本概念,下面将从实际问题出发引入导数和微分的概念.

任务一 导数的概念

运动学中的瞬时速度问题及几何学中的切线问题都是导数概念产生的重要原因,其最后都可归结为因变量相对于自变量的变化率问题. 牛顿从第一个问题出发,莱布尼茨从第二个问题出发,分别给出了导数的概念.

一、两个引例

1. 变速直线运动的瞬时速度问题

设一物体作变速直线运动,且在 [0,T] 这段时间内所经过的路程 s 是时间 t 的连续函数 $s=s(t)$,求该物体在时刻 $t_0 \in [0,T]$ 处的瞬时速度 $v(t_0)$.

百尺竿头,更进一步

首先考虑物体在时刻 t_0 附近很短一段时间内的运动情况,如图 2-2-1 所示.

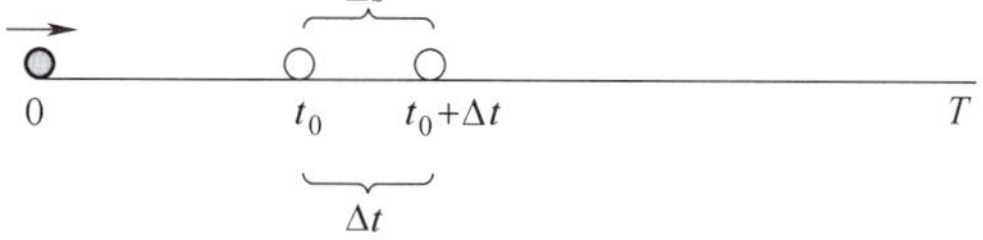

设物体从 t_0 到 $t_0+\Delta t$ 这段时间间隔内路程从 $s(t_0)$ 变化到 $s(t_0+\Delta t)$,其路程的改变量为 $\Delta s=s(t_0+\Delta t)-s(t_0)$,则物体在

图 2-2-1

$[t_0, t_0+\Delta t]$ 这段时间间隔内的平均速度(也称路程对时间的平均变化率)为

$$\bar{v}=\frac{\Delta s}{\Delta t}=\frac{s(t_0+\Delta t)-s(t_0)}{\Delta t}$$

当时间长度 Δt 很小时,可以认为物体在时间间隔 $[t_0, t_0+\Delta t]$ 内近似作匀速运动,因

此，可以用物体在这段时间间隔内的平均速度 $\bar{v}$ 作为 t_0 时刻瞬时速度 $v(t_0)$ 的近似值，且 Δt 越小，近似程度越高.

当 $\Delta t \to 0$ 时，我们把平均速度 $\bar{v}$ 的极限称为物体在 t_0 时刻的瞬时速度（也称路程对时间的瞬时变化率）. 即

$$v(t_0) = \lim_{\Delta t \to 0} \frac{\Delta s}{\Delta t} = \lim_{\Delta t \to 0} \frac{s(t_0 + \Delta t) - s(t_0)}{\Delta t} \tag{2-1}$$

显然，极限值越大，物体在 t_0 时刻的瞬时速度就越大，也即物体在 t_0 时刻变化越快.

2. 平面曲线的切线问题

设某平面曲线 C 的方程为 $y = f(x)$，点 M_0 是曲线 C 上一定点，M 是曲线 C 上一动点，则当点 M 沿曲线 C 趋于 M_0 时，割线 M_0M 的极限位置（直线 M_0T）就定义为曲线 C 在点 M_0 处的切线，如图 2-2-2 所示.

下面我们来求曲线 $y = f(x)$ 在点 $M_0(x_0, y_0)$ 处切线的斜率.

设 M 点坐标为 $(x_0 + \Delta x, y_0 + \Delta y)$，则割线 M_0M 的斜率为

$$k_{M_0M} = \tan\varphi = \frac{\Delta y}{\Delta x} = \frac{f(x_0 + \Delta x) - f(x_0)}{\Delta x}$$

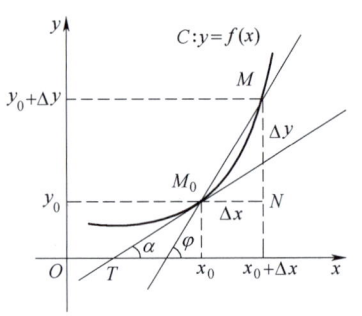

图 2-2-2

由切线的定义知，切线 M_0T 的斜率 k 正是割线 M_0M 的斜率当 $\Delta x \to 0$ 时的极限，即

$$k = \tan\alpha = \lim_{\varphi \to \alpha} \tan\varphi = \lim_{\Delta x \to 0} \frac{\Delta y}{\Delta x} = \lim_{\Delta x \to 0} \frac{f(x_0 + \Delta x) - f(x_0)}{\Delta x} \tag{2-2}$$

在自然科学、工程技术问题和经济管理中，还有许多非均匀变化的问题，诸如加速度、角速度和角加速度、电流、线密度、边际成本等，尽管它们有着不同的实际意义，但最终都可归结为讨论形如式（2-1）、式（2-2）的极限. 我们把这种特定的极限叫作函数的导数.

二、导数概念

1. 导数定义

<u>定义 1</u> 设函数 $y = f(x)$ 在点 x_0 的某个邻域内有定义，给 x_0 以增量 Δx（$x_0 + \Delta x$ 仍在该邻域内），相应地，函数 y 的增量为

$$\Delta y = f(x_0 + \Delta x) - f(x_0)$$

若当 $\Delta x \to 0$ 时，极限

$$\lim_{\Delta x \to 0} \frac{\Delta y}{\Delta x} = \lim_{\Delta x \to 0} \frac{f(x_0 + \Delta x) - f(x_0)}{\Delta x} \tag{2-3}$$

存在，则称函数 $y = f(x)$ 在点 x_0 处可导，并称该极限值为函数 $y = f(x)$ 在点 x_0 处的导数，记作：

$$f'(x_0) \quad \text{或} \quad y'|_{x=x_0} \quad \text{或} \quad \frac{dy}{dx}\bigg|_{x=x_0} \quad \text{或} \quad \frac{d}{dx}f(x)\bigg|_{x=x_0}$$

即
$$f'(x_0) = \lim_{\Delta x \to 0} \frac{f(x_0 + \Delta x) - f(x_0)}{\Delta x} \quad (2\text{-}4)$$

若式（2-3）的极限不存在，则称函数 $f(x)$ 在点 x_0 处不可导．

导数的定义还可以采用不同的表达形式：

在式（2-4）中，令 $h = \Delta x$，则
$$f'(x_0) = \lim_{h \to 0} \frac{f(x_0 + h) - f(x_0)}{h}$$

令 $x = x_0 + \Delta x$，则 $\Delta x = x - x_0$，$\Delta y = f(x) - f(x_0)$，且当 $\Delta x \to 0$ 时，有 $x \to x_0$，于是
$$f'(x_0) = \lim_{x \to x_0} \frac{f(x) - f(x_0)}{x - x_0}$$

注： 函数增量与自变量增量的比值 $\dfrac{\Delta y}{\Delta x}$ 是函数 $y = f(x)$ 在区间 $[x_0, x_0 + \Delta x]$ 上的平均变化率，而导数 $f'(x_0)$ 则是函数 $f(x)$ 在点 x_0 处的瞬时变化率，它反映了函数随自变量变化而变化的快慢程度．

根据导数的定义，前面两个实例就可叙述为：

（1）物体在 t_0 时刻的瞬时速度就是路程 $s = s(t)$ 在 t_0 处的导数，即
$$v(t_0) = \left.\frac{ds}{dt}\right|_{t = t_0} = s'(t_0).$$

（2）曲线 $y = f(x)$ 在点 $M_0(x_0, y_0)$ 处切线的斜率就是函数 $y = f(x)$ 在点 x_0 处的导数，即
$$k = \left.\frac{dy}{dx}\right|_{x = x_0} = f'(x_0).$$

2. 导函数

若函数 $y = f(x)$ 在区间 I 内的每一点都可导，则称函数 $y = f(x)$ 在区间 I 内可导．这时对每一个 $x \in I$，都有唯一确定的导数值 $f'(x)$ 与之对应，这样就确定了一个定义在区间 I 上的新函数，称为原来函数 $y = f(x)$ 的导函数，记作：
$$f'(x) \quad \text{或} \quad y' \quad \text{或} \quad \frac{dy}{dx} \quad \text{或} \quad \frac{d}{dx}f(x).$$

在式（2-4）中，把 x_0 换成 x，即得函数 $y = f(x)$ 的导函数定义
$$y' = \frac{dy}{dx} = f'(x) = \lim_{\Delta x \to 0} \frac{\Delta y}{\Delta x} = \lim_{\Delta x \to 0} \frac{f(x + \Delta x) - f(x)}{\Delta x}.$$

显然，函数 $y = f(x)$ 在点 x_0 处的导数，就是其导函数 $f'(x)$ 在点 x_0 处的函数值，即
$$f'(x_0) = f'(x)\big|_{x = x_0}.$$

为方便起见，在不致引起混淆的情况下，导函数也简称为导数．

3. 左、右导数

定义 2 （1）设函数 $f(x)$ 在点 x_0 的左邻域内有定义，若左极限
$$\lim_{\Delta x \to 0^-} \frac{f(x_0 + \Delta x) - f(x_0)}{\Delta x},$$

存在，则称该极限值为函数 $f(x)$ 在点 x_0 处的左导数，记作 $f'_-(x_0)$；

（2）设函数 $f(x)$ 在点 x_0 的右邻域内有定义，若右极限

$$\lim_{\Delta x \to 0^+} \frac{f(x_0+\Delta x)-f(x_0)}{\Delta x},$$

存在，则称该极限值为函数 $f(x)$ 在点 x_0 处的右导数，记作 $f'_+(x_0)$．

由函数 $f(x)$ 在 x_0 处的左、右极限与函数 $f(x)$ 在 x_0 处的极限关系，立即可得如下定理：

定理 1 函数 $f(x)$ 在点 x_0 处可导的充要条件是函数 $f(x)$ 在点 x_0 处的左、右导数都存在且相等.

注： 定理 1 常用于判定分段函数在分段点处的可导性．

例 1 已知函数 $f(x)=x^2$，试用导数定义求 $f'(x)$，$f'(3)$．

解： 第一步求增量，设自变量从 x 变化到 $x+\Delta x$，则相应的函数增量 Δy 为：

$$\Delta y = f(x+\Delta x)-f(x) = (x+\Delta x)^2 - x^2 = 2x\Delta x + (\Delta x)^2,$$

第二步作比值 $\dfrac{\Delta y}{\Delta x}$：

$$\frac{\Delta y}{\Delta x} = \frac{f(x+\Delta x)-f(x)}{\Delta x} = \frac{2x\Delta x+(\Delta x)^2}{\Delta x} = 2x+\Delta x,$$

第三步取极限：

$$f'(x) = \lim_{\Delta x \to 0} \frac{\Delta y}{\Delta x} = \lim_{\Delta x \to 0}(2x+\Delta x) = 2x;$$

于是 $f'(3) = f'(x)|_{x=3} = 6$.

三、导数在其他学科中的含义及应用

函数 $y=f(x)$，函数增量与自变量增量的比值 $\dfrac{\Delta y}{\Delta x}$ 是函数 $y=f(x)$ 在区间 $[x_0, x_0+\Delta x]$ 上的平均变化率，而导数 $f'(x_0)$ 则是函数 $y=f(x)$ 在点 x_0 处的瞬时变化率，它反映了函数随自变量变化而变化的快慢程度．

由上面的分析可知，凡是研究变化率的问题，都需要利用导数去解决，变化率（导数）在不同学科中的具体含义不尽相同．下面给出一些在不同学科中变化率的例子．

例 2 （加速度）描述物体运动快慢的物理量是速度，设一物体的路程函数为 $s=s(t)$，则其在 t 处的瞬时速度为

$$v(t) = \frac{\mathrm{d}s}{\mathrm{d}t} = s'(t).$$

即速度 v 等于路程 s 对时间 t 的一阶导数.

而描述物体速度变化快慢的物理量是加速度，如果是匀速运动的，则其加速度显然为 0，如果是非匀速运动的，则物体在时间间隔 $[t, t+\Delta t]$ 上的平均加速度为

$$\bar{a} = \frac{\Delta v}{\Delta t} = \frac{v(t+\Delta t)-v(t)}{\Delta t}$$

在时刻 t 处的瞬时加速度为

$$a = \lim_{\Delta t \to 0} \frac{\Delta v}{\Delta t} = \frac{\mathrm{d}v}{\mathrm{d}t} = v'(t)$$

该式表明,加速度 a 等于速度 v 对时间 t 的一阶导数.

又因为 $v(t) = \frac{\mathrm{d}s}{\mathrm{d}t} = s'(t)$,于是,瞬时加速度还可表示为

$$a = v'(t) = [s'(t)]' = s''(t)$$

或

$$a = \frac{\mathrm{d}v}{\mathrm{d}t} = \frac{\mathrm{d}}{\mathrm{d}t}\left(\frac{\mathrm{d}s}{\mathrm{d}t}\right) = \frac{\mathrm{d}^2 s}{\mathrm{d}t^2}$$

其中 $s''(t)$ 或 $\frac{\mathrm{d}^2 s}{\mathrm{d}t^2}$ 为路程函数 $s = s(t)$ 对时间 t 的二阶导数.

该式表明,加速度 a 还可表示为路程 s 对时间 t 的二阶导数.

例 3 (角速度和角加速度)描述刚体转动位置的方程称为转动方程,一般可写为 $\varphi = \varphi(t)$,式中转角 φ 的单位是弧度(rad);$\varphi(t)$ 为时间 t 的单值连续函数,它反映了刚体绕定轴转动的规律. 如图 2-2-3 所示.

描述刚体转动快慢的一个物理量是角速度,如果旋转是匀速的,那么称 $\omega = \frac{\varphi}{t}$ 为该物体旋转的角速度. 如果旋转是非匀速的,则物体在时间间隔 $[t, t+\Delta t]$ 上的平均角速度为

$$\overline{\omega} = \frac{\Delta \varphi}{\Delta t} = \frac{\varphi(t+\Delta t) - \varphi(t)}{\Delta t}$$

在时刻 t 处的瞬时角速度为

$$\omega = \lim_{\Delta t \to 0} \frac{\Delta \varphi}{\Delta t} = \frac{\mathrm{d}\varphi}{\mathrm{d}t} = \varphi'(t)$$

该式表明,刚体定轴转动的角速度 ω 等于转角 φ 对时间 t 的一阶导数.

角速度 ω 的单位是 rad/s(弧度/秒),工程上常用转速 n r/min(转/分)表示. 两者的转换关系为

$$\omega = \frac{n \times 2\pi}{60} = \frac{n\pi}{30} (\mathrm{rad/s})$$

描述刚体角速度变化快慢的物理量是角加速度,其大小等于角速度增量 $\Delta \omega$ 与产生该增量的时间 Δt 之比的极限,即

$$\varepsilon = \lim_{\Delta t \to 0} \frac{\Delta \omega}{\Delta t} = \omega'(t) = [\varphi'(t)]' = \varphi''(t)$$

或

$$\varepsilon = \lim_{\Delta t \to 0} \frac{\Delta \omega}{\Delta t} = \frac{\mathrm{d}\omega}{\mathrm{d}t} = \frac{\mathrm{d}}{\mathrm{d}t}\left(\frac{\mathrm{d}\varphi}{\mathrm{d}t}\right) = \frac{\mathrm{d}^2 \varphi}{\mathrm{d}t^2}$$

即角加速度 ε 为转角 φ 对时间 t 的二阶导数.

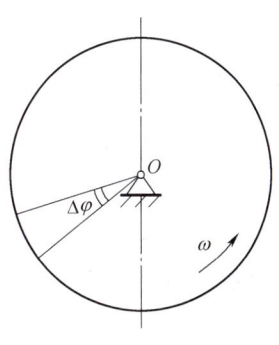

图 2-2-3

该式表明，刚体定轴转动的角加速度 ε 等于角速度 ω 对时间 t 的一阶导数，或等于转角 φ 对时间的 t 二阶导数.

例 4 （电流）电流的大小是用单位时间内通过导线横截面的电量的多少来描述的，如图 2-2-4 所示.

设电量 q 与时间 t 的关系为 $q=q(t)$，则在时间间隔 $[t, t+\Delta t]$ 内导线中的平均电流为

$$\frac{\Delta q}{\Delta t}=\frac{q(t+\Delta t)-q(t)}{\Delta t}$$

于是，t 时刻的瞬时电流为

$$i(t)=\lim_{\Delta t \to 0}\frac{\Delta q}{\Delta t}=\lim_{\Delta t \to 0}\frac{q(t+\Delta t)-q(t)}{\Delta t}=\frac{dq}{dt}$$

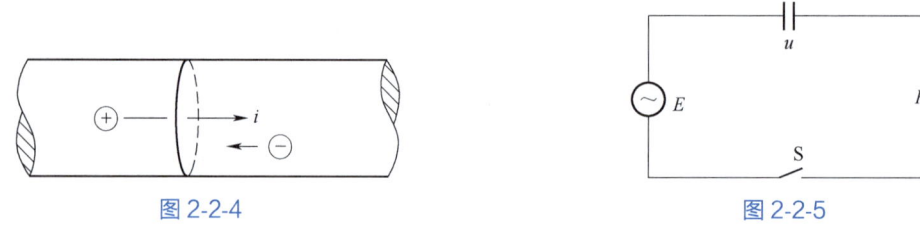

图 2-2-4　　　　　　　　　　图 2-2-5

在 R-C 电路中，如图 2-2-5 所示，极板上的电荷量 q 与极板间电压 u 的关系为 $q=Cu$（C 为电容元件的电容）.

则电流

$$i=\frac{dq}{dt}=\frac{d(Cu)}{dt}=C\frac{du}{dt},$$

例 5 （非匀质细棒的线密度）首先我们看一下什么是均匀细棒．所谓细棒在物理学中通常是指：棒的横断面很小，而且它的任何部位的横断面面积都相等；而所谓均匀是指：棒上任何长度相等的两段其质量总相等；当然任何长度相等的两段其质量不相等时，该细棒就称为不均匀细棒.

设细棒的质量 m 是细棒的长度 x 的函数，即为 $m=m(x)$，如图 2-2-6 所示，对于 x_0 到 $x_0+\Delta x$ 这段细棒来说，平均线密度为 $\bar{\rho}=\dfrac{\Delta m}{\Delta x}$，则在点 x_0 处的线密度为

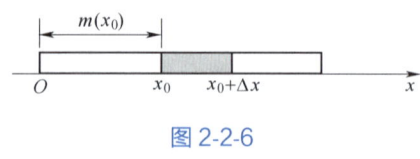

图 2-2-6

$$\rho(x_0)=\lim_{\Delta x \to 0}\frac{\Delta m}{\Delta x}=\lim_{\Delta x \to 0}\frac{m(x_0+\Delta x)-m(x_0)}{\Delta x}=m'(x_0)=\frac{dm}{dx}\bigg|_{x=x_0}$$

例 6 （边际成本）设某产品的成本函数为 $C=C(x)$，其中 x 为产量，一般情况下，产品的总成本 C 是随 x 非均匀变化的，此时，

$$\frac{\Delta C}{\Delta x}=\frac{C(x+\Delta x)-C(x)}{\Delta x}$$

仅表示产量区间 $[x, x+\Delta x]$ 内的平均成本.

为了确定是否要扩大（或缩小）该产品的生产规模，必须确定该产品在任意产量 x 时，产量增加或减少 1 个单位所引起的成本变动，也就是要求成本函数为 $C=C(x)$ 对 x 的变化率，即

$$\lim_{\Delta x \to 0} \frac{\Delta C}{\Delta x} = \lim_{\Delta x \to 0} \frac{C(x+\Delta x)-C(x)}{\Delta x} = \frac{dC}{dx} = C'(x)$$

在经济学上，成本函数 $C(x)$ 的导数 $C'(x)$ 称为边际成本函数，记作 MC，即

$$MC = C'(x)$$

其经济学含义是，在产量达到 x 时，再生产一个单位的产品，总成本约改变 $C'(x)$ 个单位.

四、求导举例

由导数的定义可知，求函数 $y=f(x)$ 的导数一般可分为以下三个步骤：

（1）求增量：$\Delta y = f(x+\Delta x) - f(x)$；

（2）作比值：$\dfrac{\Delta y}{\Delta x} = \dfrac{f(x+\Delta x) - f(x)}{\Delta x}$；

（3）取极限：$y' = f'(x) = \lim\limits_{\Delta x \to 0} \dfrac{\Delta y}{\Delta x} = \lim\limits_{\Delta x \to 0} \dfrac{f(x+\Delta x) - f(x)}{\Delta x}$.

例 7 求函数 $f(x) = x^n$（x 为正整数）的导数.

解：$f'(x) = \lim\limits_{\Delta x \to 0} \dfrac{f(x+\Delta x) - f(x)}{\Delta x} = \lim\limits_{\Delta x \to 0} \dfrac{(x+\Delta x)^n - x^n}{\Delta x}$

$= \lim\limits_{\Delta x \to 0} \left[nx^{n-1} + \dfrac{n(n-1)}{2!} x^{n-2} \Delta x + \cdots + (\Delta x)^{n-1} \right]$

$= nx^{n-1}$，

即 $(x^n)' = nx^{n-1}$.

一般地，$(x^\alpha)' = \alpha x^{\alpha-1}$（$\alpha \in R$）. 由此可得：

$$x' = 1, \quad \left(\frac{1}{x}\right)' = (x^{-1})' = -\frac{1}{x^2}, \quad (\sqrt{x})' = (x^{\frac{1}{2}})' = \frac{1}{2\sqrt{x}}.$$

例 8 求函数 $f(x) = \sin x$ 的导数.

解：$f'(x) = \lim\limits_{\Delta x \to 0} \dfrac{f(x+\Delta x) - f(x)}{\Delta x} = \lim\limits_{\Delta x \to 0} \dfrac{\sin(x+\Delta x) - \sin x}{\Delta x}$

$= \lim\limits_{\Delta x \to 0} \dfrac{2\cos\left(x+\dfrac{\Delta x}{2}\right) \sin \dfrac{\Delta x}{2}}{\Delta x} = \lim\limits_{\Delta x \to 0} \dfrac{\sin \dfrac{\Delta x}{2}}{\dfrac{\Delta x}{2}} \cdot \lim\limits_{\Delta x \to 0} \cos\left(x+\dfrac{\Delta x}{2}\right) = \cos x.$

即 $(\sin x)' = \cos x$. 类似可得：$(\cos x)' = -\sin x$.

例 9 求函数 $f(x) = a^x$（$a > 0$，$a \neq 1$）的导数.

解： $f'(x) = \lim\limits_{\Delta x \to 0} \dfrac{f(x+\Delta x) - f(x)}{\Delta x} = \lim\limits_{\Delta x \to 0} \dfrac{a^{x+\Delta x} - a^x}{\Delta x} = \lim\limits_{\Delta x \to 0} a^x \dfrac{a^{\Delta x} - 1}{\Delta x}$

$= a^x \lim\limits_{\Delta x \to 0} \dfrac{\mathrm{e}^{\Delta x \ln a} - 1}{\Delta x} = a^x \lim\limits_{\Delta x \to 0} \dfrac{\Delta x \ln a}{\Delta x} = a^x \ln a$

即 $(a^x)' = a^x \ln a$，当 $a = \mathrm{e}$ 时，$(\mathrm{e}^x)' = \mathrm{e}^x$.

例 10 求函数 $f(x) = \log_a x$（$a > 0$，$a \neq 1$，$x > 0$）的导数.

解： $f'(x) = \lim\limits_{\Delta x \to 0} \dfrac{f(x+\Delta x) - f(x)}{\Delta x} = \lim\limits_{\Delta x \to 0} \dfrac{\log_a(x+\Delta x) - \log_a x}{\Delta x}$

$= \lim\limits_{\Delta x \to 0} \dfrac{\log_a\left(1 + \dfrac{\Delta x}{x}\right)}{\Delta x} = \lim\limits_{\Delta x \to 0} \log_a\left(1 + \dfrac{\Delta x}{x}\right)^{\frac{1}{\Delta x}} = \lim\limits_{\Delta x \to 0} \log_a\left[\left(1 + \dfrac{\Delta x}{x}\right)^{\frac{x}{\Delta x}}\right]^{\frac{1}{x}}$

$= \log_a \lim\limits_{\Delta x \to 0} \left[\left(1 + \dfrac{\Delta x}{x}\right)^{\frac{x}{\Delta x}}\right]^{\frac{1}{x}} = \log_a \mathrm{e}^{\frac{1}{x}} = \dfrac{1}{x} \log_a \mathrm{e} = \dfrac{1}{x \ln a}$.

即 $(\log_a x)' = \dfrac{1}{x \ln a}$，当 $a = \mathrm{e}$ 时，$(\ln x)' = \dfrac{1}{x}$.

五、导数的几何意义

根据前面的讨论可知，函数 $y = f(x)$ 在点 x_0 处的导数 $f'(x_0)$，就是曲线 $y = f(x)$ 在点 $M_0(x_0, y_0)$ 处切线的斜率 k，即

$$k = f'(x_0)$$

这就是导数的几何意义.

于是可得曲线 $y = f(x)$ 在点 $M_0(x_0, y_0)$ 处的切线方程为

$$y - y_0 = f'(x_0)(x - x_0)$$

法线方程为

$$y - y_0 = -\dfrac{1}{f'(x_0)}(x - x_0) \quad [f'(x_0) \neq 0].$$

例 11 求曲线 $y = x^3$ 在点 $P(1, 1)$ 处的切线方程和法线方程.

解： 因为 $y' = 3x^2$，所以曲线 $y = x^3$ 在点 $P(1, 1)$ 处切线的斜率为 $k = y'(1) = 3$，故可得切线方程为 $y - 1 = 3(x - 1)$，即 $y - 3x + 2 = 0$.

法线方程为 $y - 1 = -\dfrac{1}{3}(x - 1)$，即 $3y + x - 4 = 0$.

六、可导与连续的关系

定理 2 若函数 $y = f(x)$ 在点 x_0 处可导，则函数 $y = f(x)$ 在点 x_0 处必连续.

注： 若函数在某点处不连续，则函数在该点处必不可导.

例 12 试讨论函数 $f(x) = \sqrt[3]{x}$ 在点 $x = 0$ 处的连续性与可导性.

解： 因为 $f(0)=0$，且 $\lim\limits_{x\to 0}f(x)=\lim\limits_{x\to 0}\sqrt[3]{x}=0$，所以函数 $f(x)$ 在点 $x=0$ 处连续，又因为 $\lim\limits_{\Delta x\to 0}\dfrac{f(0+\Delta x)-f(0)}{\Delta x}=\lim\limits_{\Delta x\to 0}\dfrac{\sqrt[3]{\Delta x}}{\Delta x}=\lim\limits_{\Delta x\to 0}\dfrac{1}{\sqrt[3]{(\Delta x)^2}}$ 不存在，所以函数 $f(x)$ 在点 $x=0$ 处不可导.

习题 2-2-1

1. 设一作直线运动的物体的运动方程为 $s=t^2+2t+3$，求：
   (1) 物体在 3 秒到 $3+\Delta t$ 秒这段时间内的平均速度；
   (2) 物体在 3 秒时的瞬时速度；
   (3) 物体在 t 秒到 $t+\Delta t$ 秒这段时间内的平均速度；
   (4) 物体在 t 秒时的瞬时速度.
2. 设 $f(x)$ 在 x_0 处可导，且 $f'(x_0)=2$，求：
   (1) $\lim\limits_{\Delta x\to 0}\dfrac{f(x_0-\Delta x)-f(x_0)}{\Delta x}$；　　(2) $\lim\limits_{h\to 0}\dfrac{f(x_0+h)-f(x_0-h)}{h}$.
3. 用导数的定义求函数 $y=\mathrm{e}^{2x}$ 的导数.
4. 证明函数 $f(x)=|x|$ 在点 $x=0$ 处连续但不可导.
5. 求曲线 $y=x^3+x^2$ 上与直线 $y=5x$ 平行的切线方程.

任务二　求导法则

求函数的变化率——导数，是理论研究和实践应用中经常遇到的一个普遍问题，但根据定义求导往往比较麻烦，有时甚至不可行. 下面介绍一些常用的求导法则，借助于这些法则和基本初等函数的导数公式，就能较方便地求出函数的导数.

一、和、差、积、商的求导法则

定理 1　若函数 $u=u(x)$ 和 $v=v(x)$ 在点 x 处均可导，则它们的和、差、积、商（分母不为零）在 x 处也可导，且

(1) $(u\pm v)'=u'\pm v'$；

(2) $(uv)'=u'v+uv'$；

(3) $\left(\dfrac{v}{u}\right)'=\dfrac{v'u-vu'}{u^2}$　　$(u\neq 0)$.

注： 法则（1）（2）可推广到有限多个函数运算的情形. 例如，设函数 $u=u(x)$，$v=v(x)$，$w=w(x)$ 均可导，则

$$(u+v+w)'=u'+v'+w';$$
$$(uvw)'=u'vw+uv'w+uvw'$$

在法则（2）中若令 $v(x)=c$（c 为常数），则有 $(cu)'=cu'$；

在法则（3）中若令 $v(x)=c$（c 为常数），则有 $\left(\dfrac{c}{u}\right)'=-c\dfrac{u'}{u^2}$.

例 1 设 $f(x)=2x^4-\sin x+3\mathrm{e}^x-\ln x+1$，求 $f'(x)$，$f'(1)$.

解： $f'(x)=(2x^4-\sin x+3\mathrm{e}^x-\ln x+1)'$
$=(2x^4)'-(\sin x)'+(3\mathrm{e}^x)'-(\ln x)'+1'$
$=8x^3-\cos x+3\mathrm{e}^x-\dfrac{1}{x}$

所以 $f'(1)=8-\cos 1+3\mathrm{e}-1=7-\cos 1+3\mathrm{e}$.

例 2 设 $y=\sqrt{x}\ln x$，求 y'.

解： $y'=(\sqrt{x}\ln x)'=(\sqrt{x})'\ln x+\sqrt{x}(\ln x)'=\dfrac{1}{2\sqrt{x}}\ln x+\sqrt{x}\cdot\dfrac{1}{x}=\dfrac{\ln x+2}{2\sqrt{x}}$.

例 3 设 $y=\dfrac{x^2+1}{x^2-1}$，求 $\dfrac{\mathrm{d}y}{\mathrm{d}x}$.

解： $\dfrac{\mathrm{d}y}{\mathrm{d}x}=\left(\dfrac{x^2+1}{x^2-1}\right)'=\dfrac{(x^2+1)'(x^2-1)-(x^2+1)(x^2-1)'}{(x^2-1)^2}$
$=\dfrac{2x(x^2-1)-2x(x^2+1)}{(x^2-1)^2}=\dfrac{-4x}{(x^2-1)^2}$.

例 4 设 $y=\tan x$，求 y'.

解： $y'=(\tan x)'=\left(\dfrac{\sin x}{\cos x}\right)'=\dfrac{(\sin x)'(\cos x)-(\sin x)(\cos x)'}{\cos^2 x}$
$=\dfrac{\cos^2 x+\sin^2 x}{\cos^2 x}=\dfrac{1}{\cos^2 x}=\sec^2 x$，

即 $(\tan x)'=\sec^2 x$. 类似可得 $(\cot x)'=-\csc^2 x$.

例 5 设 $y=\sec x$，求 y'.

解： $y'=(\sec x)'=\left(\dfrac{1}{\cos x}\right)'=-\dfrac{(\cos x)'}{\cos^2 x}=\dfrac{\sin x}{\cos^2 x}=\tan x\sec x$，

即 $(\sec x)'=\sec x\tan x$. 类似可得 $(\csc x)'=-\csc x\cot x$.

二、反函数求导法则

定理 2 反函数的导数等于原来函数导数的倒数，即

$$f'(x)=\dfrac{1}{\varphi'(y)} \quad \text{或} \quad \dfrac{\mathrm{d}y}{\mathrm{d}x}=\dfrac{1}{\dfrac{\mathrm{d}x}{\mathrm{d}y}}$$

其中 $y=f(x)$ 是 $x=\varphi(y)$ 的反函数，且 $\varphi'(y)\neq 0$.

例 6 求反正弦函数 $y=\arcsin x$ 的导数.

解： 因为反正弦函数 $y=\arcsin x$ 是正弦函数 $x=\sin y$ 的反函数，由反函数求导法则得

$$(\arcsin x)' = \frac{1}{(\sin y)'} = \frac{1}{\cos y} = \frac{1}{\sqrt{1-\sin^2 y}} = \frac{1}{\sqrt{1-x^2}}$$

即 $(\arcsin x)' = \dfrac{1}{\sqrt{1-x^2}}$. 同理可得

$$(\arccos x)' = \frac{-1}{\sqrt{1-x^2}}, \quad (\arctan x)' = \frac{1}{1+x^2}, \quad (\operatorname{arccot} x)' = -\frac{1}{1+x^2}.$$

基本初等函数的导数公式在求导运算中起着重要作用，必须熟练掌握，为方便读者记忆，现归纳如下：

(1) $c' = 0$
(2) $(x^\alpha)' = \alpha x^{\alpha-1}$ ($\alpha \in R$)
(3) $(a^x)' = a^x \ln a$
(4) $(e^x)' = e^x$
(5) $(\log_a x)' = \dfrac{1}{x \ln a}$
(6) $(\ln x)' = \dfrac{1}{x}$
(7) $(\sin x)' = \cos x$
(8) $(\cos x)' = -\sin x$
(9) $(\tan x)' = \sec^2 x$
(10) $(\cot x)' = -\csc^2 x$
(11) $(\sec x)' = \sec x \tan x$
(12) $(\csc x)' = -\csc x \cot x$
(13) $(\arcsin x)' = \dfrac{1}{\sqrt{1-x^2}}$
(14) $(\arccos x)' = -\dfrac{1}{\sqrt{1-x^2}}$
(15) $(\arctan x)' = \dfrac{1}{1+x^2}$
(16) $(\operatorname{arccot} x)' = -\dfrac{1}{1+x^2}$

三、复合函数求导法则

定理 3 设函数 $u=\varphi(x)$ 在点 x 处可导，函数 $y=f(u)$ 在对应的点 u 处可导，则复合函数 $y=f[\varphi(x)]$ 在点 x 处也可导，且

$$\frac{dy}{dx} = \frac{dy}{du} \cdot \frac{du}{dx} \quad \text{或} \quad y' = y'_u \cdot u'_x \quad \text{或} \quad \frac{dy}{dx} = f'[\varphi(x)] \cdot \varphi'(x).$$

注： (1) 复合函数求导法则可叙述为：复合函数的导数等于函数对中间变量的导数乘以中间变量对自变量的导数；

(2) 复合函数求导法则可推广到有限次复合的情形. 例如，设 $y=f(u)$，$u=\varphi(v)$，$v=\psi(x)$ 均可导，则复合函数 $y=f\{\varphi[\psi(x)]\}$ 对 x 的导数为

$$\frac{dy}{dx} = \frac{dy}{du} \cdot \frac{du}{dv} \cdot \frac{dv}{dx}.$$

(3) 符号 $(f[\varphi(x)])'$ 表示函数 $y=f[\varphi(x)]$ 对自变量 x 的导数，而符号 $f'[\varphi(x)]$ 则表示函数 $y=f[\varphi(x)]$ 对中间变量 $u=\varphi(x)$ 的导数.

例 7 求函数 $y=\ln \sin x$ 的导数.

解： 函数 $y=\ln \sin x$ 可看成是由 $y=\ln u$，$u=\sin x$ 复合而成，所以

$$y' = y'_u \cdot u'_x = (\ln u)'_u \cdot (\sin x)'_x = \frac{1}{u} \cdot \cos x = \frac{\cos x}{\sin x} = \cot x.$$

例8 求函数 $y = e^{\tan\sqrt{x}}$ 的导数.

解： 函数 $y = e^{\tan\sqrt{x}}$ 可看成是由 $y = e^u$，$u = \tan v$，$v = \sqrt{x}$ 复合而成，所以

$$\frac{dy}{dx} = \frac{dy}{du} \cdot \frac{du}{dv} \cdot \frac{dv}{dx} = (e^u)'_u \cdot (\tan v)'_v \cdot (\sqrt{x})'_x$$

$$= e^u \cdot \sec^2 v \cdot \frac{1}{2\sqrt{x}} = \frac{1}{2\sqrt{x}} e^{\tan\sqrt{x}} \sec^2\sqrt{x}.$$

掌握熟练后，中间变量可省略不写，只把中间变量看在眼里，记在心上，直接把对中间变量的导数结果写出来，再乘以中间变量对自变量的导数即可.

比如，例 7 可写成

$$y' = (\ln\sin x)' = \frac{1}{\sin x} \cdot (\sin x)' = \frac{\cos x}{\sin x} = \cot x.$$

例9 求函数 $y = \tan\dfrac{1}{x}$ 的导数.

解： $y' = \left(\tan\dfrac{1}{x}\right)' = \sec^2\dfrac{1}{x} \cdot \left(\dfrac{1}{x}\right)' = -\dfrac{1}{x^2}\sec^2\dfrac{1}{x}.$

例10 求函数 $y = \dfrac{x}{\sqrt{1-x^2}}$ 的导数.

解： 先用商的求导法则，遇到复合函数时，再用复合函数求导法则.

$$y' = \left(\frac{x}{\sqrt{1-x^2}}\right)' = \frac{x'\sqrt{1-x^2} - x(\sqrt{1-x^2})'}{(\sqrt{1-x^2})^2}$$

$$= \frac{\sqrt{1-x^2} - x \cdot \dfrac{1}{2\sqrt{1-x^2}} \cdot (-2x)}{1-x^2} = \frac{1}{(1-x^2)\sqrt{1-x^2}}.$$

例11 求函数 $y = \ln(x + \sqrt{1+x^2})$ 的导数.

解： 先用复合函数求导法则，再用加法求导公式，然后又会遇到复合函数的求导.

$$y' = [\ln(x+\sqrt{1+x^2})]' = \frac{1}{x+\sqrt{1+x^2}} \cdot (x+\sqrt{1+x^2})'$$

$$= \frac{1}{x+\sqrt{1+x^2}} \cdot \left(1 + \frac{2x}{2\sqrt{1+x^2}}\right) = \frac{1}{\sqrt{1+x^2}}.$$

例12 求函数 $y = \ln\dfrac{\sqrt{x^2+1}}{\sqrt[3]{1-x}}$ $(x<1)$ 的导数.

解： 因为 $y = \dfrac{1}{2}\ln(x^2+1) - \dfrac{1}{3}\ln(1-x)$，所以

$$y' = \frac{1}{2} \cdot \frac{1}{x^2+1} \cdot (x^2+1)' - \frac{1}{3} \cdot \frac{1}{1-x} \cdot (1-x)'$$

$$= \frac{1}{2} \cdot \frac{1}{x^2+1} \cdot 2x - \frac{1}{3} \cdot \frac{1}{1-x} \cdot (-1) = \frac{x}{x^2+1} + \frac{1}{3(1-x)}.$$

例 13 求函数 $y = x^x$ 的导数.

解： 形如 $y = f(x)^{g(x)}$ 的函数称为幂指函数，不能直接利用幂函数或指数函数的求导公式. 我们可将其变形为复合函数，然后运用复合函数求导法则求其导数.

因为 $y = x^x = e^{\ln x^x} = e^{x\ln x}$，所以

$$y' = (x^x)' = (e^{x\ln x})' = e^{x\ln x}(x\ln x)' = x^x(\ln x + 1).$$

四、隐函数求导法则

所谓隐函数，是指它的因变量与自变量的对应规则是用一个二元方程 $F(x,y) = 0$ 来表示的函数，例如：$x^2+y^2=4$，$2x-3y+5=0$，$x+2y=e^{xy}$ 等. 有的隐函数可以化为显函数，从而求得导数. 而有的隐函数则不易或无法化为显函数，那么对于隐函数我们如何来求它们的导数呢？在实际问题中，求隐函数的导数并不需要先将隐函数化为显函数，而是将方程 $F(x,y) = 0$ 两边同时对 x 求导，遇到 y 时，将其看成 x 的函数，利用复合函数求导法则求导，最后从等式中解出 y' 即可.

例 14 设方程 $e^{xy} - x = y$ 确定函数 $y = f(x)$，求 y'.

解： 方程两边同时对 x 求导，得

$$(e^{xy})' - x' = y'$$
$$e^{xy}(xy)' - 1 = y'$$
$$e^{xy}(y + xy') - 1 = y'$$

整理，得

$$(xe^{xy} - 1)y' = 1 - ye^{xy}$$

解出 y'，得

$$y' = \frac{1 - ye^{xy}}{xe^{xy} - 1}.$$

五、参数方程求导法则

一般地，若方程 $\begin{cases} x = \varphi(t) \\ y = f(t) \end{cases}$，$t \in I$（$t$ 为参数）. 确定了 y 是 x 的函数，（当然也可以说确定了 x 是 y 的函数），则称该方程为参数方程. 下面来求其导数 $\dfrac{dy}{dx}$.

一般地，设函数 $x = \varphi(t)$ 具有连续的反函数 $t = \varphi^{-1}(x)$，则变量 y 与 x 构成复合函数 $y = f[\varphi^{-1}(x)]$，假设函数 $y = f(t)$ 与 $x = \varphi(t)$ 均可导，且 $\varphi'(t) \neq 0$，则由复合函数与反函数的求导法则得

$$\frac{dy}{dx} = \frac{dy}{dt} \cdot \frac{dt}{dx} = \frac{dy/dt}{dx/dt} = \frac{f'(t)}{\varphi'(t)}.$$

例 15 设参数方程 $\begin{cases} x = 3t+1 \\ y = t^2 \end{cases}$，求 $\dfrac{dy}{dx}$．

解： 由参数方程求导法则得

$$\frac{dy}{dx} = \frac{(t^2)'}{(3t+1)'} = \frac{2t}{3}.$$

六、高阶导数

由前所述，速度 $v(t)$ 是路程 $s = s(t)$ 对时间 t 的导数，即

$$v(t) = s'(t) \quad \text{或} \quad v(t) = \frac{ds}{dt}.$$

加速度 $a(t)$ 又是速度 $v(t)$ 对时间 t 的导数，即

$$a(t) = v'(t) \quad \text{或} \quad a(t) = \frac{dv}{dt}.$$

于是加速度 $a(t)$ 就是路程 $s = s(t)$ 对时间 t 的导数的导数，称为 s 对 t 的二阶导数，即

$$a(t) = s''(t) \quad \text{或} \quad a(t) = \frac{d^2 s}{dt^2}.$$

类似地，二阶导数 $f''(x)$ 的导数称为 $f(x)$ 的三阶导数，记作

$$f'''(x) \quad \text{或} \quad y''' \quad \text{或} \quad \frac{d^3 y}{dx^3}.$$

一般地，函数 $f(x)$ 的 $n-1$ 阶导数的导数，称为 $f(x)$ 的 n 阶导数，记作

$$f^{(n)}(x) \quad \text{或} \quad y^{(n)} \quad \text{或} \quad \frac{d^n y}{dx^n}.$$

注： 二阶及以上的导数统称为高阶导数．相应地，导数 $f'(x)$ 称为 $f(x)$ 的一阶导数．

显然，求高阶导数并不需要什么新的求导方法，只要遵循前面介绍的求导公式、求导法则逐阶求导，直到所求的阶数即可．

例 16 设函数 $y = \dfrac{1}{x+1}$，求 $y^{(n)}$．

解： $y' = \left(\dfrac{1}{1+x}\right)' = -\dfrac{1}{(1+x)^2}$，$y'' = -\left[\dfrac{1}{(1+x)^2}\right]' = \dfrac{2}{(1+x)^3}$，

$y''' = \left[\dfrac{2}{(1+x)^3}\right]' = -\dfrac{3 \cdot 2}{(x+1)^4}$，$y^{(4)} = -\left[\dfrac{3 \cdot 2}{(x+1)^2}\right]' = \dfrac{4 \cdot 3 \cdot 2}{(x+1)^5}$，

……

以此类推，可得 $y^{(n)} = \dfrac{(-1)^n n!}{(x+1)^{n+1}}$．

一般地，常见简单函数的 n 阶导数归纳如下：

$(x^n)^{(n)} = n!$，$(e^{ax})^{(n)} = a^n e^{ax}$，$\left(\dfrac{1}{ax+b}\right)^{(n)} = \dfrac{(-1)^n n! \, a^n}{(ax+b)^{n+1}}$，

$$[\ln(x+1)]^{(n)}=\frac{(-1)^{n-1}(n-1)!}{(x+1)^n}, \quad (\sin x)^{(n)}=\sin\left(x+\frac{\pi}{2}\cdot n\right),$$

$$(\cos x)^{(n)}=\cos\left(x+\frac{\pi}{2}\cdot n\right).$$

习题 2-2-2

习题答案

1. 求下列函数的导数.

    (1) $y=e^x+x^e+e^e+\ln 3$;
    (2) $y=(\sqrt{x}+2)\left(\dfrac{1}{\sqrt{x}}-3\right)$;
    (3) $y=x^2\ln x$;
    (4) $y=e^x\cos x$;
    (5) $y=\dfrac{e^x}{x^2}$;
    (6) $y=\dfrac{x\sin x}{1+\tan x}$;
    (7) $y=\ln\dfrac{a+x}{a-x}$;
    (8) $y=x(1-\cos x)\ln x$.

2. 用反函数求导法则求反正切函数 $y=\arctan x$ 的导数.

3. 求下列函数的导数或导数值.

    (1) $y=e^{\sin 2x}$, 求 y';
    (2) $y=\ln(x+e^{-2x})$, 求 y';
    (3) $y=\arctan\dfrac{2x}{1-x^2}$, 求 $y'|_{x=0}$;
    (4) $y=e^{-3x}\cdot\sin(2x+1)$, 求 y';
    (5) $y=\dfrac{\sin^2 x}{\sin x^2}$, 求 $\dfrac{dy}{dx}$;
    (6) $y=\sin^2\left(\dfrac{1-\ln x}{x}\right)$, 求 $\dfrac{dy}{dx}$;
    (7) $y=x\sqrt{1+x^2}+\arctan\dfrac{1}{x}$, 求 $\dfrac{dy}{dx}$;
    (8) $y=x\arcsin x+\sqrt{1-x^2}$, 求 $\dfrac{dy}{dx}\bigg|_{x=1}$.

4. 求下列隐函数的导数.

    (1) $y\sin x-\cos(x-y)=0$;

    (2) $e^{xy}-x^2=y^3$;

    (3) 已知方程 $xy^2+e^{x+y}-2=0$ 确定了 y 是 x 的函数, 求 $\dfrac{dy}{dx}\bigg|_{\substack{x=1\\y=-1}}$;

    (4) 求圆 $x^2+y^2=9$ 在点 $P(1, 2\sqrt{2})$ 处的切线方程.

5. 求下列参数方程的导数.

    (1) 已知参数方程 $\begin{cases}x=t^2+2t\\y=\ln(t+1)\end{cases}$, 试求: $\dfrac{dy}{dx}$, $\dfrac{d^2y}{dx^2}$.

    (2) 设参数方程 $\begin{cases}x=1+e^t\\y=t-e^t\end{cases}$, 试求: $\dfrac{dy}{dx}$, $\dfrac{d^2y}{dx^2}$.

6. 求下列函数的导数.

    (1) $y=x^{\tan x}$;   (2) $y=\dfrac{\sqrt[3]{(x+1)^2}}{(x-1)^2(x+2)}$.

任务三　函数的微分

在许多问题中，常需要计算当自变量产生一个很小的改变量 Δx 时，相应的函数的改变量 $\Delta y = f(x+\Delta x) - f(x)$ 是多少？当函数 $f(x)$ 比较复杂时，差值 $f(x+\Delta x) - f(x)$ 就将是一个更加复杂的表达式，不易求出其值。这就引发了人们考虑能否借助导数 y' 将 Δy 近似表示成 Δx 的线性函数，即线性化，从而将复杂的计算简单化。微分就是实现这种近似表达的数学模型。本任务将主要介绍微分的概念、几何意义、运算即在近似计算中的应用。

一、微分的概念

先考察一个具体的问题。设有一个边长为 x_0 的正方形金属薄片，如图 2-2-7 所示，受温度变化的影响，其边长改变了 Δx，问：其面积改变了多少？

由正方形的面积计算公式 $S = x^2$，当边长从 x_0 变化到 $x_0 + \Delta x$ 时，相应面积的增量为

$$\Delta S = (x_0 + \Delta x)^2 - x_0^2 = 2x_0 \Delta x + (\Delta x)^2$$

它由两部分组成：第一部分是 $2x_0 \Delta x$（称为 Δx 的线性函数），是 ΔS 的主要部分，即图中单线阴影部分；第二部分 $(\Delta x)^2$ 是较 Δx 的高阶无穷小，是 ΔS 的次要部分，即图中双斜线交叉部分。

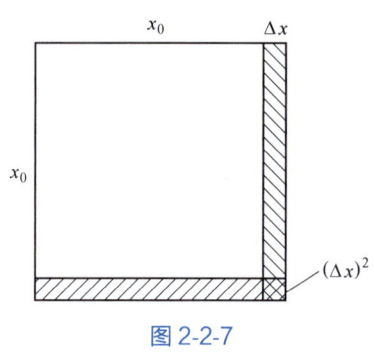

图 2-2-7

由此可见，当边长的改变量 Δx 很小（$|\Delta x| \to 0$）时，$(\Delta x)^2$ 对 ΔS 的影响也很小，可以忽略，此时面积的增量 ΔS 可以近似地用第一部分 $2x_0 \Delta x$ 来代替，即 $\Delta S \approx 2x_0 \Delta x$。又由于 $S'(x_0) = 2x_0$，所以上式可写成

$$\Delta S \approx S'(x_0) \Delta x.$$

由此我们可以给出函数微分的定义：

定义 1 若函数 $y = f(x)$ 在点 x_0 处可导，则称 $f'(x_0) \Delta x$ 为函数 $f(x)$ 在点 x_0 处的微分，即

$$dy|_{x=x_0} = f'(x_0) \Delta x.$$

一般地，函数 $f(x)$ 在点 x 处的微分叫作函数的微分，记作 dy，即

$$dy = f'(x) \Delta x \tag{2-5}$$

在式 (2-5) 中，若令 $y = f(x) = x$，则 $dy = dx$，且 $f'(x) = x' = 1$，于是 $dx = \Delta x$，即自变量的微分 dx 等于自变量的增量 Δx，所以式 (2-5) 可改写为

$$dy = f'(x) dx$$

即函数的微分等于函数的导数与自变量微分的乘积，从而有

$$\frac{dy}{dx} = f'(x)$$

由此可见，dy 与 dx 之商即函数的微分与自变量微分之商就是函数 $f(x)$ 的导数，因

此，导数也称为微商. 这也是为什么导数可以记作 $\dfrac{dy}{dx}$ 的道理.

例1 设函数 $y=\cos x$，求 dy，$dy\big|_{x=\frac{\pi}{6}}$.

解： 由微分与导数的关系可知，先求导得 $y'=-\sin x$，

于是可得微分 $dy=y'dx=-\sin x dx$，从而 $dy\big|_{x=\frac{\pi}{6}}=(-\sin x)\big|_{x=\frac{\pi}{6}}dx=-\dfrac{1}{2}dx$.

二、微分的几何意义

如图 2-2-8 所示，$PN=\Delta x=dx$，$NM=\Delta y$，$NT=PN\tan\alpha=f'(x)dx=dy$，所以，函数 $y=f(x)$ 的微分 dy 就是曲线 $y=f(x)$ 的切线上点的纵坐标的增量，而 Δy 就是曲线 $y=f(x)$ 上点的纵坐标的增量，当 $|\Delta x|$ 很小时，有 $NM\approx NT$，即 $\Delta y\approx dy$.

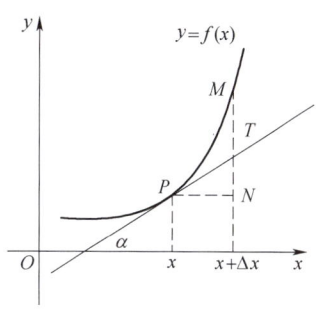

图 2-2-8

三、微分基本公式与运算法则

因为函数的微分等于函数的导数乘以自变量的微分. 所以，我们可得到基本初等函数的微分公式与微分运算法则.

1. 基本初等函数的微分公式

（1）$d(C)=0$
（2）$d(x^\alpha)=\alpha x^{\alpha-1}dx$ （$\alpha\in R$）
（3）$d(a^x)=a^x\ln a dx$
（4）$d(e^x)=e^x dx$
（5）$d(\log_a x)=\dfrac{1}{x\ln a}dx$
（6）$d(\ln x)=\dfrac{1}{x}dx$
（7）$d(\sin x)=\cos x dx$
（8）$d(\cos x)=-\sin x dx$
（9）$d(\tan x)=\sec^2 x dx$
（10）$d(\cot x)=-\csc^2 x dx$
（11）$d(\sec x)=\sec x\tan x dx$
（12）$d(\csc x)=-\csc x\cot x dx$
（13）$d(\arcsin x)=\dfrac{1}{\sqrt{1-x^2}}dx$
（14）$d(\arccos x)=-\dfrac{1}{\sqrt{1-x^2}}dx$
（15）$d(\arctan x)=\dfrac{1}{1+x^2}dx$
（16）$d(\operatorname{arccot} x)=-\dfrac{1}{1+x^2}dx$

2. 微分的四则运算法则

定理1 设函数 $u=u(x)$，$v=v(x)$ 可微，则

（1）$d(u\pm v)=du\pm dv$；
（2）$d(uv)=udv+vdu$；
（3）$d\left(\dfrac{v}{u}\right)=\dfrac{udv-vdu}{u^2}$ （$u\neq 0$）.

3. 复合函数的微分

定理2 设 $y=f(u)$，$u=\varphi(x)$ 均可微，则复合函数 $y=f[\varphi(x)]$ 也可微，且

$$dy=f'(u)\varphi'(x)dx.$$

由于 $du=\varphi'(x)dx$，所以上式可写为
$$dy=f'(u)du,$$

从形式看，它与 $y=f(x)$ 的微分形式 $dy=f'(x)dx$ 一样，这叫一阶微分形式不变性，其意义是：不管 u 是自变量还是中间变量，函数 $y=f(u)$ 的微分形式总是 $dy=f'(u)du$.

四、微分在近似计算中的应用

近似计算是科技工作中常遇到的问题，一般地，对近似公式的要求有两条：有足够好的精度和计算简便. 用微分来做近似计算常常能满足这些要求.

由上面的讨论可知，当函数 $f(x)$ 在点 x_0 处的导数 $f'(x_0)\neq 0$ 且 $|\Delta x|$ 很小时，有
$$f(x_0+\Delta x)-f(x_0)\approx f'(x_0)\Delta x,$$
令 $x=x_0+\Delta x$，即 $\Delta x=x-x_0$，上式可改写为
$$f(x)\approx f(x_0)+f'(x_0)(x-x_0).$$

例 2 计算 $\sqrt[3]{998.5}$ 的近似值.

解： 设函数 $f(x)=\sqrt[3]{x}$，取 $x_0=1\,000$，$\Delta x=-1.5$（相对 x_0 很小）.

又 $f'(x)=\dfrac{1}{3\sqrt[3]{x^2}}$，$f'(1\,000)=\dfrac{1}{3\sqrt[3]{1\,000^2}}=\dfrac{1}{300}$，代入公式 $f(x)\approx f(x_0)+f'(x_0)\Delta x$，得
$$\sqrt[3]{998.5}\approx \sqrt[3]{1\,000}+\dfrac{1}{300}\cdot(-1.5)=9.995.$$

习题答案

习题 2-2-3

1. 在下列括号中填上适当的函数，使等式成立.

   (1) $d(\quad)=xdx$； (2) $d(\quad)=e^x dx$；

   (3) $\dfrac{1}{x^2}dx=d(\quad)$； (4) $\dfrac{1}{x}dx=d(\quad)$；

   (5) $\cos x dx=d(\quad)$； (6) $\sin t dt=d(\quad)$；

   (7) $\dfrac{1}{\sqrt{x}}dx=d(\quad)$； (8) $e^{3x}dx=d(\quad)$；

   (9) $\dfrac{1}{1+x^2}dx=d(\quad)$； (10) $\dfrac{1}{\sqrt{1-x^2}}dx=d(\quad)$.

2. 求下列函数的微分.

   (1) 设 $y=2\ln x$，求 dy，$dy|_{x=1}$； (2) 设 $y=\ln\cos x$，求 dy；

   (3) 设 $y=xe^{-x^2}$，求 dy； (4) 设 $y=e^x\sin x+\dfrac{1}{x}$，求 dy.

3. 半径为 10cm 的金属圆片经加热后，半径伸长了 0.05cm，问：面积增大了多少？

4. 有一批 1 万个半径为 1cm 的钢球，为了提高钢球表面的光洁度，每个钢球要镀上厚为 0.01cm 的一层铜，设铜的密度为 $8.9\text{g}/\text{cm}^3$，试估算一下共需要多少克铜？

项目三　导数的应用

根据前面的讨论，我们已经建立了导数和微分的概念及计算方法，下面我们将以导数为工具，进一步讨论函数的一些性态，解决一些常见的求最值应用问题.

任务一　中值定理与洛必达法则

中值定理是微分学中重要的定理之一，下面在介绍中值定理的基础上，引出求极限的新方法——洛必达法则. 本任务将介绍中值定理、洛必达法则及未定式极限的计算.

一、中值定理

1. 罗尔定理

定理 1　若函数 $f(x)$ 满足：(1) 在闭区间 $[a,b]$ 上连续；(2) 在开区间 (a,b) 内可导；(3) $f(a)=f(b)$；则在区间 (a,b) 内至少存在一点 ξ，使得 $f'(\xi)=0$，如图 2-3-1 所示.

2. 拉格朗日中值定理

在罗尔定理中，$f(a)=f(b)$ 这个条件相当苛刻，从而限制了定理的应用，拉格朗日对该定理作了进一步的研究，去除了 $f(a)=f(b)$ 这个条件限制，得到了在微分学中具有重要地位的拉格朗日中值定理，如图 2-3-2 所示.

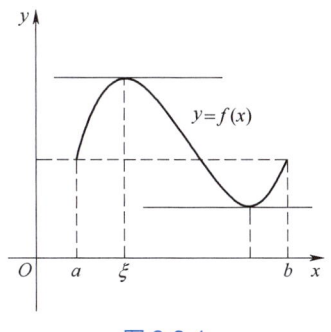

图 2-3-1

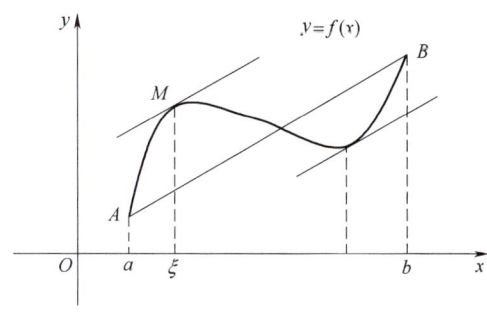

图 2-3-2

定理 2　若函数 $f(x)$ 满足：(1) 在闭区间 $[a,b]$ 上连续；(2) 在开区间 (a,b) 内可导；则在区间 (a,b) 内至少存在一点 ξ，使得

$$f'(\xi)=\frac{f(b)-f(a)}{b-a} \quad \text{或} \quad f(b)-f(a)=f'(\xi)(b-a).$$

推论 1　若在区间 (a,b) 内的每一点 x 处都有 $f'(x)=0$，则在区间 (a,b) 内恒有
$$f(x)=C.\ (C\text{ 为常数}).$$

推论 2　若在区间 (a,b) 内的每一点 x 处都有 $f'(x)=g'(x)$，则在区间 (a,b) 内有

$$f(x)=g(x)+C.\quad (C\text{ 为常数}).$$

例 1　验证拉格朗日中值定理对函数 $f(x)=\ln x$ 在区间 $[1,e]$ 上的正确性.

解：因为 $f(x)=\ln x$ 是初等函数，它在 $[1,e]$ 上是连续的，且导数 $f'(x)=\dfrac{1}{x}$ 在 $(1,e)$ 内存在，所以函数 $f(x)=\ln x$ 在 $[1,e]$ 上满足拉格朗日中值定理的两个条件. 令 $f'(x)=\dfrac{f(e)-f(1)}{e-1}$，即 $\dfrac{1}{x}=\dfrac{1}{e-1}$，得 $x=e-1$，显然 $x=e-1$ 在区间 $(1,e)$ 内，这说明 $f(x)=\ln x$ 在 $(1,e)$ 内存在一点 $\xi=e-1$，使得 $f'(\xi)=\dfrac{f(e)-f(1)}{e-1}$ 成立，因此，拉格朗日中值定理对函数 $f(x)=\ln x$ 在区间 $[1,e]$ 上是正确的.

例 2　证明 $\arctan x+\operatorname{arccot}x=\dfrac{\pi}{2}$.

证明：作辅助函数 $f(x)=\arctan x+\operatorname{arccot}x\ (x\in R)$. 因为 $f'(x)=\dfrac{1}{1+x^2}-\dfrac{1}{1+x^2}=0$，所以 $f(x)=C$（C 为常数），取 $x=1$，得 $f(1)=\arctan 1+\operatorname{arccot}1=\dfrac{\pi}{4}+\dfrac{\pi}{4}=\dfrac{\pi}{2}$，因此 $C=\dfrac{\pi}{2}$，即

$$\arctan x+\operatorname{arccot}x=\dfrac{\pi}{2}.$$

二、洛必达法则

在前面讲述无穷小量阶的比较时，已经看到两个无穷小量之比的极限可能存在，也可能不存在. 无穷大量也具有类似的情况. 通常我们称两个无穷小量或无穷大量之比的极限为未定式极限，分别记作"$\dfrac{0}{0}$"或"$\dfrac{\infty}{\infty}$".

在前面极限的运算中，我们曾计算过"$\dfrac{0}{0}$"和"$\dfrac{\infty}{\infty}$"型未定式极限. 当时计算往往需要经过适当的变形，转化为可利用极限运算法则或重要极限的形式进行计算. 这种变形没有一般的方法，需就具体问题而定，增加了求极限的难度. 下面将利用导数这一工具，给出计算未定式极限的简单而有效的方法——洛必达法则.

定理 3　若函数 $f(x)$、$g(x)$ 满足如下条件：

(1) $\lim\limits_{\substack{x\to x_0\\(x\to\infty)}}f(x)=0$（或 ∞），$\lim\limits_{\substack{x\to x_0\\(x\to\infty)}}g(x)=0$（或 ∞）；

(2) 在点 x_0 的某邻域（或 $|x|>M>0$）内可导，且 $g'(x)\ne 0$；

(3) $\lim\limits_{\substack{x\to x_0\\(x\to\infty)}}\dfrac{f'(A)}{g'(x)}=A$（或 ∞）；

则
$$\lim_{\substack{x\to x_0\\(x\to\infty)}}\frac{f(x)}{g(x)}=\lim_{\substack{x\to x_0\\(x\to\infty)}}\frac{f'(x)}{g'(x)}.$$

例 3 求极限：$\lim\limits_{x\to 0}\dfrac{1-\cos x}{x^2}$.

解： 这是 "$\dfrac{0}{0}$" 型未定式，运用洛必达法则，得
$$\lim_{x\to 0}\frac{1-\cos x}{x^2}=\lim_{x\to 0}\frac{(1-\cos x)'}{(x^2)'}=\lim_{x\to 0}\frac{\sin x}{2x}=\frac{1}{2}.$$

例 4 求极限：$\lim\limits_{x\to 1}\dfrac{x^3-3x+2}{x^3-x^2-x+1}$.

解： 这是 "$\dfrac{0}{0}$" 型未定式，连续运用两次洛必达法则，得
$$\lim_{x\to 1}\frac{x^3-3x+2}{x^3-x^2-x+1}=\lim_{x\to 1}\frac{3x^2-3}{3x^2-2x-1}=\lim_{x\to 1}\frac{6x}{6x-2}=\frac{6\times 1}{6\times 1-2}=\frac{3}{2}.$$

注意：$\lim\limits_{x\to 1}\dfrac{6x}{6x-2}=\lim\limits_{x\to 1}\dfrac{(6x)'}{(6x-2)'}=\lim\limits_{x\to 1}\dfrac{6}{6}=1$ 是错误的，因为 $\lim\limits_{x\to 1}\dfrac{6x}{6x-2}$ 已不再满足洛必达法则的条件了，不能再继续使用洛必达法则.

例 5 求极限：$\lim\limits_{x\to 0}\dfrac{x-\sin x}{x^3}$.

解： $\lim\limits_{x\to 0}\dfrac{x-\sin x}{x^3}=\lim\limits_{x\to 0}\dfrac{1-\cos x}{3x^2}=\lim\limits_{x\to 0}\dfrac{\sin x}{6x}=\dfrac{1}{6}.$

例 6 求极限：$\lim\limits_{x\to 0}\dfrac{e^{-x}+x-1}{x^2}$.

解： $\lim\limits_{x\to 0}\dfrac{e^{-x}+x-1}{x^2}=\lim\limits_{x\to 0}\dfrac{-e^{-x}+1}{2x}=\lim\limits_{x\to 0}\dfrac{e^{-x}}{2}=\dfrac{1}{2}.$

例 7 求极限：$\lim\limits_{x\to+\infty}\dfrac{\ln(x+1)}{x^2}$.

解： 这是 "$\dfrac{\infty}{\infty}$" 型未定式，运用洛必达法则，得
$$\lim_{x\to+\infty}\frac{\ln(x+1)}{x^2}=\lim_{x\to+\infty}\frac{\dfrac{1}{x+1}}{2x}=\lim_{x\to+\infty}\frac{1}{2x(x+1)}=0.$$

例 8 求极限：$\lim\limits_{x\to+\infty}\dfrac{x^n}{e^x}$（$n$ 为正整数）.

解： $\lim\limits_{x\to+\infty}\dfrac{x^n}{e^x}=\lim\limits_{x\to+\infty}\dfrac{nx^{n-1}}{e^x}=\lim\limits_{x\to+\infty}\dfrac{n(n-1)x^{n-2}}{e^x}=\cdots=\lim\limits_{x\to+\infty}\dfrac{n!}{e^x}=0.$

三、其他类型未定式极限的计算

未定式极限除"$\dfrac{0}{0}$"型和"$\dfrac{\infty}{\infty}$"型外，还有"$0\cdot\infty$"型，"$\infty-\infty$"型，"0^0"型，"1^∞"型，"∞^0"型等，处理这些类型未定式的方法是设法将其变形后化成"$\dfrac{0}{0}$"型或"$\dfrac{\infty}{\infty}$"型未定式，再运用洛必达法则.

例 9 求极限：$\lim\limits_{x\to 0^+}x\ln x.$

解： 这是"$0\cdot\infty$"型未定式，先将其转化成"$\dfrac{\infty}{\infty}$"型未定式，再运用洛必达法则，得

$$\lim_{x\to 0^+}x\ln x=\lim_{x\to 0^+}\dfrac{\ln x}{\dfrac{1}{x}}=\lim_{x\to 0^+}\dfrac{\dfrac{1}{x}}{-\dfrac{1}{x^2}}=-\lim_{x\to 0^+}x=0.$$

例 10 求极限：$\lim\limits_{x\to 0}\left(\dfrac{1}{x}-\dfrac{1}{e^x-1}\right).$

解： 这是"$\infty-\infty$"型未定式，先通分将其化成"$\dfrac{0}{0}$"型未定式，再运用洛必达法则，得

$$\lim_{x\to 0}\left(\dfrac{1}{x}-\dfrac{1}{e^x-1}\right)=\lim_{x\to 0}\dfrac{e^x-1-x}{x(e^x-1)}=\lim_{x\to 0}\dfrac{e^x-1}{e^x-1+xe^x}$$
$$=\lim_{x\to 0}\dfrac{e^x}{e^x+e^x+xe^x}=\lim_{x\to 0}\dfrac{1}{2+x}=\dfrac{1}{2}.$$

注：（1）洛必达法则仅对"$\dfrac{0}{0}$"型或"$\dfrac{0}{0}$"型未定式可直接使用，因此在使用时，应养成检查极限是否是"$\dfrac{0}{0}$"型或"$\dfrac{0}{0}$"型未定式的习惯.

（2）洛必达法则是充分条件，但非必要条件，当 $\lim\dfrac{f'(x)}{g'(x)}$ 不存在时，并不能确定 $\lim\dfrac{f(x)}{g(x)}$ 也不存在，这种情况下称洛必达法则失效，应当寻找其他解法.

例 11 求极限：$\lim\limits_{x\to\infty}\dfrac{x+\sin x}{x-\sin x}.$

解： $\lim\limits_{x\to\infty}\dfrac{x+\sin x}{x-\sin x}=\lim\limits_{x\to\infty}\dfrac{1+\cos x}{1-\cos x}$，因为极限 $\lim\limits_{x\to\infty}\dfrac{1+\cos x}{1-\cos x}$ 不存在，所以洛必达法则失效，

可用下面方法求解：

$$\lim_{x\to\infty}\frac{x+\sin x}{x-\sin x}=\lim_{x\to\infty}\frac{1+\dfrac{\sin x}{x}}{1-\dfrac{\sin x}{x}}=\frac{1+0}{1-0}=1.$$

洛必达法则虽然是求未定式极限的一种有效方法，但若能与其他求极限的方法（例如等价无穷小替换等）结合使用，效果会更好．

例 12 求极限：$\lim\limits_{x\to 0}\dfrac{e^{-x}+x-1}{(e^x-1)\ln(1+3x)}$．

解： 当 $x\to 0$ 时，$e^x-1\sim x$，$\ln(1+3x)\sim 3x$，所以

$$\lim_{x\to 0}\frac{e^{-x}+x-1}{(e^x-1)\ln(1+3x)}=\lim_{x\to 0}\frac{e^{-x}+x-1}{3x^2}=\lim_{x\to 0}\frac{-e^{-x}+1}{6x}=\lim_{x\to 0}\frac{e^{-x}}{6}=\frac{1}{6}.$$

例 13 求极限：$\lim\limits_{x\to 0^+}x^{\tan x}$．

解： 这是"0^0"型未定式，先变形得

$$\lim_{x\to 0^+}x^{\tan x}=\lim_{x\to 0^+}e^{\tan x\ln x}=e^{\lim\limits_{x\to 0^+}\tan x\ln x}$$

因为 $\lim\limits_{x\to 0^+}\tan x\ln x=\lim\limits_{x\to 0^+}\dfrac{\ln x}{\cot x}=\lim\limits_{x\to 0^+}\dfrac{\dfrac{1}{x}}{-\csc^2 x}=-\lim\limits_{x\to 0^+}\dfrac{\sin^2 x}{x}=-\lim\limits_{x\to 0^+}\dfrac{x^2}{x}=0$，所以 $\lim\limits_{x\to 0^+}x^{\tan x}=e^0=1$．

习题 2-3-1

习题答案

1. 验证函数 $f(x)=x^3-4x$ 在区间 $[0,2]$ 上满足罗尔定理，并求 ξ．

2. 求下列极限．

(1) $\lim\limits_{x\to 1}\dfrac{2x^3-4x+2}{2x^3-x^2-x}$；　　(2) $\lim\limits_{x\to a}\dfrac{\sin x-\sin a}{x-a}$；　　(3) $\lim\limits_{x\to 0}\dfrac{e^x-e^{-x}}{\tan x}$；

(4) $\lim\limits_{x\to 0}\dfrac{x-\tan x}{x^3}$；　　(5) $\lim\limits_{x\to 0}\dfrac{\tan x-x}{x-\sin x}$；　　(6) $\lim\limits_{x\to 0}\dfrac{e^x-x-1}{x^2}$；

(7) $\lim\limits_{x\to 0}\dfrac{e^x-1}{x-x^2}$；　　(8) $\lim\limits_{x\to 0}\dfrac{e^x-\cos x}{\sin x}$；　　(9) $\lim\limits_{x\to 0}\dfrac{e^x-e^{-x}-2x}{\sin x(1-\cos x)}$；

(10) $\lim\limits_{x\to 0}\dfrac{e^{x^2}-1-x^2}{\sin^4 2x}$；　　(11) $\lim\limits_{x\to\infty}\dfrac{x^2+3x-2}{x^2-x-1}$；　　(12) $\lim\limits_{x\to 0^+}\dfrac{\ln\sin x}{\ln x}$．

3. 求下列极限．

(1) $\lim\limits_{x\to\infty}x(e^{\frac{1}{x}}-1)$；　　(2) $\lim\limits_{x\to 1}(1-x)\tan\dfrac{\pi x}{2}$；　　(3) $\lim\limits_{x\to 1}\left(\dfrac{x}{x-1}-\dfrac{1}{\ln x}\right)$；

(4) $\lim\limits_{x\to+\infty}x\left(\dfrac{\pi}{2}-\arctan x\right)$；　　(5) $\lim\limits_{x\to+\infty}e^x\ln\left(1+\dfrac{1}{x}\right)$；　　(6) $\lim\limits_{x\to 0}(x+e^x)^{\frac{1}{x}}$；

(7) $\lim\limits_{x\to 0}\left(\dfrac{1}{x^2}-\dfrac{1}{\sin^2 x}\right)$;　　(8) $\lim\limits_{x\to +\infty}(x\sqrt{x^2-1}-x^2)$.

任务二　函数的单调性与极值

单调性是函数的性态之一，初等数学中常用单调性定义来研究一些函数的单调性，但这些方法技巧性强、使用范围较小．本任务将以导数为工具来进一步探讨函数的单调性与极值．

一、函数的单调性

我们已经会用初等数学的方法研究一些函数的单调性和某些简单函数的性质，但这些方法使用范围狭小，技巧性强，因而不具有一般性，下面将以导数为工具，介绍判定函数单调性的一般方法．

定理 1　设函数 $y=f(x)$ 在闭区间 $[a,b]$ 上连续，在开区间 (a,b) 内可导．

(1) 若在 (a,b) 内 $f'(x)>0$，则函数 $y=f(x)$ 在 (a,b) 内单调增加；

(2) 若在 (a,b) 内 $f'(x)<0$，则函数 $y=f(x)$ 在 (a,b) 内单调减少．

注：(1) 定理中的开区间 (a,b) 若改为闭区间 $[a,b]$ 或无限区间，结论同样成立.

(2) 若函数在其定义域的某个区间内是单调的，则称该区间为函数的单调区间.

(3) 今后我们称满足方程 $f'(x)=0$ 的点为函数 $f(x)$ 的驻点（或稳定点）．

例 1　求函数 $f(x)=x^3-3x$ 的单调区间．

解：函数 $f(x)$ 的定义域为 $(-\infty,+\infty)$，

求导 $f'(x)=3x^2-3=3(x-1)(x+1)$，

令 $f'(x)=0$，得 $x_1=-1$，$x_2=1$，于是函数 $f(x)$ 的定义域 $(-\infty,+\infty)$ 被划分成三个区间：$(-\infty,-1)$，$(-1,1)$，$(1,+\infty)$．列表讨论：

x	$(-\infty,-1)$	-1	$(-1,1)$	1	$(1,+\infty)$
$f'(x)$	+	0	−	0	+
$f(x)$	↗		↘		↗

其中箭头 "↗" "↘" 分别表示函数在指定的区间内单调增加和单调减少．

所以，函数 $f(x)$ 的单调增加区间是 $(-\infty,-1)$ 和 $(1,+\infty)$，单调减少区间是 $(-1,1)$，如图 2-3-3 所示.

从上例可得判定函数单调性的一般步骤如下：

(1) 求出函数的定义域；

(2) 求出函数的所有驻点及不可导点（若存在的话），并以这些点为分界点，将定义域划分为若干个子区间；

(3) 判定导数 $f'(x)$ 在各子区间内的符号，从而判定出 $f(x)$ 的单调性．

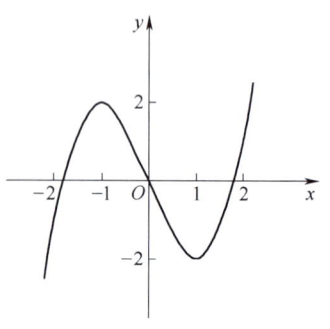

图 2-3-3

二、函数的极值

1. 函数极值的定义

由例 1 可以看出，函数 $f(x)=x^3-3x$ 图形在 $x=-1$ 处达到"峰顶"，但函数值 $f(-1)=2$ 并不是最大值，我们称之为极大值；同理，函数 $f(x)=x^3-3x$ 图形在 $x=1$ 处达到"谷底"，但函数值 $f(1)=-2$ 并也不是最小值，我们称之为极小值.

定义 1 设函数 $f(x)$ 在点 x_0 的某邻域内有定义.

（1）若对于该邻域内异于 x_0 的点 x 恒有 $f(x)<f(x_0)$ 成立，则称 $f(x_0)$ 为函数 $f(x)$ 的极大值，点 x_0 称为函数 $f(x)$ 的极大值点；

（2）若对于该邻域内异于 x_0 的点 x 恒有 $f(x)>f(x_0)$ 成立，则称 $f(x_0)$ 为函数 $f(x)$ 的极小值，点 x_0 称为函数 $f(x)$ 的极小值点.

征途漫漫，唯有奋斗

函数的极大值和极小值统称为极值，极大值点与极小值点统称为极值点.

如图 2-3-4 所示，$f(x_1)$、$f(x_4)$ 和 $f(x_6)$ 是极大值，x_1、x_4 和 x_6 是极大值点；$f(x_2)$ 和 $f(x_5)$ 是极小值，x_2 和 x_5 是极小值点，而 $f(x_3)$ 不是极值.

由极值的定义可知，极值只是函数在一个很小范围内最大的值和最小的值，是函数的局部性态，而函数的最大值和最小值则是指定区间内的整体性态. 因此，定义域内的极值有时不止一个，例如，图 2-3-4 中就有两个极小值 $f(x_2)$ 和 $f(x_5)$. 此外，函数的极大值也不一定大于极小值，例如，在图 2-3-4 中，$f(x_1)<f(x_5)$.

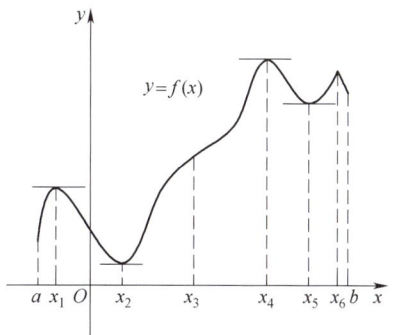

图 2-3-4

函数的极值点一定出现在区间内部，区间端点不可能成为极值点.

2. 函数极值的判定方法

由例 1 可以看出，函数 $f(x)=x^3-3x$ 在 $x=-1$ 处取得极大值，在 $x=1$ 处取得极小值. 另一方面，显然有 $f'(-1)=f'(1)=0$，即可导函数在极值点处的导数为 0，这就是极值的必要条件.

定理 2 （极值的必要条件）若函数 $f(x)$ 在点 x_0 处可导且在点 x_0 处取得极值，则必有
$$f'(x_0)=0.$$

从几何图形上看，可导函数的图形在极值点处有水平切线.

根据定理，可导函数的极值点必定是它的驻点，但函数的驻点却不一定是极值点. 例如 $f(x)=x^3$，虽然 $f'(0)=0$，即 $x=0$ 为驻点，但却不是 $f(x)=x^3$ 的极值点.

综上所述可知，可导函数可能在其驻点处取得极值，那么如何判定它们是否为极值点呢？如果是极值点，又怎样判定它是极大值点还是极小值点呢？

在例 1 中，从图形上看，在极大值点 $x=-1$ 处，当 $x<-1$ 时，函数 $f(x)$ 单调增加，即 $f'(x)>0$；当 $x>-1$ 时，函数 $f(x)$ 单调减少，即 $f'(x)<0$；可见，函数在其极值点的邻近两侧单调性发生改变（即一阶导数的符号改变）. 在点 $x=1$ 处可作类似的分析. 由此可得判定函数极值的第一充分条件.

定理 3 （极值的第一充分条件）设函数 $f(x)$ 在点 x_0 的某邻域内连续且可导［或导数

$f'(x_0)$ 不存在].

(1) 若在点 x_0 的左邻域内 $f'(x)>0$，在点 x_0 的右邻域内 $f'(x)<0$，则函数 $f(x)$ 在点 x_0 处取得极大值 $f(x_0)$，如图 2-3-5 所示.

(2) 若在点 x_0 的左邻域内 $f'(x)<0$，在点 x_0 的右邻域内 $f'(x)>0$，则函数 $f(x)$ 在点 x_0 处取得极小值 $f(x_0)$，如图 2-3-6 所示.

(3) 若在点 x_0 的两侧，$f'(x)$ 不变号，则函数 $f(x)$ 在点 x_0 处没有极值，如图 2-3-7 和图 2-3-8 所示.

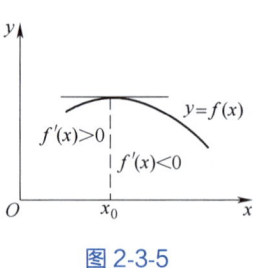

图 2-3-5

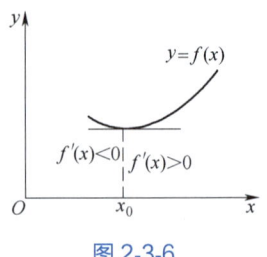

图 2-3-6

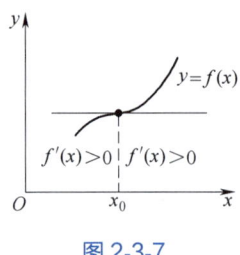

图 2-3-7

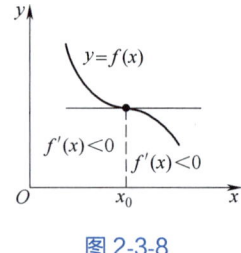

图 2-3-8

根据该定理，可得求函数极值的一般步骤：

(1) 确定函数的定义域，并求其导数 $f'(x)$；

(2) 找出函数的所有驻点及不可导点；

(3) 讨论 $f'(x)$ 在上述驻点及不可导点两侧的符号，确定函数的极值点，并求出极值.

例 2 求函数 $f(x)=x^3-3x+1$ 的极值.

解： 函数 $f(x)$ 的定义域为 $(-\infty,+\infty)$，

求导 $f'(x)=3x^2-3=3(x-1)(x+1)$，

令 $f'(x)=0$，得 $x_1=-1$，$x_2=1$，它们将函数 $f(x)$ 的定义域 $(-\infty,+\infty)$ 划分成三个区间：$(-\infty,-1)$，$(-1,1)$，$(1,+\infty)$. 列表讨论：

x	$(-\infty,-1)$	-1	$(-1,1)$	1	$(1,+\infty)$
$f'(x)$	+	0	-	0	+
$f(x)$	↗	极大值 3	↘	极小值 -1	↗

由上表可知，函数的极大值为 $f(-1)=3$，极小值为 $f(1)=-1$，如图 2-3-9 所示.

定理 4 (第二充分条件) 设函数 $f(x)$ 在点 x_0 处二阶可导，且 $f'(x_0)=0$，$f''(x_0)\neq 0$.

(1) 若 $f''(x_0)<0$，则函数 $f(x)$ 在点 x_0 处取得极大值；

(2) 若 $f''(x_0)>0$，则函数 $f(x)$ 在点 x_0 处取得极小值.

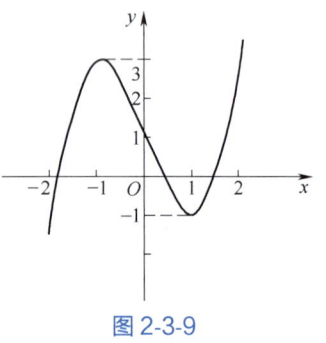

图 2-3-9

例3 求函数 $f(x)=x^4-10x^2+5$ 的极值.

解: 函数 $f(x)$ 的定义域为 $(-\infty, +\infty)$,

求导 $f'(x)=4x^3-20x=4x(x^2-5)$, $f''(x)=12x^2-20$,

令 $f'(x)=0$, 得 $x_1=-\sqrt{5}$, $x_2=0$, $x_3=\sqrt{5}$, 又因为
$$f''(-\sqrt{5})=40>0, f''(0)=-20<0, f''(\sqrt{5})=40>0$$

所以, 由极值第二充分条件可得, 函数的极小值为 $f(-\sqrt{5})=f(\sqrt{5})=-20$, 极大值为 $f(0)=5$.

习题 2-3-2

习题答案

1. 求下列函数的单调区间和极值.

   (1) $f(x)=x^2-4x+5$;   (2) $f(x)=2x^3-x^4$;

   (3) $f(x)=\dfrac{\ln x}{x}$;   (4) $f(x)=-x^4+\dfrac{8}{3}x^3-2x^2+2$;

   (5) $f(x)=x^{\frac{2}{3}}$;   (6) $f(x)=x-\dfrac{3}{2}x^{\frac{2}{3}}$.

2. 用极值的第二充分条件求函数 $f(x)=x^3-3x^2-24x-20$ 的极值.

3. 证明下列不等式.

   (1) 当 $x>1$ 时, $2\sqrt{x}>3-\dfrac{1}{x}$;

   (2) 当 $x>0$ 时, $e^x>1+\ln(1+x)$.

任务三　曲线的凹凸性与拐点

函数的单调性只能说明函数是递增或是递减, 反映在函数的图像上就是曲线的上升或下降, 但如何上升, 如何下降, 单调性并不能给出判断. 本任务将继续用导数来进一步研究曲线的凹凸性及拐点.

一、曲线的凹凸性

函数的单调性只是反映了图形曲线的上升或下降, 但如何上升, 如何下降? 如图 2-3-10 所示的两条曲线弧都是上升的, 但显然图形有着明显的不同, 弧 ABD 是凸的, 而弧 ACD 则是凹的, 即它们的凹凸性是不同的.

下面将具体讨论曲线的凹凸性及其判定方法.

图 2-3-10

定义 1 设函数 $f(x)$ 在区间 I 内连续, 如果对 I 上任意两点 x_1, x_2, 恒有
$$f\left(\dfrac{x_1+x_2}{2}\right)>\dfrac{f(x_1)+f(x_2)}{2}$$

则称曲线 $y=f(x)$ 在 I 上是凸的,如图 2-3-11 所示;

如果恒有

$$f\left(\frac{x_1+x_2}{2}\right)<\frac{f(x_1)+f(x_2)}{2}$$

则称曲线 $y=f(x)$ 在 I 上是凹的,如图 2-3-12 所示.

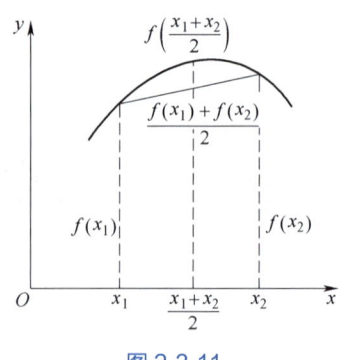

图 2-3-11

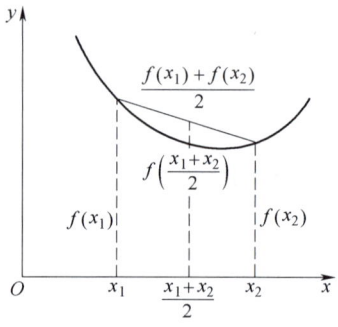

图 2-3-12

从几何图形上看,凸曲线上切线的斜率是单调减少的(即一阶导数递减),如图 2-3-13 所示;而凹曲线上切线的斜率是单调增加的(即一阶导数递增),如图 2-3-14 所示. 于是,有如下判定曲线凹凸性的定理.

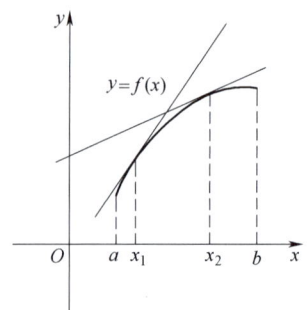

图 2-3-13

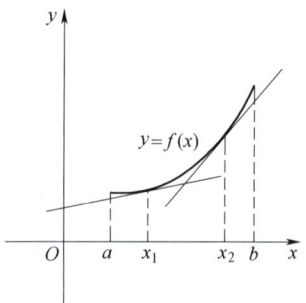

图 2-3-14

定理 1 设函数 $y=f(x)$ 在区间 (a,b) 内具有二阶导数.

(1) 若在 (a,b) 内 $f''(x)<0$,则曲线 $y=f(x)$ 在 (a,b) 内是凸的;

(2) 若在 (a,b) 内 $f''(x)>0$,则曲线 $y=f(x)$ 在 (a,b) 内是凹的.

例 1 求曲线 $f(x)=x^3-6x^2+9x+1$ 的凹凸区间.

解: 函数 $f(x)$ 的定义域为 $(-\infty,+\infty)$,

求导 $f'(x)=3x^2-12x+9$,$f''(x)=6x-12=6(x-2)$,

令 $f''(x)=0$,得 $x=2$,它将 $f(x)$ 的定义域 $(-\infty,+\infty)$ 划分成两个区间:$(-\infty,2)$,$(2,+\infty)$. 列表讨论:

x	$(-\infty, 2)$	2	$(2, +\infty)$
$f''(x)$	−	0	+
$f(x)$	∩		∪

其中"∩","∪"分别表示曲线的凸和凹.

所以，函数 $f(x)$ 的凹区间为 $(2,+\infty)$，凸区间为 $(-\infty,2)$.

例 2 求曲线 $f(x)=(x-1)^{\frac{5}{3}}$ 的凹凸区间.

解： 函数 $f(x)$ 的定义域为 $(-\infty,+\infty)$，

求导 $f'(x)=\frac{5}{3}(x-1)^{\frac{2}{3}}$, $f''(x)=\frac{10}{9}\frac{1}{\sqrt[3]{x-1}}$,

显然，当 $x=1$ 时, $f''(x)$ 不存在 [函数没有 $f''(x)=0$ 的点]，它将 $f(x)$ 的定义域 $(-\infty,+\infty)$ 划分成两个区间：$(-\infty,1)$, $(1,+\infty)$. 列表讨论：

x	$(-\infty,1)$	1	$(1,+\infty)$
$f''(x)$	−	不存在	+
$f(x)$	∩		∪

所以函数 $f(x)$ 的凹区间为 $(1,+\infty)$，凸区间为 $(-\infty,1)$.

由定理 1 可知，判定曲线 $y=f(x)$ 的凹凸性，主要是根据函数二阶导数 $f''(x)$ 的符号来判定，而又由例 1、例 2 可知，当曲线 $y=f(x)$ 连续时, $f''(x)$ 正负值的分界点恰好是使 $f''(x)=0$ 或 $f''(x)$ 不存在的点. 这为我们寻找凹凸区间的分界点提供了线索.

二、曲线的拐点

定义 2 连续曲线上凹凸曲线的分界点称为该曲线的拐点.

例如，例 1 中的点 $(2,3)$ 及例 2 中的点 $(1,0)$ 就是对应曲线的拐点.

定理 2 （拐点的必要条件）若函数 $y=f(x)$ 在点 x_0 处二阶可导，且点 $(x_0,f(x_0))$ 是曲线 $y=f(x)$ 的拐点，则 $f''(x_0)=0$.

该定理说明二阶导数为零的点仅仅是拐点的可疑点. 例如 $f(x)=x^4$，虽然有 $f''(0)=0$，但点 $(0,0)$ 不是曲线 $f(x)=x^4$ 的拐点.

定理 3 （拐点的充分条件）若 $f''(x_0)=0$ [或 $f''(x_0)$ 不存在]，且在点 x_0 的两侧 $f''(x)$ 异号，则点 $(x_0,f(x_0))$ 是曲线 $y=f(x)$ 的拐点.

根据前面的讨论，我们不难总结出求曲线拐点的一般步骤：

(1) 求出函数 $f(x)$ 的定义域；

(2) 求出 $f''(x)=0$ 和 $f''(x)$ 不存在的点，并以这些点为分界点，将定义域划分为若干个子区间；

(3) 考察 $f''(x)$ 在上述每一点 x_0 邻近两侧的符号，若异号，则点 $(x_0,f(x))$ 是曲线 $y=f(x)$ 的拐点，反之，则不是拐点.

例 3 求曲线 $f(x)=(x-2)\sqrt[3]{x^5}$ 的凹凸区间及拐点.

解： 函数 $f(x)$ 的定义域为 $(-\infty,+\infty)$，

求导 $f'(x)=x^{\frac{5}{3}}+\frac{5}{3}(x-2)x^{\frac{2}{3}}$, $f''(x)=\frac{10}{3}x^{\frac{2}{3}}+\frac{10}{9}(x-2)x^{-\frac{1}{3}}=\frac{20}{9}\cdot\frac{2x-1}{\sqrt[3]{x}}$,

令 $f''(x)=0$，得 $x=\frac{1}{2}$，又当 $x=0$ 时, $f''(x)$ 不存在，它们将 $f(x)$ 的定义域 $(-\infty,$

$+\infty$) 划分成三个区间：$(-\infty, 0)$，$\left(0, \dfrac{1}{2}\right)$，$\left(\dfrac{1}{2}, +\infty\right)$. 列表讨论：

x	$(-\infty, 0)$	0	$\left(0, \dfrac{1}{2}\right)$	$\dfrac{1}{2}$	$\left(\dfrac{1}{2}, +\infty\right)$
$f''(x)$	+	不存在	−	0	+
$f(x)$	∪	拐点$(0,0)$	∩	拐点$\left(\dfrac{1}{2}, -\dfrac{3\sqrt[3]{2}}{8}\right)$	∪

所以，函数 $f(x)$ 的凹区间为 $(-\infty, 0)$ 和 $\left(\dfrac{1}{2}, +\infty\right)$，凸区间为 $\left(0, \dfrac{1}{2}\right)$. 拐点坐标为 $(0, 0)$ 和 $\left(\dfrac{1}{2}, -\dfrac{3\sqrt[3]{2}}{8}\right)$.

 习题 2-3-3

1. 求下列曲线的凹凸区间及拐点.
   (1) $y = 2x^3 - 6x^2 - 18x - 7$； (2) $f(x) = 2x^2 + \ln x$；
   (3) $f(x) = 3x^4 - 4x^3 + 1$.
2. 若曲线 $y = ax^3 + bx^2$ 有拐点 $(1, 3)$，求 a，b 的值.
3. 已知函数 $y = f(x)$ 满足 $y' = 3x^2 + ax$，且曲线 $y = f(x)$ 上有一拐点 $(2, 4)$，在拐点处切线的斜率为 -12，求函数 $y = f(x)$.
4. 已知曲线 $y = ax^3 + bx^2 + cx + d$ 满足条件：(1) 过点 $(-2, 44)$；(2) 在点 $x = -2$ 处有水平切线；(3) 有一拐点 $(1, -10)$. 求此曲线方程.

习题答案

任务四 函数最值

由闭区间上连续函数的性质可知，闭区间上的连续函数一定存在最大值和最小值. 本任务就是介绍如何求出这个最大值和最小值以及探讨实际问题中的最值问题.

一、函数最值

根据最值和极值的定义易知，若函数 $f(x)$ 的最值在区间 (a, b) 内部取得，则该最值只能在函数的极值点处取得，当然，函数的最值也可能在区间端点处取得. 因此，求闭区间 $[a, b]$ 上连续函数的最值可按下列步骤进行：

(1) 求出函数 $f(x)$ 在 (a, b) 内的所有驻点和不可导点；
(2) 求出驻点、不可导点以及区间端点处的函数值；
(3) 比较上述函数值，其最大者即为最大值，最小者即为最小值.

例 1 求函数 $f(x) = 3x^4 + 8x^3 - 18x^2 - 10$ 在区间 $[-2, 2]$ 上的最大值和最小值.

解：求导得 $f'(x) = 12x^3 + 24x^2 - 36x = 12x(x-1)(x+3)$，

令 $f'(x)=0$，得驻点 $x_1=-3$（舍），$x_2=0$，$x_3=1$．又
$$f(0)=-10, f(1)=-17, f(-2)=-98, f(2)=30$$
所以函数 $f(x)$ 在区间 $[-2,2]$ 上的最大值为 30，最小值为 -98．

在求函数的最值时，注意下面两种特殊情况：

(1) 若函数 $f(x)$ 在闭区间 $[a,b]$ 上是单调的，则函数的最值必在该区间端点处取得；

(2) 若函数 $f(x)$ 在某区间"闭区间 $[a,b]$、开区间 (a,b) 或无穷区间"内仅有一个极值点 x_0，则当 x_0 为极大（小）值点时，$f(x_0)$ 就是函数在此区间上的最大（小）值．

二、实际问题中的最值问题

1. 经济生活中的最值问题

在生产实践中，我们常会遇到求成本最小、用料最省、容积最大等实际问题．这类问题在数学上就是求目标函数的最大值或最小值问题．

一般地，如果函数 $f(x)$ 在区间 (a,b) 内只有一个驻点 x_0，且从实际问题本身又可以知道 $f(x)$ 在 (a,b) 内必有最大值或最小值，那么 $f(x_0)$ 就是所求的最大值或最小值．

例2 某商店将进货每个 10 元的商品，按每个 18 元售出时，每天可卖 60 个，商店经理到市场上做一番调查后发现，若将这种商品的售价每提高 1 元，则日销售量就减少 5 个，为获得每日最大利润，则商品售价应定为每个多少元？最大利润是多少元？

解：设将这种商品的售价提高 x 元，则每日利润为
$$y=(60-5x)(18+x-10)=-5x^2+20x+480 \quad (0<x<12)$$
求导 $y'=-10x+20$，令 $y'=0$，得 $x=2$（唯一驻点），

根据问题的实际意义可知，利润最大值一定存在，且目标函数在区间 $(0,12)$ 内只有一个驻点，故当 $x=2$ 时，利润取得最大值，此时售价为 $18+2=20$ 元，最大利润为 500 元．

平均成本被定义为生产一定数量的产品，平均每单位产品的成本．即
$$\overline{C}(x)=\frac{C(x)}{x} \quad (x \text{ 是产量}).$$

图 2-3-15 是一个典型的平均成本函数的图像，易见整个曲线呈凹型，故有唯一的极小值（最小值）．令
$$\overline{C}'(x)=\frac{xC'(x)-C(x)}{x^2}=0$$

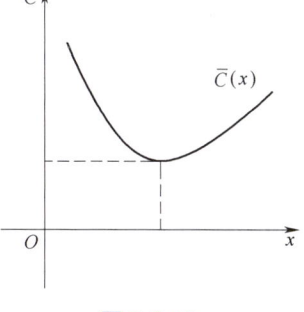

图 2-3-15

得 $C'(x)=\frac{C(x)}{x}$，也即 $MC(x)=\overline{C}(x)$，这说明：当边际成本等于平均成本时，平均成本达到最小值．

例3 设某化工厂的月生产能力为 150 吨，且每月产品的总成本（单位：万元）是月产量 x（单位：吨）的函数 $C(x)=\frac{1}{4}x^2+4x+3600$（$0 \le x \le 150$），求其最低平均成本和相

应产量的边际成本.

解： 平均成本为 $\overline{C}(x) = \dfrac{1}{4}x + 4 + \dfrac{3\,600}{x}\,(0 \leq x \leq 150)$，

令 $\overline{C}'(x) = \dfrac{1}{4} - \dfrac{3\,600}{x^2} = 0$，得到唯一驻点 $x = 120$，

根据问题的实际意义可知，成本最小值一定存在，且目标函数在指定区间内只有一个驻点，故当每月产量为 120 吨时，平均成本最低，其最低平均成本为

$$\overline{C}(120) = \dfrac{1}{4} \times 120 + 4 + \dfrac{3\,600}{120} = 64 \text{（万元）}，$$

又边际成本函数为：$MC = C'(x) = \dfrac{1}{2}x + 4$，

故当产量为 120 吨时的边际成本为 $MC(120) = \dfrac{1}{2} \times 120 + 4 = 64$（万元）.

2. 最佳现金持有量测算

现金是企业的主要支付手段，现金管理的目标是合理确定现金持有量，即最佳现金持有量．最佳现金持有量就是使现金管理的机会成本与转换成本之和最低的现金持有量，用公式表示：

现金管理总成本 = 机会成本 + 转换成本

即

$$TC = \dfrac{Q}{2}i + \dfrac{T}{Q}b \tag{2-6}$$

其中：TC 为现金管理总成本；Q 为最佳现金持有量（每次证券变现的数量）；T 为一个周期内现金总需求量；i 为有价证券利息率；b 为每次转换有价证券的固定成本．

在式 (2-6) 中，将 Q 视为自变量，其余视为常数，对 Q 求导得：

$$TC' = \dfrac{1}{2}i - \dfrac{T}{Q^2}b$$

令 $TC' = 0$，解得：$Q = \sqrt{\dfrac{2Tb}{i}}$，此即为最佳现金持有量．

再将 $Q = \sqrt{\dfrac{2Tb}{i}}$ 代入式 (2-6) 得：$TC = \sqrt{2Tbi}$，此即为最低现金管理总成本.

例 4 已知某公司现金收支状况比较稳定，预计全年需要现金 $T = 800$ 万元，现金与有价证券的转换成本为每次 $b = 600$ 元，有价证券的年利率为 $i = 6\%$，试求该公司的最佳现金持有量和最低现金管理总成本.

解： 最佳现金持有量 $Q = \sqrt{\dfrac{2Tb}{i}} = \sqrt{\dfrac{2 \times 8\,000\,000 \times 600}{6\%}} = 400\,000$（元）；

最低现金管理总成本 $TC = \sqrt{2Tbi} = \sqrt{2 \times 8\,000\,000 \times 600 \times 6\%} = 24\,000$（元）.

3. 经济订货批量模型

经济订货批量是指能够使一定时期内存货的相关总成本达到最低点的订购量．通常情况下，单项货物的年度库存总成本由采购成本、订货成本、储存成本和缺货成本组成，假

设缺货成本为零，则经济订货批量考虑的仅仅是使采购成本、订货成本和储存成本之和最低，用公式表示：

$$年库存总成本 = 采购成本 + 订货成本 + 储存成本$$

即
$$TC = DP + \frac{D}{Q}C + \frac{Q}{2}H \tag{2-7}$$

其中：TC 为年库存总成本；Q 为每次订货量；$\frac{Q}{2}$ 为平均库存量；D 为年需求总量；P 为单位货物采购成本；C 为每次订货成本；H 为单位存货年储存成本.

在式（2-7）中，将 Q 视为自变量，其余视为常数，对 Q 求导得：

$$TC' = -\frac{D}{Q^2}C + \frac{1}{2}H$$

令 $TC' = 0$，解得：$Q = \sqrt{\frac{2CD}{H}}$，此即为使存货总成本 TC 最小时的订货量.

再将 $Q = \sqrt{\frac{2CD}{H}}$ 代入式（2-7），解得存货总成本 $TC(Q) = DP + \sqrt{2CDH}$.

例 5 已知某公司每年需耗用甲材料 360 000 千克，该材料的单位采购成本为 20 元，单位材料的年储存成本为 200 元，平均每次订货成本为 2 500 元，试求该公司的经济订货批量和年库存总成本.

解： 已知 $D = 360\ 000$，$P = 20$，$H = 200$，$C = 2\ 500$，

经济订货批量 $Q = \sqrt{\frac{2CD}{H}} = \sqrt{\frac{2 \times 2\ 500 \times 360\ 000}{200}} = 3\ 000$（千克）；

在经济订货批量下，年库存总成本

$$TC(Q) = DP + \sqrt{2CDH} = 360\ 000 \times 20 + \sqrt{2 \times 2\ 500 \times 360\ 000 \times 200}$$
$$= 7\ 800\ 000（元）.$$

习题答案

习题 2-3-4

1. 求下列函数在指定区间上的最大值和最小值.
   (1) $f(x) = x^4 - 2x^2 + 5, x \in [-2, 2]$；
   (2) $f(x) = \ln(x^2 + 1), x \in [-1, 2]$；
   (3) $f(x) = x^3 - 3x^2 - 9x + 5, x \in [-2, 2]$；
   (4) $f(x) = xe^x, x \in [-2, -1]$；
   (5) $f(x) = 2x^3 - 12x^2 + 4, x \in [-1, 1]$；
   (6) $f(x) = x + \sqrt{x}, x \in [0, 4]$.

2. 某工厂需要围建一个面积为 162m^2 的矩形堆料场，一边可以利用原有的墙壁，问堆料场的长、宽各为多少时，才能使砌墙所用的材料最省？

3. 如图 2-3-16 所示，要生产一个容积 $V_0 = 250\pi \text{cm}^3$ 的圆柱形闭合容器，问底面半径 r 和高 h 分别等于多少 cm 时，才能使用料最省？

4. 一个纸板制造公司生产一种边长为 60cm 的正方形纸板，现从每个角剪去一个相同的小正方形，然后把剩下的纸板折叠成一个无盖的盒子，如图 2-3-17 所示.
   问：剪去的小正方形的边长为多少时才能使盒子的容积最大？

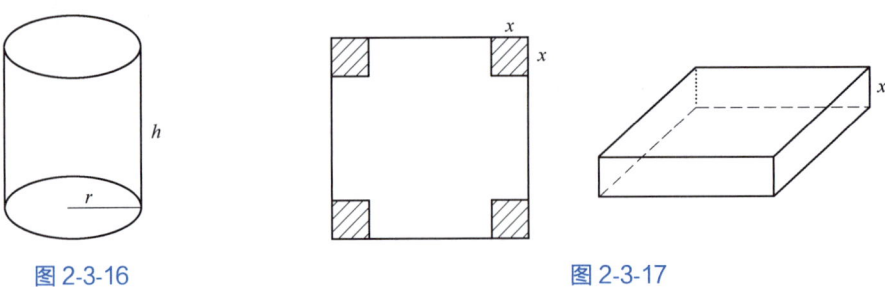

图 2-3-16　　　　　　　　　　　图 2-3-17

5. 一家计算机公司推出一款新的 PC 机，经市场调查得出该 PC 机的需求函数（单位：美元）为 $Q=-\dfrac{50}{3}P+25\,000$，又已知生产一台该款 PC 机的成本为 300 美元. 问：每台 PC 机的价格应该为多少时才能使该公司获得最大利润？

任务五　曲率

在生产实践和工程技术等许多实际问题中，常常要求定量地研究曲线的弯曲程度. 例如设计铁路、高速公路的弯道时，就需要根据最高限速来确定弯道的弯曲程度. 下面将介绍表示曲线弯曲程度的概念——曲率.

一、曲率及计算公式

直观上看，直线不弯曲，半径小的圆比半径大的圆弯曲得厉害些，如图 2-3-18 所示. 即使同一条曲线，其不同部分的弯曲程度也可能不相同，例如，抛物线 $y=x^2$ 在顶点附近比远离顶点的部分弯曲得厉害些，如图 2-3-19 所示.

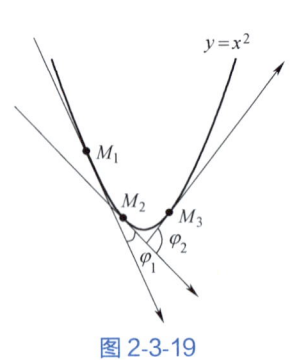

善直者斗，
善柔者函

图 2-3-18　　　　　　　　　　图 2-3-19

那么曲线的弯曲程度与哪些因素有关呢？

观察图 2-3-19，易见弧段 $\overgroup{M_1M_2}$ 比较平直，弯曲程度比较小，当动点沿着这段弧从 M_1 移到 M_2 时，切线转过的角度 φ_1 不大，而弧段 $\overgroup{M_2M_3}$ 弯曲得比较厉害，转角 φ_2 也比较大.

但是，只考虑曲线弧的切线的转角还不能完全反映曲线的弯曲程度. 例如，从图 2-3-18

中可以看出，两曲线弧$\widehat{P_1P_2}$与$\widehat{T_1T_2}$的切线转角相同，但弯曲程度明显不同，短弧段比长弧段弯曲得厉害些.

通过以上分析可以发现，曲线弧的弯曲程度与弧段的长度以及切线的转角都密切相关. 于是，我们自然会想到，应当以单位弧上曲线切线的转角来衡量曲线的弯曲程度.

1. 曲率的定义

定义 1 设平面曲线 C 是光滑的，如图 2-3-20 所示，点 M 和 M_1 为曲线上任意邻近的两点，设曲线在点 M 和 M_1 处切线的倾斜角分别为 α 和 $\alpha+\Delta\alpha$，并记$\widehat{MM_1}=\Delta s$，且当动点从 M 点移到 M_1 点时切线的转角为 $\Delta\alpha$.

我们用比值$\left|\dfrac{\Delta\alpha}{\Delta s}\right|$来表示弧段$\widehat{MM_1}$的平均弯曲程度，称之为弧段$\widehat{MM_1}$的平均曲率，记为 $\overline{K}$，即

$$\overline{K}=\left|\dfrac{\Delta\alpha}{\Delta s}\right|$$

当 $\Delta s \to 0$ 时，若极限$\lim\limits_{\Delta s \to 0}\left|\dfrac{\Delta\alpha}{\Delta s}\right|$存在，则称之为曲线 C 在点 M 处的曲率，记为 K，即

$$K=\lim\limits_{\Delta s \to 0}\left|\dfrac{\Delta\alpha}{\Delta s}\right|=\left|\dfrac{\mathrm{d}\alpha}{\mathrm{d}s}\right|.$$

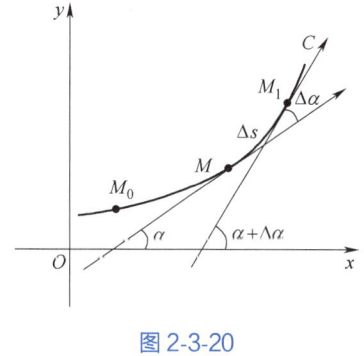

图 2-3-20

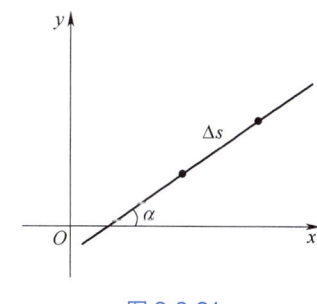

图 2-3-21

例 1 求直线上任意一点处的曲率.

解： 因为直线上任意一点处的切线都与该直线重合，所以其上任意两点之间线段上切线的转角 $\Delta\alpha=0$，因此，直线上任意两点之间的平均曲率都为 0，即 $\overline{K}=0$，从而 $K=0$.

这说明直线上任意一点处的曲率都为 0. 这与我们的直觉"直线不弯曲"是一致的，如图 2-3-21 所示.

例 2 求半径为 R 的圆上任意一点 M 处的曲率.

解： 如图 2-3-22 所示，弧$\widehat{MM_1}$（设$\widehat{MM_1}=\Delta s$）上切线的转角 $\Delta\alpha$ 等于中心角 $\angle MDM_1$，即 $\Delta\alpha=\angle MDM_1$，又因为 $\angle MDM_1=\dfrac{\widehat{MM_1}}{R}=\dfrac{\Delta s}{R}$，所以 $\dfrac{\Delta\alpha}{\Delta s}=\dfrac{\dfrac{\Delta s}{R}}{\Delta s}=\dfrac{1}{R}$，从而

$$K = \lim_{\Delta s \to 0} \left| \frac{\Delta \alpha}{\Delta s} \right| = \frac{1}{R}.$$

这表面圆上各点处的曲率都等于半径的倒数，且半径越小曲率越大，即弯曲得越厉害.

2. 曲率的计算公式

设曲线方程为 $y=f(x)$，且 $f(x)$ 二阶可导，则曲率可按下面的公式计算：

$$K = \left| \frac{\mathrm{d}\alpha}{\mathrm{d}s} \right| = \frac{|y''|}{(1+y'^2)^{\frac{3}{2}}}.$$

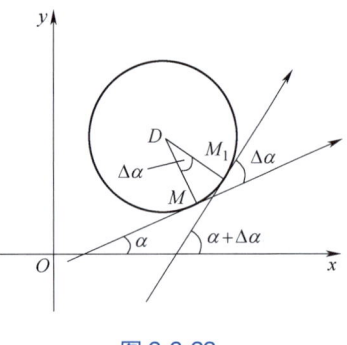

图 2-3-22

若曲线由参数方程 $\begin{cases} x=\varphi(t) \\ y=f(t) \end{cases}$ ($\alpha \leq t \leq \beta$) 给定，则曲率计算公式为：

$$K = \frac{|\varphi'(t)f''(t) - \varphi''(t)f'(t)|}{[\varphi'^2(t)+f'^2(t)]^{\frac{3}{2}}}.$$

例 3 求抛物线 $y=ax^2+bx+c$（$a \neq 0$）上任意一点处的曲率，并找出该抛物线上曲率最大的点.

解： 因为 $y'=2ax+b$，$y''=2a$，所以

$$K = \frac{|2a|}{[1+(2ax+b)^2]^{\frac{3}{2}}},$$

显然，当 $x = -\dfrac{b}{2a}$ 时，K 取得最大值，而 $x = -\dfrac{b}{2a}$ 所对应的点为抛物线的顶点，故抛物线在顶点处的曲率最大.

例 4 在修筑铁路时，常需根据地形的特点和最高限速的要求来设计铁轨的圆弧弯道. 铁轨由直道转入圆弧弯道时，若接头处的曲率突然改变，容易发生事故，为了行驶平稳，往往在直道和圆弧弯道之间接入一段缓冲段 $\overset{\frown}{OA}$，使轨道曲线的曲率由零连续地过渡到圆弧 $\overset{\frown}{AB}$ 的曲率 $\dfrac{1}{R}$，其中 R 为圆弧轨道的半径，如图 2-3-23 所示. 国内一般采用三次抛物线 $y = \dfrac{x^3}{6Rl}$（$x \in [0, x_0]$）作为缓冲段 $\overset{\frown}{OA}$，其中 l 为 $\overset{\frown}{OA}$ 的长度，试验证缓冲段 $\overset{\frown}{OA}$ 在始端 O 的曲率为零，且当 $\dfrac{l}{R}$ 很小 $\left(\dfrac{l}{R} \ll 1\right)$ 时，在终端 A 的曲率近似为 $\dfrac{1}{R}$.

证明： 因为在缓冲段上 $\overset{\frown}{OA}$，$y' = \dfrac{1}{2Rl}x^2$，$y'' = \dfrac{1}{Rl}x$，所以在缓冲段始端 $x=0$ 处的曲率为 $K=0$（因 $y'=0$，$y''=0$）.

又因为 $\dfrac{l}{R} \ll 1$，可知 $l \approx x_0$，所以

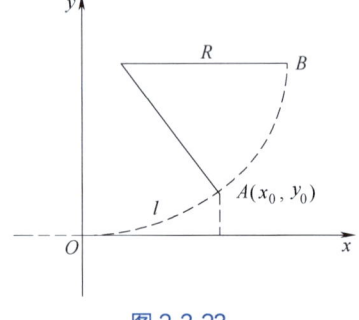

图 2-3-23

$$y'|_{x=x_0} = \frac{x_0^2}{2Rl} \approx \frac{l^2}{2Rl} = \frac{l}{2R}, \quad y''|_{x=x_0} = \frac{x_0}{Rl} \approx \frac{l}{Rl} = \frac{1}{R},$$

从而在终端 A 处的曲率为

$$K = \frac{|y''|}{(1+y'^2)^{\frac{3}{2}}}\bigg|_{x=x_0} \approx \frac{\frac{1}{R}}{\left(1+\frac{l^2}{4R^2}\right)^{\frac{3}{2}}} \approx \frac{1}{R}.$$

二、曲率圆与曲率半径

许多力学和工程技术问题都涉及曲率半径、曲率中心及曲率圆，下面将对这三个概念分别给予简要的介绍．

设曲线 $y=f(x)$ 在点 $M(x,y)$ 处的曲率为 K ($K \neq 0$)．在点 M 处的曲线的法线上且曲线凹的一侧取定一点 D，使 $|DM| = \frac{1}{K} = \rho$．以 D 为圆心，ρ 为半径作一圆，则称圆 D 为曲线 $y=f(x)$ 在点 M 处的曲率圆，曲率圆的圆心 D 称为曲线 $y=f(x)$ 在点 M 处的曲率中心，曲率圆的半径 ρ 称为曲线 $y=f(x)$ 在点 M 处的曲率半径，如图 2-3-24 所示．

根据上述规定，曲率圆与曲线在点 M 处有相同的切线和曲率，且在点 M 邻近处有相同的凹向．因此，在工程上常常用曲率圆在点 M 邻近处的一段圆弧来近似代替该点邻近处的小曲线弧．

易见，曲线 $y=f(x)$ 上任意点 $M(x,y)$ 处的曲率半径与曲线在该点处的曲率互为倒数，即

$$K = \frac{1}{\rho} \quad \text{或} \quad \rho = \frac{1}{K} = \frac{(1+y'^2)^{\frac{3}{2}}}{|y''|},$$

由此可见，曲率半径越大，曲线在该点处的曲率越小，曲线越平缓；曲率半径越小，曲线在该点处的曲率越大，曲线在该点处弯曲得越厉害．

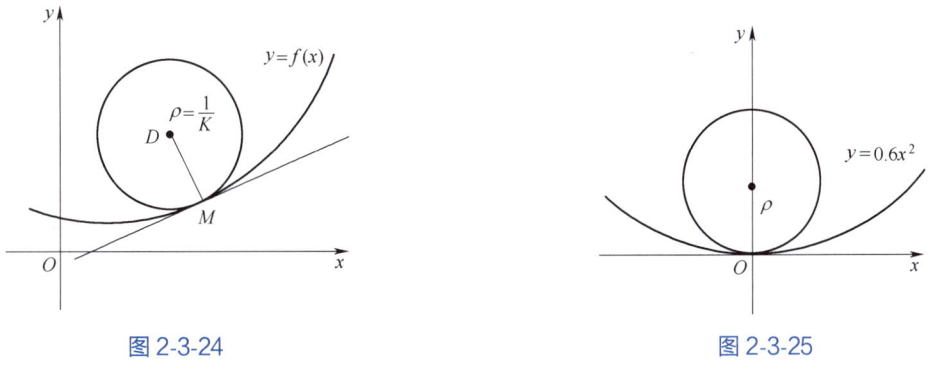

图 2-3-24　　　　　　　　　　图 2-3-25

例5　设某工件表面的截线为抛物线 $y=0.6x^2$，如图 2-3-25 所示．现需用砂轮磨削其内表面，试问：应选用多大直径的砂轮比较合适？

解：为了保证工件的形状与砂轮接触处附近的部分不被磨削太多，显然所选砂轮的半径应当小于或等于该抛物线上曲率半径的最小值，为此，首先求曲率半径的最小值．

因为 $y'=1.2x$，$y''=1.2$，所以曲率半径为

$$\rho = \frac{(1+y'^2)^{\frac{3}{2}}}{|y''|} = \frac{[1+(1.2x)^2]^{\frac{3}{2}}}{1.2},$$

显然，当 $x=0$ 时，ρ 取得最小值，最小值为 $\rho=\dfrac{5}{6}$，故应当选用半径不超过 $\dfrac{5}{6}$ 单位长，即直径不超过 $\dfrac{5}{3}$ 单位长的砂轮较为合适.

习题 2-3-5

1. 求曲线 $y=e^{2x}$ 在点 $(0,1)$ 处的曲率与曲率半径.
2. 求抛物线 $y=x^2-4x+2$ 在顶点处的曲率及曲率半径.
3. 求曲线 $\begin{cases} x=2\cos t \\ y=4\sin t \end{cases}$ 在 $t=\dfrac{\pi}{2}$ 处的曲率及曲率半径.
4. 曲线 $y=\ln x$ 上哪一点处的曲率半径最小？并求出该点处的曲率半径.
5. 设飞机沿抛物线 $y=\dfrac{x^2}{4\,000}$（单位：m）俯冲飞行，在原点处速度为 $v=400\text{m/s}$，飞行员体重 $m=70\text{kg}$，求：当飞机俯冲到原点时，飞行员对座椅的压力（设重力加速度 $g=9.8\text{m/s}^2$）.

任务六 边际分析与弹性分析

在经济学中，常会遇到求一个经济变量 y 对另一个经济变量 x 的变化率. 利用导数研究经济量这种变化的方法，即边际分析方法. 边际分析与弹性分析是经济理论研究中的一种重要的分析方法.

一、边际分析

先看一个例子，某厂商生产手机，月产 6 000 部时，获得利润 1 200 000 元，如果月产 6 001 部时，可获利 1 200 210 元，即在月产量 6 000 部的基础上，再多生产一部手机，可多获得利润 210 元，我们通常称这种情形是边际利润为 210 元. 因此，边际分析就是当自变量最后增加一单位时，所引起因变量值变化的分析. 下面我们将重点介绍边际成本、边际收益和边际利润.

1. 边际成本

设某产品的成本函数为 $C=C(x)$，其中 x 为产量，则导数 $C'(x)$ 称为边际成本函数，记作 MC，即

$$MC = C'(x).$$

在经济学中，$C'(x)$ 近似等于当产量达到 x 时，再生产一个单位的产品所需增加的成本. 这是因为当 $\Delta x=1$ 时，$\Delta C=C(x+1)-C(x)\approx C'(x)\Delta x=C'(x)$. 在应用问题中解释边

际函数值的具体意义时，我们常略去近似二字.

例1 某公司测定，生产 x 件某产品的总成本（单位：元）可表示为
$$C(x) = -0.05x^2 + 50x,$$
（1）求第 301 个产品的成本；
（2）求边际成本函数，并求当产量 $x=300$ 时的边际成本，并解释其经济学意义.

解：（1）$\Delta C = C(301) - C(300) = 10\ 519.95 - 10\ 500 = 19.95$（元）；
（2）边际成本函数为
$$MC = C'(x) = -0.1x + 50;$$
当产量 $x=300$ 时的边际成本为
$$MC(300) = -0.1 \times 300 + 50 = 20\ (元),$$
其经济学意义为当产量达到 300 件时，再生产 1 件产品所需增加的成本为 20 元.

2. 边际收益与边际利润

类似于边际成本函数的定义，我们可得边际收益函数与边际利润函数的定义.

收益函数 $R(x)$ 对销量 x 的导数 $R'(x)$ 称为边际收益函数（简称边际收益，记作 MR），即
$$MR = R'(x).$$

在经济学中，$R'(x)$ 近似等于当销量达到 x 时，再销售一个单位的产品所增加的收益.

利润函数 $L(x)$ 对销量 x 的导数 $L'(x)$ 称为边际利润函数（简称边际利润，记作 ML），即
$$ML = L'(x) = R'(x) - C'(x).$$

在经济学中，$L'(x)$ 近似等于当销量达到 x 时，再销售一个单位的产品所增加的利润.

例2 设某产品的需求函数为 $Q = 1\ 200 - 3P$，其中 P 为该产品的销售价格（单位：元），Q 为需求量（单位：件），求边际收益函数及销量分别为 450, 600 和 750 时的边际收益.

解：（1）由需求函数 $Q = 1\ 200 - 3P$，得价格为 $P = 400 - \dfrac{Q}{3}$，所以，收益函数为
$$R(Q) = PQ = \left(400 - \dfrac{Q}{3}\right)Q = 400Q - \dfrac{Q^2}{3}$$

（2）求导得边际收益函数为
$$MR = R'(Q) = \left(400Q - \dfrac{Q^2}{3}\right)' = 400 - \dfrac{2}{3}Q$$

当销量为 450, 600 和 750 时的边际收益分别为
$$MR(450) = 100,\ MR(600) = 0,\ MR(750) = -100.$$

由计算结果可知，当产品的销售量为 600 件时，边际收益为 0，说明总收益达到最大值.

例3 设某煤炭公司每天生产 Q 吨煤的成本函数为 $C(Q) = 2\ 000 + 450Q + 0.02Q^2$，若

每吨煤的售价为 $P=490$ 元，求：

（1）利润函数 $L(Q)$ 及边际利润函数 ML；

（2）当日产量为多少时，该公司可获得最大利润？

解：（1）由题意得收益函数为 $R(Q)=PQ=490Q$，所以，利润函数为
$$L(Q)=R(Q)-C(Q)=-0.02Q^2+40Q-2\,000$$
求导得边际利润函数 $ML=L'(Q)=-0.04Q+40$；

（2）令 $ML=-0.04Q+40=0$，得 $Q=1\,000$，即当 $Q=1\,000$ 时，边际利润 $ML=0$，说明利润达到最大值.

二、弹性分析

在现实生活中，我们常会遇到这样的一些问题：商品 A 原价 10 元，涨价 1 元；商品 B 原价 100 元，也涨价 1 元. 两种商品涨价的绝对数都是 1 元，我们能否说这两种商品涨价幅度相同呢？事实上，商品 A 比商品 B 涨价幅度大得多：商品 A 涨价幅度为 10%，而商品 B 涨价幅度仅为 1%. 从实践中可以体会到，在某些经济领域中，仅仅研究函数的绝对改变量是不够的，我们还要研究函数的相对改变量. 在具有函数关系的经济变量中，作为自变量的经济量 x 有相对改变量 $\dfrac{\Delta x}{x}$ 时，作为因变量的经济量 y 的相对改变量 $\dfrac{\Delta y}{y}$ 是多少. 例如函数 $y=x^2$，当 x 由 10 变到 11 时，y 由 100 变到 121. 此时自变量与因变量的绝对改变量分别为 $\Delta x=1$，$\Delta y=21$，而它们的相对改变量分别为
$$\frac{\Delta x}{x}=10\%,\quad \frac{\Delta y}{y}=21\%,$$

这表明，自变量在 10 处改变了 10%，函数值在 100 处改变了 21%. 平均来说，若自变量在 10 处改变 1%，那么函数值在 100 处就改变 (21/10)%，即 2.1%. 这就是函数弹性概念的雏形. 下面我们引入函数弹性的定义.

1. 弹性定义

定义 1 设函数 $y=f(x)$ 在点 x_0 处可导，函数的相对改变量
$$\frac{\Delta y}{y_0}=\frac{f(x_0+\Delta x)-f(x_0)}{f(x_0)}$$
与自变量的相对改变量 $\dfrac{\Delta x}{x_0}$ 之比 $\dfrac{\Delta y/y_0}{\Delta x/x_0}$，称为函数 $y=f(x)$ 在 x_0 与 $x_0+\Delta x$ 两点间的弹性（或相对变化率）.

极限 $\lim\limits_{\Delta x\to 0}\dfrac{\Delta y/y_0}{\Delta x/x_0}$ 称为函数 $y=f(x)$ 在点 x_0 处的弹性（或相对变化率），记作
$$\left.\frac{Ey}{Ex}\right|_{x=x_0} \text{ 或 } \frac{E}{Ex}f(x_0)$$
即
$$\left.\frac{Ey}{Ex}\right|_{x=x_0}=\lim_{\Delta x\to 0}\frac{\Delta y/y_0}{\Delta x/x_0}=\lim_{\Delta x\to 0}\frac{\Delta y}{\Delta x}\cdot\frac{x_0}{y_0}=f'(x_0)\frac{x_0}{f(x_0)}$$

若对任意一点 x，$y=f(x)$ 可导且处处不为零，则有

$$\frac{Ey}{Ex} = \lim_{\Delta x \to 0} \frac{\Delta y/y}{\Delta x/x} = \lim_{\Delta x \to 0} \frac{\Delta y}{\Delta x} \cdot \frac{x}{y} = y'\frac{x}{y} = f'(x)\frac{x}{f(x)}$$

是 x 的函数，称为 $f(x)$ 的弹性函数.

函数 $f(x)$ 在点 x 处的弹性 $\dfrac{Ey}{Ex}$ 反映随 x 的变化 $f(x)$ 变化幅度的大小，即 $f(x)$ 对 x 变化反应的强烈程度或灵敏度.

在数值上，$\dfrac{E}{Ex}f(x_0)$ 表示 $f(x)$ 在点 x_0 处，当 x 产生 1% 的改变时，$f(x)$ 近似地改变 $\dfrac{E}{Ex}f(x_0)\%$，在应用问题中解释弹性的具体意义时，通常略去近似二字.

例 4 求函数 $y = 3x + 2$ 在 $x = 3$ 处的弹性.

解： 因为 $y' = 3$，所以 $\dfrac{Ey}{Ex} = y'\dfrac{x}{y} = \dfrac{3x}{3x+2}$，于是 $\left.\dfrac{Ey}{Ex}\right|_{x=3} = \dfrac{9}{11}$.

2. 需求弹性

一般地，商品的需求量对市场价格的反应是很灵敏的，在经济学中，刻画这种灵敏程度的量就是需求弹性.

设需求函数为 $Q = f(P)$，其中 P 表示商品的价格，则该商品在价格为 P 时的需求弹性定义为：

$$\eta = -\lim_{\Delta P \to 0} \frac{\Delta Q/Q}{\Delta P/P} = -\lim_{\Delta P \to 0} \frac{\Delta Q}{\Delta P} \cdot \frac{P}{Q} = -f'(P)\frac{P}{f(P)}$$

其经济学意义是：当商品的价格为 P 时，价格变动 1%，需求量将变动 $\eta\%$.

注： 由于需求函数一般是单调减少函数，即 $f'(P) < 0$，价格下跌，需求量增加；价格上涨，需求量减少. 为了用正数表示需求弹性，这里采用弹性函数的相反数来表示.

例 5 设某商品的市场需求量 Q 与价格 P 的函数关系为 $Q = 1\ 000\mathrm{e}^{-0.1P}$. 求：

（1）需求弹性 η；

（2）当商品的价格 $P = 20$ 元时的需求弹性 $\eta|_{P=20}$，并解释其经济学意义.

解： （1）因为 $Q' = -100\mathrm{e}^{-0.1P}$，所以需求弹性

$$\eta = -Q'\frac{P}{Q} = 100\mathrm{e}^{-0.1P} \cdot \frac{P}{1\ 000\mathrm{e}^{-0.1P}} = \frac{P}{10};$$

（2）当商品的价格 $P = 20$ 元时的需求弹性为

$$\eta|_{P=20} = \frac{20}{10} = 2$$

其经济学意义是当每单位商品的价格为 20 元时，价格上涨 1%，商品的需求量将减少 2%；价格下跌 1%，商品的需求量将增加 2%.

习题 2-3-6

1. 设某化工厂的月生产能力为 150 吨，且每月产品的总成本（单位：万元）是月产量 x（单位：吨）的函数 $C(x) = \dfrac{1}{4}x^2 + 4x + 3\ 600\ (0 \leqslant x \leqslant 150)$.

习题答案

求当产量为 100 吨时的边际成本,并解释其经济学意义.

2. 某公司某产品的日生产能力为 500 台,某日产品的总成本 C(千元)是日产量 x(台)的函数 $C(x)=400+2x+5\sqrt{x}$ ($0 \leqslant x \leqslant 500$).求当产量为 400 台时的总成本、平均成本和边际成本.

3. 设某商品的单价 P(元)与销售量 x(套)之间的函数关系为 $P=-0.02x+400$ ($0<x<20\,000$),求:
   (1) 收益函数和边际收益函数;
   (2) 销售量 $x=2\,000$ 的边际收益,并解释其经济学含义.

4. 求函数 $y=-2x+3$ 在 $x=1$ 处的弹性.

5. 设某商品的需求函数为 $Q=-\dfrac{P}{2}+12$.求:
   (1) 需求弹性函数 $\eta(P)$;
   (2) $P=6$ 时的需求弹性,并解释其经济学含义.

项目四　不定积分与定积分

微分学的基本问题是:已知一个函数,求它的导数. 在科学技术领域中往往还会遇到与此相反的问题:已知一个函数的导数,求原来的函数. 这就是不定积分. 不定积分与定积分构成了微积分的积分学部分.

任务一　不定积分的概念与计算

本任务将介绍不定积分的概念与性质、基本积分公式及不定积分的几种计算方法.

一、不定积分的概念与性质

1. 原函数与不定积分

定义 1　设 $f(x)$ 是定义在区间 I 上的函数,若存在函数 $F(x)$,使得对任意 $x \in I$,均有 $F'(x)=f(x)$,或 $\mathrm{d}F(x)=f(x)\mathrm{d}x$,则称 $F(x)$ 是 $f(x)$ 在区间 I 上的一个原函数.

例如,因为 $(x^2)'=2x$,所以 x^2 是 $2x$ 的一个原函数;又因为 $(x^2+2)'=2x$,$(x^2-3)'=2x$,所以函数 x^2+2 和 x^2-3 都是函数 $2x$ 的原函数. 可见,一个函数的原函数不是唯一的. 一般地,若函数 $F(x)$ 是函数 $f(x)$ 在区间 I 上的一个原函数,则函数 $F(x)+C$(C 为任意常数)也是函数 $f(x)$ 在区间 I 上的原函数.

定义 2　若函数 $F(x)$ 是函数 $f(x)$ 在区间 I 上的一个原函数,则称 $f(x)$ 的全体原函数 $F(x)+C$(C 为任意常数)为 $f(x)$ 在该区间上的不定积分,记作 $\int f(x)\mathrm{d}x$,即

$$\int f(x)\mathrm{d}x = F(x) + C.$$

其中，符号 $\int$ 为不定积分号，$f(x)$ 为被积函数，$f(x)\mathrm{d}x$ 为被积表达式，x 为积分变量，C 为积分常数.

从不定积分的定义知，求不定积分的核心问题是寻求被积函数 $f(x)$ 的一个原函数.

例1 计算不定积分：$\int \sin x \mathrm{d}x$.

解： 因为 $(-\cos x)' = \sin x$，即 $-\cos x$ 为 $\sin x$ 的一个原函数，所以，
$$\int \sin x \mathrm{d}x = -\cos x + C.$$

例2 计算不定积分：$\int \dfrac{1}{x} \mathrm{d}x$.

解： 当 $x > 0$ 时，因为 $(\ln x)' = \dfrac{1}{x}$，所以 $\int \dfrac{1}{x} \mathrm{d}x = \ln x + C$；

当 $x < 0$ 时，因为 $[\ln(-x)]' = \dfrac{1}{-x} \cdot (-1) = \dfrac{1}{x}$，所以 $\int \dfrac{1}{x} \mathrm{d}x = \ln(-x) + C$.

综上可得 $\int \dfrac{1}{x} \mathrm{d}x = \ln|x| + C$.

2. 基本积分公式

由于求不定积分是求导的逆运算，所以由导数的基本公式就可以直接得到不定积分的基本公式，汇总如下：

(1) $\int k \mathrm{d}x = kx + C$（$k$ 为常数）；

(2) $\int x^{\mu} \mathrm{d}x = \dfrac{1}{\mu+1} x^{\mu+1} + C$ （$\mu \neq -1$）； (3) $\int \dfrac{1}{x} \mathrm{d}x = \ln|x| + C$；

(4) $\int a^x \mathrm{d}x = \dfrac{1}{\ln a} a^x + C$ （$a > 0, a \neq 1$）； (5) $\int \mathrm{e}^x \mathrm{d}x = \mathrm{e}^x + C$；

(6) $\int \sin x \mathrm{d}x = -\cos x + C$； (7) $\int \cos x \mathrm{d}x = \sin x + C$；

(8) $\int \sec^2 x \mathrm{d}x = \tan x + C$； (9) $\int \csc^2 x \mathrm{d}x = -\cot x + C$；

(10) $\int \sec x \tan x \mathrm{d}x = \sec x + C$； (11) $\int \csc x \cot x \mathrm{d}x = -\csc x + C$；

(12) $\int \dfrac{1}{\sqrt{1-x^2}} \mathrm{d}x = \arcsin x + C$； (13) $\int \dfrac{1}{1+x^2} \mathrm{d}x = \arctan x + C$.

3. 不定积分的性质

性质1 $\left[\int f(x) \mathrm{d}x\right]' = f(x)$ 或 $\mathrm{d}\left[\int f(x) \mathrm{d}x\right] = f(x) \mathrm{d}x$.

性质2 $\int f'(x) \mathrm{d}x = f(x) + C$ 或 $\int \mathrm{d}f(x) = f(x) + C$.

性质3 $\int k f(x) \mathrm{d}x = k \int f(x) \mathrm{d}x \ (k \neq 0)$.

性质4 $\int [f(x) \pm g(x)] dx = \int f(x) dx \pm \int g(x) dx.$

例3 计算不定积分：$\int \tan^2 x dx.$

解： $\int \tan^2 x dx = \int (\sec^2 x - 1) dx = \int \sec^2 x dx - \int 1 dx = \tan^2 x - x + C.$

例4 计算不定积分：$\int \dfrac{x^4}{1+x^2} dx.$

解： $\int \dfrac{x^4}{1+x^2} dx = \int \dfrac{(x^4-1)+1}{1+x^2} dx = \int (x^2-1) dx + \int \dfrac{1}{1+x^2} dx$

$$= \dfrac{1}{3} x^3 - x + \arctan x + C.$$

例5 计算不定积分：$\int \dfrac{1}{x^2(1+x^2)} dx.$

解： $\int \dfrac{1}{x^2(1+x^2)} dx = \int \left(\dfrac{1}{x^2} - \dfrac{1}{1+x^2} \right) dx = \int \dfrac{1}{x^2} dx - \int \dfrac{1}{1+x^2} dx$

$$= -\dfrac{1}{x} - \arctan x + C.$$

二、不定积分的计算

1. 第一换元法

定理1 设 $\int f(u) du = F(u) + C$，且 $u = \varphi(x)$ 为可微函数，则

$$\int f[\varphi(x)] \varphi'(x) dx = \int f[\varphi(x)] d\varphi(x) = \int f(u) du = F(u) + C = F[\varphi(x)] + C$$

例6 计算不定积分：$\int \sin 3x dx.$

解： 已知积分公式 $\int \sin x dx = -\cos x + C$，再由微分 $d(3x) = 3dx$，得 $dx = \dfrac{1}{3} d(3x)$. 于是，

$$\int \sin 3x dx = \dfrac{1}{3} \int \sin 3x d(3x) \xlongequal{u=3x} \dfrac{1}{3} \int \sin u du$$

$$= -\dfrac{1}{3} \cos u + C = -\dfrac{1}{3} \cos 3x + C.$$

熟练以后可以省略中间换元过程.

例7 计算不定积分：$\int \sin^2 x \cos x dx.$

解： 已知积分公式 $\int x^{\mu}dx = \dfrac{1}{\mu+1}x^{\mu+1}+C$ 及 $\cos x dx = d\sin x$，于是，

$$\int \sin^2 x \cos x dx = \int \sin^2 x d\sin x = \dfrac{1}{3}\sin^3 x + C$$

在进行不定积分计算时，常需要结合下面的凑微分等式：

$dx = \dfrac{1}{a}d(ax+b)$ $(a \neq 0)$；$xdx = \dfrac{1}{2}dx^2$；$x^2 dx = \dfrac{1}{3}dx^3$；$\dfrac{1}{\sqrt{x}}dx = 2d\sqrt{x}$；

$\dfrac{1}{x^2}dx = -d\left(\dfrac{1}{x}\right)$；$e^x dx = de^x$；$\dfrac{1}{x}dx = d\ln x$；$\cos x dx = d\sin x$；$\sin x dx = -d\cos x$；

$\sec^2 x dx = d\tan x$；$\csc^2 x dx = -d\cot x$；$\sec x \tan x dx = d\sec x$；

$\csc x \cot x dx = -d\csc x$；$\dfrac{1}{\sqrt{1-x^2}}dx = d\arcsin x$；$\dfrac{1}{1+x^2}dx = d\arctan x$.

在进行不定积分计算时还需要灵活地运用三角恒等式进行恒等变型．

倒数关系：$\sin x \cdot \csc x = 1$，$\cos x \cdot \sec x = 1$，$\tan x \cdot \cot x = 1$；

商数关系：$\dfrac{\sin x}{\cos x} = \tan x$，$\dfrac{\cos x}{\sin x} = \cot x$；

平方关系：$\sin^2 x + \cos^2 x = 1$，$1+\tan^2 x = \sec^2 x$，$1+\cot^2 x = \csc^2 x$；

二倍角公式：$\sin 2x = 2\sin x \cdot \cos x$，$\cos 2x = 2\cos^2 x - 1 = 1 - 2\sin^2 x$，

$$\sin^2 x = \dfrac{1-\cos 2x}{2}, \quad \cos^2 x = \dfrac{1+\cos 2x}{2}.$$

2. 第二换元法

定理 2 设函数 $f(x)$ 连续，$x = \varphi(t)$ 单调可微，且 $\varphi'(t) \neq 0$，则

$$\int f(x)dx = \int f[\varphi(t)]\varphi'(t)dt = F(t) + C = F[\varphi^{-1}(x)] + C.$$

例 8 计算不定积分：$\int \dfrac{1}{1+\sqrt{x}}dx$.

解： 利用根式换元．设 $\sqrt{x} = t$，即 $x = t^2$，则 $dx = 2tdt$，于是，

$$\int \dfrac{1}{1+\sqrt{x}}dx = 2\int \dfrac{t}{1+t}dt = 2\int \dfrac{t+1-1}{1+t}dt = 2\int \left(1 - \dfrac{1}{1+t}\right)dt = 2(t - \ln|1+t|) + C$$

再回代 $t = \sqrt{x}$，得 $\int \dfrac{1}{1+\sqrt{x}}dx = 2(\sqrt{x} - \ln|1+\sqrt{x}|) + C$.

例 9 计算不定积分：$\int \sqrt{4-x^2}dx$.

解： 利用三角换元．设 $x = 2\sin t$，则 $dx = 2\cos t dt$，于是，

$$\int \sqrt{4-x^2}dx = 4\int \cos^2 t dt = 2\int (1+\cos 2t)dt = 2\int dt + 2\int \cos 2t dt$$

$$= 2t + \int \cos 2t d(2t) = 2t + \sin 2t + C$$

由 $x=2\sin t$，得 $t=\arcsin\dfrac{x}{2}$，$\sin 2t = 2\sin t\cos t = 2\times\dfrac{x}{2}\times\sqrt{1-\left(\dfrac{x}{2}\right)^2}=\dfrac{x\sqrt{4-x^2}}{2}$，

所以 $\displaystyle\int\sqrt{4-x^2}\,\mathrm{d}x = 2\arcsin\dfrac{x}{2}+\dfrac{x\sqrt{4-x^2}}{2}+C.$

常用三角换元归纳如下：

（1）被积函数 $f(x)$ 中含 $\sqrt{a^2-x^2}$ 时，作三角代换 $x=a\sin t$；

（2）被积函数 $f(x)$ 中含 $\sqrt{x^2-a^2}$ 时，作三角代换 $x=a\sec t$；

（3）被积函数 $f(x)$ 中含 $\sqrt{x^2+a^2}$ 时，作三角代换 $x=a\tan t$。

3. 分部积分法

由微分公式 $\mathrm{d}(uv)=u\mathrm{d}v+v\mathrm{d}u$，移项 $u\mathrm{d}v=\mathrm{d}(uv)-v\mathrm{d}u$，两边积分得分部积分公式：

$$\int u\,\mathrm{d}v = uv - \int v\,\mathrm{d}u.$$

例 10 计算不定积分：$\displaystyle\int\ln x\,\mathrm{d}x.$

解： $\displaystyle\int\ln x\,\mathrm{d}x = x\ln x - \int x\,\mathrm{d}\ln x = x\ln x - \int x\cdot\dfrac{1}{x}\mathrm{d}x = x\ln x - x + C.$

例 11 计算不定积分：$\displaystyle\int x\mathrm{e}^x\,\mathrm{d}x.$

解： $\displaystyle\int x\mathrm{e}^x\,\mathrm{d}x = \int x\,\mathrm{d}\mathrm{e}^x = x\mathrm{e}^x - \int \mathrm{e}^x\,\mathrm{d}x = x\mathrm{e}^x - \mathrm{e}^x + C.$

选择 u 和 $\mathrm{d}v$ 的原则可归纳如下：

（1）当被积函数是幂函数与指数函数或三角函数乘积时，保留幂函数为 u，指数函数或三角函数与 $\mathrm{d}x$ 进行凑微分为 $\mathrm{d}v.$

（2）当被积函数是幂函数与对数函数或反三角函数乘积时，保留对数函数或反三角函数为 u，幂函数与 $\mathrm{d}x$ 进行凑微分为 $\mathrm{d}v.$

习题 2-4-1

1. 求下列不定积分．

（1）$\displaystyle\int\left(\dfrac{1}{x^2}-3\cos x+\dfrac{2}{x}\right)\mathrm{d}x$； （2）$\displaystyle\int x^3\sqrt[3]{x}\,\mathrm{d}x$； （3）$\displaystyle\int\sec x(\sec x-\tan x)\,\mathrm{d}x$；

（4）$\displaystyle\int\dfrac{4}{x\sqrt{x}}\mathrm{d}x$； （5）$\displaystyle\int\dfrac{(x^2-3)(x+1)}{x^2}\mathrm{d}x$； （6）$\displaystyle\int\dfrac{x^2}{1+x^2}\mathrm{d}x.$

2. 求下列不定积分．

（1）$\displaystyle\int(3x-1)^4\,\mathrm{d}x$； （2）$\displaystyle\int\mathrm{e}^{1-2x}\,\mathrm{d}x$； （3）$\displaystyle\int\dfrac{1}{2+5x}\mathrm{d}x$；

(4) $\int x\sqrt{x^2-1}\,\mathrm{d}x$; (5) $\int \dfrac{1}{\sqrt{x}\,(\sqrt{x}+1)}\,\mathrm{d}x$; (6) $\int \sin^2 x\cos x\,\mathrm{d}x$;

(7) $\int \mathrm{e}^x\sin\mathrm{e}^x\,\mathrm{d}x$; (8) $\int \dfrac{\ln^2 x}{x}\,\mathrm{d}x$; (9) $\int x\mathrm{e}^{x^2}\,\mathrm{d}x$;

(10) $\int \dfrac{1}{x^2}\sin\dfrac{1}{x}\,\mathrm{d}x$; (11) $\int \dfrac{x}{\sqrt{1-x^2}}\,\mathrm{d}x$; (12) $\int \dfrac{x^2}{(4+x^3)^2}\,\mathrm{d}x$;

(13) $\int \dfrac{1}{\sin^2 3x}\,\mathrm{d}x$; (14) $\int \sec^2 x\tan x\,\mathrm{d}x$; (15) $\int \dfrac{(\arctan x)^2}{1+x^2}\,\mathrm{d}x$;

(16) $\int \sqrt{\dfrac{\arcsin x}{1-x^2}}\,\mathrm{d}x$; (17) $\int \dfrac{1}{\cos^2 x\sqrt{1+\tan x}}\,\mathrm{d}x$; (18) $\int \sec x\,\mathrm{d}x$;

(19) $\int \dfrac{x\mathrm{e}^{x^2}}{\mathrm{e}^{x^2}+3}\,\mathrm{d}x$; (20) $\int \dfrac{\sin x\cos x}{1+\sin^2 x}\,\mathrm{d}x$.

3. 求下列不定积分.

(1) $\int \dfrac{\sqrt{x-1}}{x}\,\mathrm{d}x$; (2) $\int \dfrac{1}{\sqrt{x}+\sqrt[4]{x}}\,\mathrm{d}x$; (3) $\int \dfrac{1}{x}\sqrt{\dfrac{1+x}{x}}\,\mathrm{d}x$;

(4) $\int \sqrt{4-x^2}\,\mathrm{d}x$; (5) $\int \dfrac{1}{\sqrt{x^2+4}}\,\mathrm{d}x$; (6) $\int \dfrac{1}{x\sqrt{x^2-4}}\,\mathrm{d}x$.

4. 求下列不定积分.

(1) $\int \dfrac{x}{2+x}\,\mathrm{d}x$; (2) $\int \dfrac{\mathrm{d}x}{x^2-3x+2}$; (3) $\int \dfrac{1}{4-x^2}\,\mathrm{d}x$;

(4) $\int \sin^2 x\,\mathrm{d}x$; (5) $\int \tan^2 x\,\mathrm{d}x$; (6) $\int \cos^3 x\,\mathrm{d}x$.

5. 求下列不定积分.

(1) $\int \arctan x\,\mathrm{d}x$; (2) $\int x\sin x\,\mathrm{d}x$; (3) $\int x\ln x\,\mathrm{d}x$; (4) $\int x\arctan x\,\mathrm{d}x$;

(5) $\int x^2\ln x\,\mathrm{d}x$; (6) $\int x^2\mathrm{e}^x\,\mathrm{d}x$; (7) $\int x\sin 2x\,\mathrm{d}x$; (8) $\int \cos\sqrt{x}\,\mathrm{d}x$.

任务二　定积分的概念

求曲线的长度、曲线所围图形的面积等问题都是定积分产生的重要原因. 古希腊数学家阿基米德的"穷竭法"，我国数学家刘徽的"割圆术"，其中都蕴含着定积分的思想方法. 直到17世纪中叶，牛顿和莱布尼茨先后提出了定积分的概念，并发现了积分与微分之间的内在联系，给出了计算定积分的一般方法，从而才使定积分成为解决有关实际问题的有力工具，并使各自独立的微分学与积分学联系在一起，构成完整的理论体系——微积分学.

路远行则至，
事难做则成

一、引进定积分概念的两个例子

1. 曲边梯形的面积

设函数 $f(x)$ 在区间 $[a,b]$ 上连续，且 $f(x) \geq 0$，则由曲线 $y=f(x)$、直线 $x=a$、$x=b$ 及 x 轴围成的平面图形称为曲边梯形，x 轴上的线段 $[a,b]$ 为曲边梯形的底边，曲线 $y=f(x)$ 为曲边梯形的曲边，如图 2-4-1 所示．下面我们来求曲边梯形的面积 A．

（1）分割：在区间 $[a,b]$ 内任意插入 $n-1$ 个分点，将底边 $[a,b]$ 分成 n 小段，设分点为

$$a = x_0 < x_1 < x_2 < \cdots < x_{i-1} < x_i < \cdots < x_{n-1} < x_n = b$$

这 n 个小区间分别为

$$[x_0, x_1], [x_1, x_2], \cdots, [x_{i-1}, x_i], \cdots, [x_{n-1}, x_n]$$

每个小区间的长度记为

$$\Delta x_i = x_i - x_{i-1} \quad (i=1,2,\cdots,n)$$

过这 $n-1$ 个分点作垂直于 x 轴的直线 $x=x_i$（$i=1,2,\cdots,n-1$），曲边梯形被分成 n 个小曲边梯形，其面积分别记为 ΔA_i（$i=1,2,\cdots,n$）.

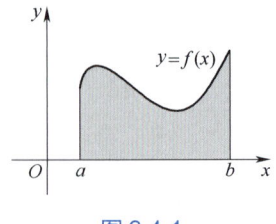

图 2-4-1

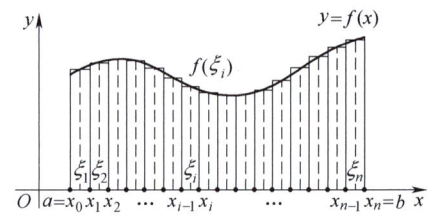

图 2-4-2

（2）近似代替：在每个小区间中任取一点 ξ_i，即 $\xi_i \in [x_{i-1}, x_i]$（$i=1,2,\cdots,n$），用底为 Δx_i，高为 $f(\xi_i)$（$i=1,2,\cdots,n$）的小矩形面积近似代替第 i 个小曲边梯形的面积，即 $\Delta A_i \approx f(\xi_i) \Delta x_i$（$i=1,2,\cdots,n$），如图 2-4-2 所示．

（3）求和：显然，曲边梯形的面积近似等于这 n 个小矩形面积之和，即

$$A = \Delta A_1 + \Delta A_2 + \cdots + \Delta A_n \approx f(\xi_1)\Delta x_1 + f(\xi_2)\Delta x_2 + \cdots + f(\xi_n)\Delta x_n$$

$$= \sum_{i=1}^{n} f(\xi_i) \Delta x_i$$

（4）取极限：当底边 $[a,b]$ 的分割不断加细（即分点不断加密）时，图中小矩形的面积之和就不断地逼近曲边梯形的面积．记 $\lambda = \max\{\Delta x_1, \Delta x_2, \cdots, \Delta x_n\}$，则曲边梯形的面积为

$$A = \lim_{\lambda \to 0} \sum_{i=1}^{n} f(\xi_i) \Delta x_i \tag{2-8}$$

2. 变速直线运动的路程

设一物体作变速直线运动，已知运动的速度 v 是时间 t 的连续函数，即 $v=v(t)$，求物体在时间段 $[T_1, T_2]$ 内所经过的路程 s．

（1）分割：用分点 $T_1 = t_0 < t_1 < t_2 < \cdots < t_{i-1} < t_i < \cdots < t_{n-1} < t_n = T_2$ 将时间段 $[T_1,$

T_2] 分成 n 个小时间段,
$$[t_0,t_1][t_1,t_2],\cdots,[t_{i-1},t_i],\cdots,[t_{n-1},t_n]$$
每个小时间段的长度为
$$\Delta t_i = t_i - t_{i-1}(i=1,2,\cdots,n)$$
相应地, 路程 s 也被分成 n 段小路程 Δs_i ($i=1$, 2, …, n).

(2) 近似代替: 在每个小时间段 $[t_{i-1}, t_i]$ 内, 将物体视为作匀速直线运动, 在小时间段内任取 $\xi_i \in [t_{i-1}, t_i]$ ($i=1$, 2, …, n), 以 ξ_i 时刻的瞬时速度 $v(\xi_i)$ 为物体在该小时间段 $[t_{i-1}, t_i]$ 内的平均速度, 则在小时间段 $[t_{i-1}, t_i]$ ($i=1$, 2, …, n)内, 物体运动的路程近似为
$$\Delta s_i \approx v(\xi_i)\Delta t_i, (i=1,2,\cdots,n)$$

(3) 求和: 将每小段上匀速运动的路程相加即得总路程 s 的近似值
$$s = \sum_{i=1}^{n}\Delta s_i \approx \sum_{i=1}^{n}v(\xi_i)\Delta t_i$$

(4) 取极限: 记 $\lambda = \max\{\Delta t_1, \Delta t_2, \cdots, \Delta t_n\}$, 显然, 当 $\lambda \to 0$ 时, 上述和式极限即为物体在时间段 $[T_1, T_2]$ 内的路程, 即
$$s = \lim_{\lambda \to 0}\sum_{i=1}^{n}v(\xi_i)\Delta t_i \tag{2-9}$$

在自然科学、工程技术问题和经济管理中, 还有许多非均匀变化的问题, 如变力做功、交流电做功、水压力、引力等, 尽管它们有着不同的实际意义, 但都可用类似的方法分析, 最终归结为讨论形如式 (2-8)、式 (2-9)的极限. 在数学上这种特定的极限就是定积分.

二、定积分的定义

定义 1 设函数 $f(x)$ 在区间 $[a, b]$ 上有定义, 任意取分点
$$a = x_0 < x_1 < x_2 < \cdots < x_{i-1} < x_i < \cdots < x_{n-1} < x_n = b,$$
将区间 $[a, b]$ 分成 n 个小区间: $[x_{i-1}, x_i]$, 其长度记为: $\Delta x_i = x_i - x_{i-1}$ ($i=1$, 2, …, n). 在每个小区间 $[x_{i-1}, x_i]$ 中任取一点 ξ_i ($i=1$, 2, …, n), 作乘积 $f(\xi_i)\Delta x_i$, 得和式
$$\sum_{i=1}^{n}f(\xi_i)\Delta x_i \quad (称为积分和)$$

记 $\lambda = \max\{\Delta x_1, \Delta x_2, \cdots, \Delta x_n\}$, 若极限 $\lim_{\lambda \to 0}\sum_{i=1}^{n}f(\xi_i)\Delta x_i$ 存在, 则称函数 $f(x)$ 在区间 $[a, b]$ 上可积, 极限值称为 $f(x)$ 在 $[a, b]$ 上的定积分, 记为 $\int_a^b f(x)dx$, 即
$$\int_a^b f(x)dx = \lim_{\lambda \to 0}\sum_{i=1}^{n}f(\xi_i)\Delta x_i.$$

其中, $f(x)$ 称为被积函数, x 称为积分变量, $f(x)dx$ 称为被积表达式或被积分式, 区间 $[a, b]$ 称为积分区间, a 称为积分下限, b 称为积分上限, 符号 $\int_a^b f(x)dx$ 读作函数 $f(x)$ 从 a 到 b 的定积分.

注： （1）定积分 $\int_a^b f(x)dx$ 只与被积函数 $f(x)$ 和积分区间 $[a, b]$ 有关，与积分变量无关，即

$$\int_a^b f(x)dx = \int_a^b f(u)du = \int_a^b f(t)dt;$$

（2）上、下限相等时，定积分的值为零，即 $\int_a^a f(x)dx = 0$；

（3）交换上、下限，定积分变号，即 $\int_a^b f(x)dx = -\int_b^a f(x)dx$.

根据定积分的定义，上述两个引例可以用定积分来表示.

（1）以连续曲线 $y=f(x) \geq 0$、直线 $x=a$、$x=b$ 及 x 轴围成的曲边梯形的面积 A 为：

$$A = \int_a^b f(x)dx.$$

（2）以速度为 $v=v(t) \geq 0$ 连续运动的物体在时间段 $[T_1, T_2]$ 内所经过的路程 s 为：

$$s = \int_{T_1}^{T_2} v(t)dt.$$

三、定积分的几何意义

设 $f(x)$ 在区间 $[a, b]$（$a<b$）上连续，且 $f(x) \geq 0$，如图 2-4-3 所示. 根据定积分的定义，定积分 $\int_a^b f(x)dx$ 在几何上表示由曲线 $y=f(x)$、直线 $x=a$、$x=b$ 及 x 轴所围成的曲边梯形的面积 A，即

$$\int_a^b f(x)dx = A.$$

若 $f(x)<0$，如图 2-4-4 所示，则由曲线 $y=-f(x)>0$、直线 $x=a$、$x=b$ 及 x 轴所围成的曲边梯形与由曲线 $y=f(x)$、直线 $x=a$、$x=b$ 及 x 轴所围成的曲边梯形关于 x 轴对称，面积相等，故

$$A = \int_a^b [-f(x)]dx = -\int_a^b f(x)dx$$

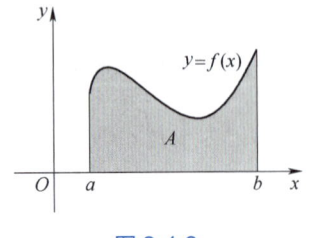

图 2-4-3

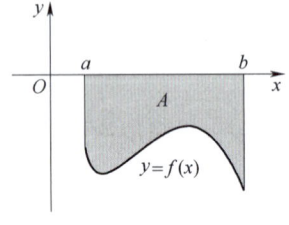

图 2-4-4

于是，$\int_a^b f(x)dx = -A$，即定积分 $\int_a^b f(x)dx$ 的几何意义为 x 轴下方曲边梯形面积 A 的相反数.

若 $f(x)$ 在区间 $[a, b]$ 上有正、有负时，如图 2-4-5 所示，则定积分 $\int_a^b f(x)\mathrm{d}x$ 在几何上表示由曲线 $y=f(x)$、直线 $x=a$、$x=b$ 及 x 轴所围成的曲边梯形在 x 轴上方的面积（取正）与 x 轴下方的面积（取负）的代数和，即

$$\int_a^b f(x)\mathrm{d}x = A_1 - A_2 + A_3.$$

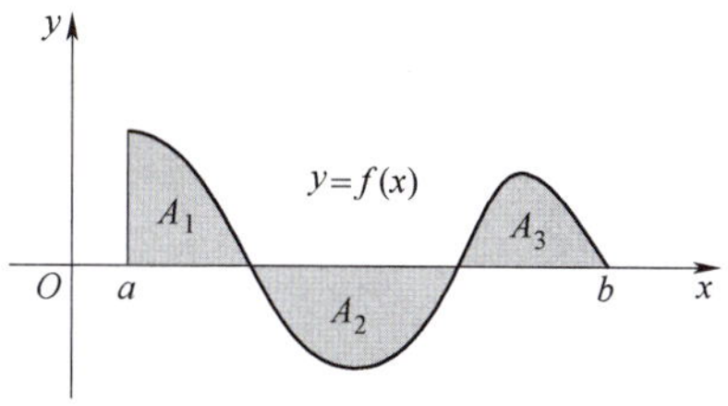

图 2-4-5

由定积分的几何意义，不难得到下面的结论．

设函数 $y=f(x)$ 在区间 $[-a, a]$ 上连续，如图 2-4-6 和图 2-4-7 所示，则

$$\int_{-a}^a f(x)\mathrm{d}x = \begin{cases} 0, & f(x) \text{ 为奇函数} \\ 2\int_0^a f(x)\mathrm{d}x & f(x) \text{ 为偶函数} \end{cases}$$

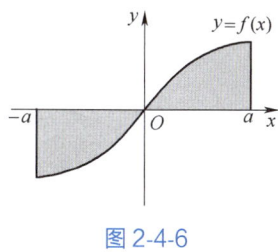

图 2-4-6

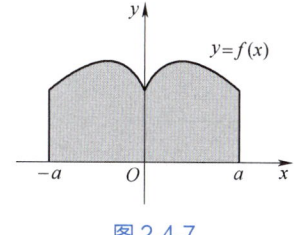

图 2-4-7

四、定积分的性质

性质 1 $\int_a^b [f(x) \pm g(x)]\mathrm{d}x = \int_a^b f(x)\mathrm{d}x \pm \int_a^b g(x)\mathrm{d}x.$

性质 2 $\int_a^b kf(x)\mathrm{d}x = k\int_a^b f(x)\mathrm{d}x$（$k$ 为常数）．

性质 3 $\int_a^b f(x)\mathrm{d}x = \int_a^c f(x)\mathrm{d}x + \int_c^b f(x)\mathrm{d}x.$

该性质称为定积分对积分区间的可加性．可以从几何上来理解这个性质，如图 2-4-8 所示，区间 $[a, b]$ 上的曲边梯形面积等于区间 $[a, c]$ 上和 $[c, b]$ 上两个曲边梯形的面积之和．

性质 4 $\int_a^b 1\mathrm{d}x = \int_a^b \mathrm{d}x = b - a.$

在区间 $[a, b]$ 上，被积函数 $f(x)\equiv 1$，从几何上看，曲边梯形的曲边 $y=f(x)=1$ 为平行于 x 轴的直线，此时曲边梯形就变成了一个规则的长方形，如图 2-4-9 所示，其面积为 $b-a$．

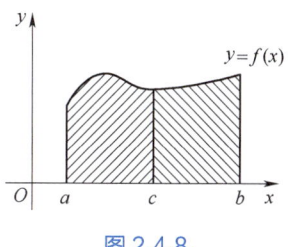

图 2-4-8

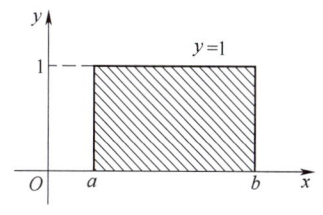

图 2-4-9

性质 5 若对于任意的 $x \in [a, b]$ 都有 $f(x) \leqslant g(x)$，则
$$\int_a^b f(x) \mathrm{d}x \leqslant \int_a^b g(x) \mathrm{d}x \quad (a < b).$$

推论 1 若在区间 $[a, b]$ 上 $f(x) \geqslant 0$，则 $\int_a^b f(x) \mathrm{d}x \geqslant 0 (a < b)$.

推论 2 $\left| \int_a^b f(x) \mathrm{d}x \right| \leqslant \int_a^b |f(x)| \mathrm{d}x (a < b)$.

性质 6 （估值定理）设函数 $f(x)$ 在区间 $[a, b]$ 上的最大值为 M，最小值为 m，则
$$m(b - a) \leqslant \int_a^b f(x) \mathrm{d}x \leqslant M(b - a).$$

估值定理在几何上表示以 $[a, b]$ 为底、$y = f(x)$ 为曲边的曲边梯形的面积 $\int_a^b f(x) \mathrm{d}x$ 介于同一底边而高分别为 m 与 M 的两个矩形面积 $m(b-a)$ 与 $M(b-a)$ 之间，如图 2-4-10 所示.

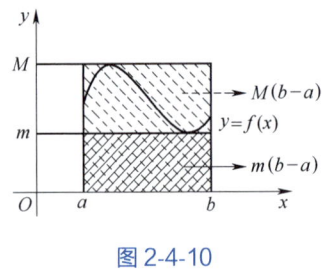

图 2-4-10

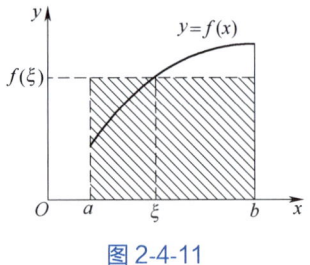

图 2-4-11

性质 7 （积分中值定理）若函数 $f(x)$ 在区间 $[a, b]$ 上连续，则至少存在一点 $\xi \in [a, b]$，使得
$$\int_a^b f(x) \mathrm{d}x = f(\xi)(b - a).$$

积分中值定理在几何上的解释为：由连续曲线 $y = f(x)$ 在区间 $[a, b]$ 上所成的曲边梯形的面积等于以区间 $[a, b]$ 为底，区间 $[a, b]$ 内某点 ξ 处的函数值 $f(\xi)$ 为高的矩形面积 $f(\xi)(b-a)$，如图 2-4-11 所示.

由上述几何解释易见，数值 $\dfrac{1}{b-a} \int_a^b f(x) \mathrm{d}x$ 表示连续曲线 $f(x)$ 在区间 $[a, b]$ 上的平均高度，我们称其为函数 $f(x)$ 在区间 $[a, b]$ 上的平均值. 这一概念是对有限个数的平均值概念的拓展.

例 1 比较积分 $\int_0^1 \mathrm{e}^{x^2} \mathrm{d}x$ 与 $\int_0^1 \mathrm{e}^{\sqrt{x}} \mathrm{d}x$ 的大小.

解： 因为在区间 $[0, 1]$ 上，$x^2 \leqslant \sqrt{x}$，$\mathrm{e}^{x^2} \leqslant \mathrm{e}^{\sqrt{x}}$，所以 $\int_0^1 \mathrm{e}^{x^2} \mathrm{d}x \leqslant \int_0^1 \mathrm{e}^{\sqrt{x}} \mathrm{d}x$.

例 2 估计定积分 $\int_0^2 \mathrm{e}^{-x^2} \mathrm{d}x$ 的值.

解： 因为在区间 $[0, 2]$ 上，$-4 \leq -x^2 \leq 0$，$e^{-4} \leq e^{-x^2} \leq 1$，所以

$$\frac{2}{e^4} = e^{-4}(2-0) = \int_0^2 e^{-4} dx \leq \int_0^2 e^{-x^2} dx \leq \int_0^2 1 dx = 2.$$

五、微积分基本公式

1. 变上限函数

设函数 $f(x)$ 在区间 $[a, b]$ 上连续，$x \in [a, b]$，则由

$$F(x) = \int_a^x f(t) dt$$

所定义的函数称为积分上限的函数（或变上限定积分），如图 2-4-12 所示.

定理 1 设函数 $f(x)$ 在区间 $[a, b]$ 上连续，则积分上限的函数

$$F(x) = \int_a^x f(t) dt, \quad x \in [a, b]$$

在 $[a, b]$ 上可导，且

$$F'(x) = \left[\int_a^x f(t) dt \right]' = f(x)$$

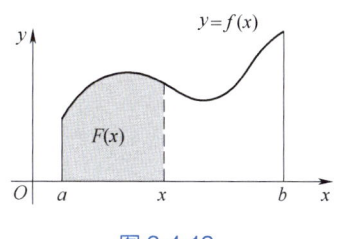

图 2-4-12

由此可见，变上限的函数 $\int_a^x f(t) dt$ 也是 $f(x)$ 的一个原函数.

例 3 设 $F(x) = \int_a^x \sin t^2 dt$，求 $F'(x)$.

解： $F'(x) = \sin x^2$.

2. 微积分基本公式

定理 2 设函数 $F(x)$ 为连续函数 $f(x)$ 在区间 $[a, b]$ 上的一个原函数，则

$$\int_a^b f(x) dx = F(x) \big|_a^b = F(b) - F(a).$$

该公式就是微积分基本公式，也称为牛顿—莱布尼茨公式，简称 N-L 公式.

注： （1）符号 $F(x) \big|_a^b$ 表示 $F(x)$ 在区间 $[a, b]$ 上的增量，即

$$F(x) \big|_a^b = F(b) - F(a).$$

（2）定积分 $\int_a^b f(x) dx$ 的值为被积函数的一个原函数在积分区间上的增量，与选取哪一个原函数无关，即若 $F(x)$ 和 $G(x)$ 都是 $f(x)$ 的原函数，则

$$\int_a^b f(x) dx = F(b) - F(a) = G(b) - G(a).$$

例 4 计算 $\int_1^3 2x dx$.

解： 因为 $(x^2)' = 2x$，即 x^2 是 $2x$ 的一个原函数，所以，由 N-L 公式得

$$\int_1^3 2x dx = (x^2) \big|_1^3 = 9 - 1 = 8.$$

例 5 求由曲线 $y=x^2$、直线 $x=1$、$x=2$ 及 x 轴所围成的图形的面积.

解: 如图 2-4-13 所示. 由定积分的几何意义知,所围图形的面积为 $A=\int_1^2 x^2 \mathrm{d}x$. 又因为 $\left(\frac{1}{3}x^3\right)'=x^2$,即 $\frac{1}{3}x^3$ 是 x^2 的一个原函数,所以,由 N-L 公式得

$$A=\int_1^2 x^2 \mathrm{d}x = \left.\frac{1}{3}x^3\right|_1^2 = \frac{1}{3}\times(8-1)=\frac{7}{3}.$$

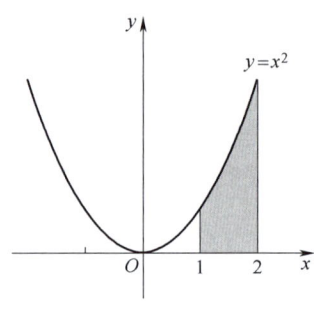

图 2-4-13

习题 2-4-2

习题答案

1. 约 2500 年前,古希腊伟大的数学家阿基米德曾用在他之前希腊人所创立的"穷竭法"计算由抛物线 $y=x^2$、x 轴和直线 $x=1$ 所围成的曲边三角形的面积. 根据定积分的几何意义知,该面积即为定积分 $\int_0^1 x^2 \mathrm{d}x$ 的值. 试用定积分的定义计算定积分 $\int_0^1 x^2 \mathrm{d}x$.

2. 利用定积分的几何意义直接写出下列定积分的值.

   (1) $\int_2^4 3\mathrm{d}x$;   (2) $\int_0^2 \sqrt{4-x^2}\,\mathrm{d}x$.

3. 比较大小.

   (1) $\int_0^1 x^2 \mathrm{d}x$ 与 $\int_0^1 x\mathrm{d}x$;   (2) $\int_1^2 \ln x \mathrm{d}x$ 与 $\int_1^2 \ln^2 x \mathrm{d}x$.

4. 估计定积分的值.

   (1) $\int_1^3 x^2 \mathrm{d}x$;   (2) $\int_{\frac{\pi}{6}}^{\frac{\pi}{3}} \sin x \mathrm{d}x$.

5. 用 N-L 公式计算下列定积分.

   (1) $\int_0^1 x^2 \mathrm{d}x$;   (2) $\int_0^1 e^x \mathrm{d}x$.

任务三 定积分的计算

定积分的定义和微积分基本公式都可以计算一些简单函数的定积分,但当被积函数较

为复杂时就显得很不方便. 本任务就是进一步研究定积分的计算问题, 其主要计算方法有定积分的换元积分法和分部积分法.

一、定积分的直接积分法

例 1 计算定积分: $\int_0^1 (x+3)^2 dx$.

解: $\int_0^1 (x+3)^2 dx = \int_0^1 (x^2 + 6x + 9) dx = \left(\frac{1}{3}x^3 + 6 \times \frac{1}{2}x^2 + 9x\right)\Big|_0^1 = \frac{37}{3}.$

例 2 计算定积分: $\int_1^3 |x-2| dx$.

解: $\int_1^3 |x-2| dx = \int_1^2 (2-x) dx + \int_2^3 (x-2) dx = \left(2x - \frac{1}{2}x^2\right)\Big|_1^2 + \left(\frac{1}{2}x^2 - 2x\right)\Big|_2^3$

$= \left[(4-2) - \left(2 - \frac{1}{2}\right)\right] + \left[\left(\frac{9}{2} - 6\right) - (2-4)\right] = 1.$

二、定积分的换元积分法

在计算定积分时, 许多积分都难以用"直接积分法"直接计算出结果来, 需要寻求其他的计算方法, 下面简单地介绍定积分的换元积分法和分部积分法.

定理 1 设函数 $f(x)$ 在区间 $[a, b]$ 上连续, 函数 $x = \varphi(t)$ 满足下列条件:

(1) $\varphi(\alpha) = a$, $\varphi(\beta) = b$, $a \leqslant \varphi(t) \leqslant b$;

(2) 函数 $x = \varphi(t)$ 在区间 $[\alpha, \beta]$ (或 $[\beta, \alpha]$) 上单调, 且其导数 $\varphi'(t)$ 连续. 则

$$\int_a^b f(x) dx = \int_\alpha^\beta f[\varphi(t)] \varphi'(t) dt.$$

例 3 计算定积分: $\int_0^1 e^{3x} dx$.

解: 先进行凑微分 $dx = \frac{1}{3} d(3x)$, 再利用定积分公式积分.

$$\int_0^1 e^{3x} dx = \frac{1}{3} \int_0^1 e^{3x} d(3x) = \frac{1}{3} e^{3x} \Big|_0^1 = \frac{1}{3}(e^3 - 1).$$

例 4 计算定积分: $\int_1^e \frac{\ln^3 x}{x} dx$.

解: 先进行凑微分 $\frac{1}{x} dx = d\ln x$, 再利用定积分公式积分.

$$\int_1^e \frac{\ln^3 x}{x} dx = \int_1^e \ln^3 x \, d\ln x = \frac{1}{4} \ln^4 x \Big|_1^e = \frac{1}{4}(1-0) = \frac{1}{4}.$$

例 5 计算定积分 $\int_{-2}^0 \frac{x}{\sqrt{1-4x}} dx$.

解： 设 $\sqrt{1-4x}=t$，则 $x=\dfrac{1}{4}(1-t^2)$，求导 $\dfrac{dx}{dt}=-\dfrac{t}{2}$，即 $dx=-\dfrac{t}{2}dt$，当 x 从 -2 变化到 0 时，相应 t 从 3 变化到 1，于是

$$\int_{-2}^{0}\dfrac{x}{\sqrt{1-4x}}dx = -\int_{3}^{1}\dfrac{1-t^2}{4t}\cdot\dfrac{t}{2}dt = \dfrac{1}{8}\int_{1}^{3}(1-t^2)dt = \dfrac{1}{8}\left(t-\dfrac{1}{3}t^3\right)\bigg|_{1}^{3} = -\dfrac{5}{6}.$$

三、定积分的分部积分法

换元积分法是一个很有用的积分方法，但是在计算定积分时，还有一些积分用"换元积分法"也是难以求出的，这就需要使用分部积分法进行计算.

由不定积分的分部积分公式 $\int udv = uv - \int vdu$，这里直接给出定积分的分部积分公式：

$$\int_{a}^{b}udv = uv\bigg|_{a}^{b} - \int_{a}^{b}vdu.$$

例 6 计算定积分：$\int_{1}^{e}\ln xdx$.

解： 直接利用分部积分公式积分.

$$\int_{1}^{e}\ln xdx = x\ln x\bigg|_{1}^{e} - \int_{1}^{e}x\cdot\dfrac{1}{x}dx = e - x\bigg|_{1}^{e} = e - (e-1) = 1.$$

例 7 计算定积分：$\int_{0}^{1}xe^xdx$.

解： 先进行凑微分 $e^xdx = de^x$，再利用分部积分公式积分.

$$\int_{0}^{1}xe^xdx = \int_{0}^{1}xde^x = (xe^x)\bigg|_{0}^{1} - \int_{0}^{1}e^xdx = (e-0) - e^x\bigg|_{0}^{1} = e - (e-1) = 1.$$

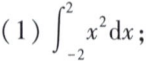

习题 2-4-3

习题答案

1. 计算下列定积分.

   (1) $\int_{-2}^{2}x^2dx$；   (2) $\int_{-2}^{2}x^3dx$；   (3) $\int_{0}^{1}e^xdx$；

   (4) $\int_{0}^{\pi}\sin xdx$；   (5) $\int_{0}^{1}(1+2x-x^2)dx$；   (6) $\int_{1}^{2}\dfrac{1}{x^2}dx$；

   (7) $\int_{1}^{e}\dfrac{x^3+2}{x}dx$；   (8) $\int_{\frac{\pi}{4}}^{\pi}(\sin x+\cos x)dx$；   (9) $\int_{1}^{4}|x-3|dx$；

   (10) $\int_{0}^{\pi}|\cos x|dx$.

2. 计算下列定积分.

   (1) $\int_{0}^{1}e^{2x}dx$；   (2) $\int_{0}^{\frac{\pi}{6}}\cos 3xdx$；   (3) $\int_{0}^{1}(1+3x)^5dx$；

   (4) $\int_{0}^{\frac{\pi}{2}}\cos^3 x\sin xdx$；   (5) $\int_{0}^{1}\dfrac{e^x}{e^x+1}dx$；   (6) $\int_{1}^{e}\dfrac{1+\ln x}{x}dx$；

(7) $\int_1^4 \dfrac{e^{\sqrt{x}}}{\sqrt{x}}dx$; (8) $\int_1^4 \dfrac{1}{\sqrt{x}(1+\sqrt{x})}dx$.

3. 计算下列定积分.

(1) $\int_0^3 \dfrac{x}{\sqrt{x+1}}dx$; (2) $\int_1^4 \dfrac{1}{1+\sqrt{x}}dx$; (3) $\int_0^1 \sqrt{1-x^2}\,dx$; (4) $\int_0^1 \dfrac{1}{\sqrt{x^2+1}}dx$.

4. 计算下列定积分.

(1) $\int_0^\pi x\sin x\,dx$; (2) $\int_1^{e-1} \ln(x+1)\,dx$; (3) $\int_0^1 x^2 e^x\,dx$; (4) $\int_0^\pi x^2\cos x\,dx$.

任务四　定积分的应用

定积分在实际问题中有着广泛的应用,下面我们从微元法开始介绍定积分在几何、物理、经济等方面的应用.

一、微元法

通过前面对求曲边梯形面积的讨论可知,用定积分方法解决具体问题的思想是分割、近似代替、求和及取极限.下面我们还是通过求曲边梯形的面积将该过程进行简化,抽象出用定积分解决具体问题的方法——微元法.

设由连续曲线 $y=f(x)$、直线 $x=a$、$x=b$ 及 x 轴所围成的曲边梯形的面积为 A.

(1) 分割:任取 $x\in[a,b]$,得一个小区间 $[x,x+dx]\subset[a,b]$(区间微元),则在小区间 $[x,x+dx]$ 上的小曲边梯形的面积近似为 $\Delta A\approx dA=f(x)dx$(面积微元),如图 2-4-14 所示.

(2) 求和:曲边梯形的面积 A 近似为
$$A\approx \sum dA=\sum f(x)dx$$

(3) 取极限:曲边梯形的面积 A 为
$$A=\lim \sum f(x)dx=\int_a^b dA=\int_a^b f(x)dx.$$

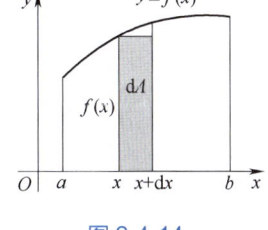

图 2-4-14

二、定积分在几何上的应用

1. 平面图形的面积

由定积分的几何意义知,若 $f(x)\geqslant 0$,则曲边梯形的面积为 $A=\int_a^b f(x)dx$;若 $f(x)<0$,则曲边梯形的面积为 $A=-\int_a^b f(x)dx=\int_a^b |f(x)|dx$;若 $f(x)$ 在区间 $[a,b]$ 上有正、有负时,如图 2-4-15 所示,则曲边梯形的面积为
$$A=\int_a^c f(x)dx-\int_c^d f(x)dx+\int_d^b f(x)dx=\int_a^b |f(x)|dx.$$

若平面区域由连续曲线 $y=f(x)$、$y=g(x)$ $[f(x)\geqslant g(x)]$、直线 $x=a$、$x=b$ ($a<b$) 围成,如图 2-4-16 所示.则所围平面图形的面积为

$$A = \int_a^b |f(x) - g(x)| \, dx.$$

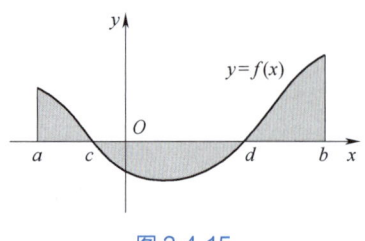

图 2-4-15

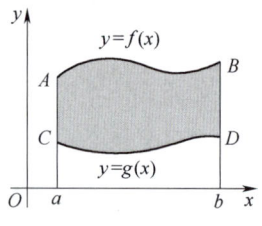

图 2-4-16

以上是以 x 为积分变量，同理，若以 y 为积分变量，则由连续曲线 $x = g(y)$、直线 $y = c$、$y = d$ ($c < d$) 及 y 轴所围平面图形（图 2-4-17）的面积为

$$A = \int_c^d |g(y)| \, dy.$$

若平面区域由连续曲线 $x_1 = g_1(y)$、$x_2 = g_2(y)$ $[g_1(y) \leqslant g_2(y)]$、直线 $y = c$、$y = d$ ($c < d$) 及 y 轴围成，如图 2-4-18 所示，则所围平面图形的面积为

$$A = \int_c^d |g_2(y) - g_1(y)| \, dy.$$

例 1 求由曲线 $y = \dfrac{1}{x}$、直线 $y = x$、$x = 2$ 及 x 轴所围成的平面图形的面积.

解： 如图 2-4-19 所示，由定积分的几何意义得，所求平面图形的面积为

$$A = \int_0^1 x \, dx + \int_1^2 \dfrac{1}{x} \, dx = \dfrac{1}{2} x^2 \bigg|_0^1 + \ln|x| \bigg|_1^2 = \dfrac{1}{2} + \ln 2.$$

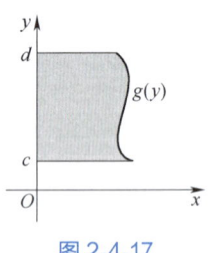

图 2-4-17

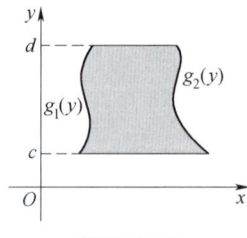

图 2-4-18

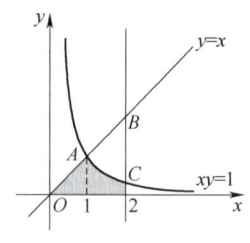

图 2-4-19

例 2 求由曲线 $y = \dfrac{1}{x}$、直线 $y = x$、$x = 2$ 所围成的平面图形的面积.

解： 如图 2-4-20 所示，由定积分的几何意义得，所求平面图形的面积为

$$A = \int_1^2 \left(x - \dfrac{1}{x}\right) dx = \left(\dfrac{1}{2}x^2 - \ln|x|\right) \bigg|_1^2 = \dfrac{3}{2} - \ln 2.$$

例 3 求由两条曲线 $y = x^2$ 和 $y^2 = x$ 所围成平面图形的面积.

解： 如图 2-4-21 所示，由定积分的几何意义得，所求平面图形的面积为

$$A = \int_0^1 (\sqrt{x} - x^2) \, dx = \left(\dfrac{2}{3} x^{\frac{3}{2}} - \dfrac{1}{3} x^3\right) \bigg|_0^1 = \dfrac{1}{3}.$$

或者利用微元法求面积，如图 2-4-22 所示，选择以 x 为积分变量，则在区间 $[x, x+\mathrm{d}x]$ 上小长方形的面积（面积微元）为

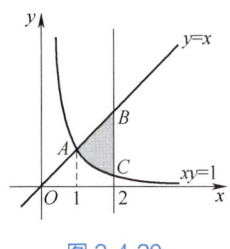
图 2-4-20

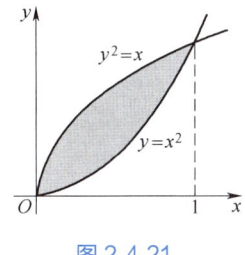
图 2-4-21

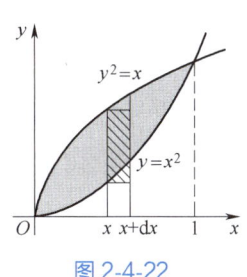
图 2-4-22

$$\mathrm{d}A = (\sqrt{x} - x^2)\mathrm{d}x$$

从而所求平面图形的面积为

$$A = \int_0^1 \mathrm{d}A = \int_0^1 (\sqrt{x} - x^2)\mathrm{d}x = \left(\frac{2}{3}x^{\frac{3}{2}} - \frac{1}{3}x^3\right)\Big|_0^1 = \frac{1}{3}.$$

例 4 求由曲线 $y^2 = 2x$ 和直线 $y = x - 4$ 所围成平面图形的面积.

解： 如图 2-4-23 所示，

解方程组 $\begin{cases} y^2 = 2x \\ y = x - 4 \end{cases}$ 得交点坐标 $(2, -2)$，$(8, 4)$.

下面利用微元法求面积，选择以 y 为积分变量，则在区间 $[y, y+\mathrm{d}y]$ 上小长方形的面积（面积微元）为

$$\mathrm{d}A = \left(y + 4 - \frac{1}{2}y^2\right)\mathrm{d}y$$

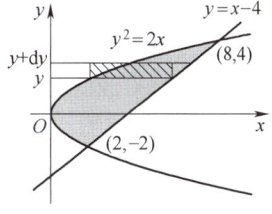
图 2-4-23

从而所求平面图形的面积为

$$A = \int_{-2}^4 \mathrm{d}A = \int_{-2}^4 \left(y + 4 - \frac{1}{2}y^2\right)\mathrm{d}y = \left(\frac{1}{2}y^2 + 4y - \frac{1}{6}y^3\right)\Big|_{-2}^4 = 18.$$

如果本题选择以 x 为积分变量，则计算过程相对较复杂许多，读者可自行完成. 因此，在实践中，应根据问题实际情况合理选择积分变量以达到化简计算过程的目的.

2. 旋转体的体积

由连续曲线 $y = f(x)$、直线 $x = a$、$x = b$ 及 x 轴所围成的平面图形绕 x 轴旋转一周所得旋转体如图 2-4-24 所示，下面利用微元法求其体积.

如图 2-4-25 所示，选择以 x 为积分变量，则在区间 $[x, x+\mathrm{d}x]$ 上的小长方形［高为

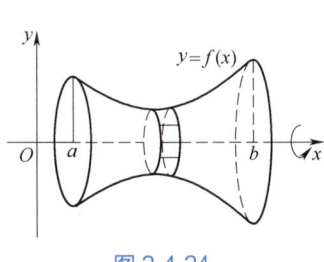
图 2-4-24

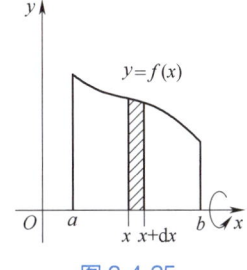
图 2-4-25

$f(x)$] 薄片绕 x 轴旋转一周所得旋转体可近似视为以 $f(x)$ 为半径，$\mathrm{d}x$ 为高的薄片圆柱，其体积微元为

$$\mathrm{d}V = \pi f^2(x)\,\mathrm{d}x$$

从而所求旋转体的体积为

$$V_x = \int_a^b \mathrm{d}V = \pi\int_a^b f^2(x)\,\mathrm{d}x.$$

同理，如图 2-4-26 所示，平面图形绕 y 轴旋转一周所得旋转体的体积（选择以 y 为积分变量）为

$$V_y = \pi\int_c^d [f^{-1}(y)]^2\,\mathrm{d}y.$$

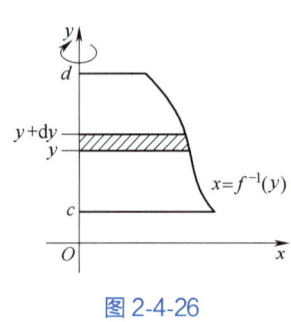

图 2-4-26

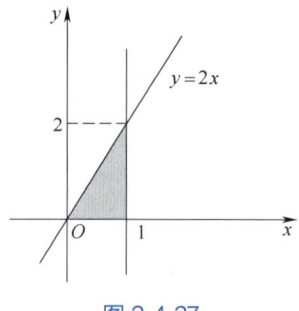

图 2-4-27

例 5 求由曲线 $y=2x$、直线 $x=1$ 及 x 轴所围成的平面图形绕 x 轴旋转一周所得旋转体（圆锥体）的体积.

解： 如图 2-4-27 所示，所求旋转体的体积为

$$V = \pi\int_0^1 x^2\,\mathrm{d}x = \pi \times \frac{1}{3}x^3\bigg|_0^1 = \frac{\pi}{3}.$$

例 6 求由曲线 $y=x^2$、$y=2-x^2$ 所围成的平面图形绕 x 轴旋转一周所得旋转体的体积.

解： 如图 2-4-28 所示，

解方程组 $\begin{cases} y=x^2 \\ y=2-x^2 \end{cases}$ 得交点坐标 $(-1,1)$，$(1,1)$. 于是，所求旋转体的体积为

$$V = \pi\int_{-1}^1 [(2-x^2)^2 - x^4]\,\mathrm{d}x = \pi\int_{-1}^1 (4-4x^2)\,\mathrm{d}x$$

$$= 4\pi\int_{-1}^1 (1-x^2)\,\mathrm{d}x = 4\pi\left(x - \frac{1}{3}x^3\right)\bigg|_{-1}^1 = \frac{16}{3}\pi.$$

三、定积分在经济分析中的应用

由变上限定积分 $\int_a^x F'(t)\,\mathrm{d}t = F(x) - F(a)$，移项得

$$F(x) = \int_a^x F'(t)\,\mathrm{d}t + F(a)$$

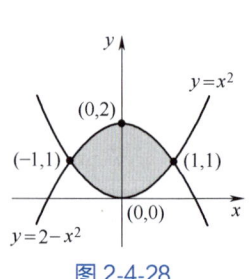

图 2-4-28

该式说明，若已知导函数（变化率）$F'(x)$，则利用变上限定积分可求得原函数 $F(x)$.

或由定积分计算公式 $\int_a^b F'(x)\,dx = F(b) - F(a)$，得

$$F(b) - F(a) = \int_a^b F'(x)\,dx.$$

该式说明，若已知导函数（变化率）$F'(x)$，则利用定积分可求得原函数 $F(x)$ 在区间 $[a, b]$ 上的增量.

设边际成本函数为 $C'(q)$，则总成本函数 $C(q)$ 为

$$C(q) = \int_0^q C'(x)\,dx + C(0),$$

其中 $C(0) = C_0$ 为固定成本.

总成本从 a 到 b 的增量（改变量）为

$$\Delta C = C(b) - C(a) = \int_a^b C'(x)\,dx,$$

设边际收益函数为 $R'(q)$，则总收益函数 $R(q)$ 为

$$R(q) = \int_0^q R'(x)\,dx + R(0),$$

总收益从 a 到 b 的增量（改变量）为

$$\Delta R = R(b) - R(a) = \int_a^b R'(x)\,dx,$$

设边际利润函数为 $L'(q)$，则总利润函数 $L(q)$ 为

$$L(q) = \int_0^q L'(x)\,dx + L(0),$$

总利润从 a 到 b 的增量（改变量）为

$$\Delta L = L(b) - L(a) = \int_a^b L'(x)\,dx,$$

例7 已知生产某产品 q 件时的边际成本为 $2q+3$（单位：元/件），且已知固定成本 C_0 为 1 200 元，求产品的总成本函数 $C(q)$.

解： 由题意已知边际成本函数 $C'(q) = 2q+3$，即 $C'(x) = 2x+3$，所以总成本函数为

$$C(q) = \int_0^q C'(x)\,dx + C(0) = \int_0^q (2x+3)\,dx + 1\,200 = q^2 + 3q + 1\,200.$$

例8 经市场调查知某产品的销量增长率近似服从函数

$$f(t) = 1\,200 - 3t^2 - 800e^{-t} \quad (\text{其中 } t \text{ 表示年份})$$

求该产品累计 6 年的总销量.

解： 该产品 6 年的总销量是销量增长率函数在区间 $[0, 6]$ 上的定积分值，即

$$\int_0^6 f(t)\,dt = \int_0^6 (1\,200 - 3t^2 - 800e^{-t})\,dt$$

$$= (1\,200t - t^3 + 800e^{-t})\big|_0^6 \approx 6\,182.$$

四、定积分在物理中的应用

1. 变力沿直线做功

设物体在连续变力 $F = F(x)$ 作用下从位置 $x=a$ 移动到位置 $x=b$，求力所做的功 W.

任取位置微元 $[x, x+dx]$，则物体由位置 x 移动到位置 $x+dx$ 的过程中力所做的功微元为

$$dW = F(x)dx$$

于是，物体在连续变力 $F=F(x)$ 作用下从位置 $x=a$ 移动到位置 $x=b$ 力所做的功为

$$W = \int_a^b dW = \int_a^b F(x)dx.$$

在几何上表示为曲线 $F=F(x)$、直线 $x=a$、$x=b$ 及横轴所围图形的面积.

例 9 有一弹簧，若用 8N 的力拉时，可以把它拉长 0.01m，问：当弹簧从自然状态被拉长 0.1m 时，为克服弹性恢复力，拉力需要做多少焦的功？

解： 取坐标轴如图 2-4-29 所示，根据胡克定律，弹簧的弹力与伸缩量成正比，即

$$F = kx$$

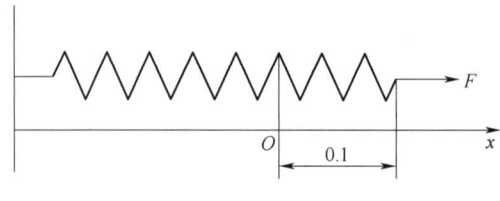

图 2-4-29

式中 k 是弹簧的劲度系数，仅由弹簧本身的性质（材料、匝数、直径等）决定；x 是弹簧的形变量.

由题意知，当 $x=0.01$ 时，$F=8$，所以 $k = \dfrac{8}{0.01} = 800$，因此，$F=800x$.

所以，当弹簧从自然状态被拉长 0.1m 时，为克服弹性恢复力，拉力需要做的功为

$$W = \int_0^{0.1} 800x\,dx = 800 \times \left(\frac{1}{2}x^2\right)\bigg|_0^{0.1} = 4 \text{（焦）}.$$

2. 电流做功

例 10 根据物理学知识，当电流是流经电阻为 R、电流强度为 I 的直流电路时，消耗在负载电阻 R 上的电功率为 $P=I^2R$. 但若是交流电 $i=i(t)$，则在时间 $[0, T]$ 内消耗在电阻 R 上的平均功率是多少？

解： 在交流电路中，负载电阻 R 上的电功率为 $P(t)=i^2(t)R$. 在时间微元 $[t, t+dt]$ 内，电流所做的功微元为

$$dW = P(t)dt = i^2(t)Rdt$$

从而，在时间 $[0, T]$ 内消耗在电阻 R 上的电流所作的功为

$$W = \int_0^T dW = \int_0^T i^2(t)Rdt.$$

则负载电阻 R 在时间 $[0, T]$ 内所消耗的平均功率为

$$\overline{P} = \frac{W}{T} = \frac{1}{T}\int_0^T i^2(t)Rdt.$$

我们知道，在直流电路中，当直流电流 I 通过电阻 R 时，在时间 T 内电阻消耗的能量为

$$W_{直流} = I^2RT.$$

由上例结果知,在交流电路中,当有一周期为 T 的交流电流 $i=i(t)$ 通过上述电阻 R 时,在一个周期 T 内电阻消耗的能量为

$$W_{交流} = \int_0^T i^2(t)R\,dt.$$

如果直流电流 I 和交流电流 $i=i(t)$ 通过相同的电阻 R,在相同的时间区间 T 内,电阻所消耗的能量相等,那么就平均效应(如热效应)而言,二者是相同的. 我们就把该直流电流的值 I 称为交流电流 $i=i(t)$ 的有效值.

假设正弦交流电为 $i(t)=I_m\sin(\omega t+\varphi)$,$I_m$ 为正弦交流电的最大值. 则在 $[0,T]$ $\left(T=\dfrac{2\pi}{\omega}\right)$ 时间内,电路中电阻所消耗的能量为

$$\begin{aligned}W_{交流} &= \int_0^T i^2(t)R\,dt = \int_0^T I_m^2\sin^2(\omega t+\varphi)R\,dt = I_m^2 R\int_0^T \sin^2(\omega t+\varphi)\,dt \\ &= \dfrac{I_m^2 R}{2}\int_0^T [1-\cos(2\omega t+2\varphi)]\,dt = \dfrac{I_m^2 R}{2}\left[\int_0^T 1\,dt - \int_0^T \cos(2\omega t+2\varphi)\,dt\right] \\ &= \dfrac{I_m^2 R}{2}\left[T - \dfrac{1}{2\omega}\sin(2\omega t+2\varphi)\Big|_0^T\right] \\ &= \dfrac{I_m^2 R}{2}\left\{T - \dfrac{1}{2\omega}[\sin(4\pi+2\varphi)-\sin(2\varphi)]\right\} \\ &= \dfrac{I_m^2}{2}RT,\end{aligned}$$

令 $W_{直流}=W_{交流}$,即 $I^2RT = \dfrac{I_m^2}{2}RT$,也即 $I^2 = \dfrac{I_m^2}{2}$,所以,有效值 I 与最大值 I_m 之间的关系为

$$I = \sqrt{\dfrac{I_m^2}{2}} = \dfrac{I_m}{\sqrt{2}} \approx 0.707 I_m,$$

该结果说明,交流电的有效值等于其最大值除以 $\sqrt{2}$.

同样,交流电压的有效值 U 与最大值 U_m 之间的关系为

$$U = \dfrac{U_m}{\sqrt{2}} \approx 0.707 U_m.$$

习题 2-4-4

1. 求由曲线 $y=x^2+3$、直线 $x=1$、x 轴及 y 轴所围成的图形的面积及该平面图形绕 x 轴旋转一周所得到的旋转体的体积.

2. 设某图形由曲线 $y=x^2$、直线 $x=1$、$x=2$ 及 x 轴所围成,求该平面图形的面积及其绕 x 轴旋转一周所得到的旋转体的体积.

3. 设某图形由曲线 $y=x^2$ 及直线 $y=x$ 所围成.
   (1) 求该平面图形的面积.

习题答案

(2) 求该平面图形绕 x 轴旋转一周所得到的旋转体积.

(3) 求该平面图形绕 y 轴旋转一周所得到的旋转体积.

4. 已知某产品的边际成本为 $C'(q)=13-4q$，固定成本 C_0 为 200 元，求产品的总成本函数 $C(q)$.

5. 已知某产品总产量（单位：台）的变化率近似服从函数
$$f(t)=330t^2-100t \quad (其中\ t\ 表示月份)$$
求该产品前 6 个月的总产量.

模块三

线性代数基础

项目一 行列式

行列式是线性代数中的一个重要的基本概念,历史上,行列式的概念是在研究线性方程组的解的过程中产生的,如今,它在数学的许多分支中都有着非常广泛的应用,是常用的一种计算工具.本项目将从二、三阶行列式的定义推广到 n 阶行列式的定义,然后给出行列式的性质及计算方法,最后介绍用行列式求解线性方程组的克拉默法则.

任务一 行列式的概念

本任务主要介绍二、三阶行列式的定义与计算问题以及一些特殊的行列式.

一、二阶行列式的定义与计算

定义 1 记号 $\begin{vmatrix} a_{11} & a_{12} \\ a_{21} & a_{22} \end{vmatrix}$ 称为二阶行列式,表示代数和 $a_{11}a_{22} - a_{12}a_{21}$,即

$$\begin{vmatrix} a_{11} & a_{12} \\ a_{21} & a_{22} \end{vmatrix} = a_{11}a_{22} - a_{12}a_{21}.$$

其中,数 a_{ij} ($i=1, 2; j=1, 2$) 叫作行列式的元素,表明该元素位于第 i 行,第 j 列.由上述定义可知,二阶行列式是由 4 个数按一定的规律运算所得的代数和.这个规律可以用对角线法则来记忆.如图 3-1-1 所示,把 a_{11} 到 a_{22} 的实对角线称为主对角线,把 a_{12} 到 a_{21} 的虚对角线称为副(或反)对角线,于是,二阶行列式便是主对角线上两元素之积减去副对角线上两元素之积.

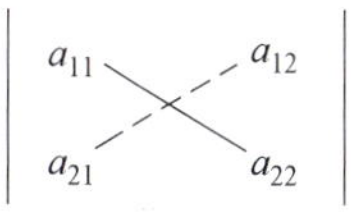

图 3-1-1

下面,我们利用二阶行列式的概念来讨论二元线性方程组的解.
设有二元线性方程组

$$\begin{cases} a_{11}x_1 + a_{12}x_2 = b_1 \\ a_{21}x_1 + a_{22}x_2 = b_2 \end{cases}$$

若 $a_{11}a_{22} - a_{12}a_{21} \neq 0$, 则用加减消元法可得方程组的解为

$$\begin{cases} x_1 = \dfrac{a_{22}b_1 - a_{12}b_2}{a_{11}a_{22} - a_{12}a_{21}} \\ x_2 = \dfrac{a_{11}b_2 - a_{21}b_1}{a_{11}a_{22} - a_{12}a_{21}} \end{cases}.$$

根据二阶行列式的定义, 记

$$D = \begin{vmatrix} a_{11} & a_{12} \\ a_{21} & a_{22} \end{vmatrix}, \quad D_1 = \begin{vmatrix} b_1 & a_{12} \\ b_2 & a_{22} \end{vmatrix}, \quad D_2 = \begin{vmatrix} a_{11} & b_1 \\ a_{21} & b_2 \end{vmatrix}.$$

于是, 当系数行列式 $D \neq 0$ 时, 方程组有唯一解:

$$x_1 = \frac{D_1}{D}, \quad x_2 = \frac{D_2}{D}.$$

例 1 解方程组 $\begin{cases} 2x_1 - 5x_2 = 3 \\ x_1 + 4x_2 = -2 \end{cases}$.

解: 系数行列式 $D = \begin{vmatrix} 2 & -5 \\ 1 & 4 \end{vmatrix} = 2 \times 4 - (-5) \times 1 = 13 \neq 0$, 方程组有唯一解. 再有 $D_1 = \begin{vmatrix} 3 & -5 \\ -2 & 4 \end{vmatrix} = 3 \times 4 - (-5) \times (-2) = 2$, $D_2 = \begin{vmatrix} 2 & 3 \\ 1 & -2 \end{vmatrix} = 2 \times (-2) - 3 \times 1 = -7$, 所以方程组的解为

$$x_1 = \frac{D_1}{D} = \frac{2}{13}, \quad x_2 = \frac{D_2}{D} = -\frac{7}{13}.$$

二、三阶行列式的定义与计算

定义 2 记号 $\begin{vmatrix} a_{11} & a_{12} & a_{13} \\ a_{21} & a_{22} & a_{23} \\ a_{31} & a_{32} & a_{33} \end{vmatrix}$ 称为三阶行列式, 其值为

$$a_{11}a_{22}a_{33} + a_{12}a_{23}a_{31} + a_{13}a_{32}a_{21} - (a_{13}a_{22}a_{31} + a_{12}a_{21}a_{33} + a_{11}a_{32}a_{23}),$$

即

$$\begin{vmatrix} a_{11} & a_{12} & a_{13} \\ a_{21} & a_{22} & a_{23} \\ a_{31} & a_{32} & a_{33} \end{vmatrix} = a_{11}a_{22}a_{33} + a_{12}a_{23}a_{31} + a_{13}a_{32}a_{21} - (a_{13}a_{22}a_{31} + a_{12}a_{21}a_{33} + a_{11}a_{32}a_{23}).$$

三阶行列式的值等于六项代数和 (或三项和减三项和), 每项都是三个元素的乘积, 其对角线法则如图 3-1-2 所示.

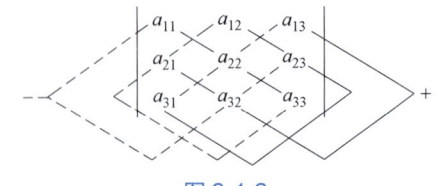

图 3-1-2

例2 计算行列式 $D = \begin{vmatrix} 2 & 0 & -3 \\ 5 & 1 & 2 \\ -4 & 3 & -2 \end{vmatrix}$.

解: 由对角线法则，得

$$D = 2 \times 1 \times (-2) + 0 \times 2 \times (-4) + (-3) \times 3 \times 5 - [(-3) \times 1 \times (-4) + 0 \times 5 \times (-2) + 2 \times 3 \times 2]$$
$$= -4 + 0 - 45 - (12 + 0 + 12) = -73.$$

将三阶行列式值的右端按第一行的元素提取公因子，可得

$$\begin{vmatrix} a_{11} & a_{12} & a_{13} \\ a_{21} & a_{22} & a_{23} \\ a_{31} & a_{32} & a_{33} \end{vmatrix} = a_{11}(a_{22}a_{33} - a_{32}a_{23}) - a_{12}(a_{21}a_{33} - a_{23}a_{31}) + a_{13}(a_{32}a_{21} - a_{22}a_{31})$$

$$= a_{11} \begin{vmatrix} a_{22} & a_{23} \\ a_{32} & a_{33} \end{vmatrix} - a_{12} \begin{vmatrix} a_{21} & a_{23} \\ a_{31} & a_{33} \end{vmatrix} + a_{13} \begin{vmatrix} a_{21} & a_{22} \\ a_{31} & a_{32} \end{vmatrix}$$

注: 该结果说明三阶行列式可化为二阶行列式进行计算.

显然，二阶行列式 $\begin{vmatrix} a_{22} & a_{23} \\ a_{32} & a_{33} \end{vmatrix}$ 为三阶行列式中 $\begin{vmatrix} a_{11} & a_{12} & a_{13} \\ a_{21} & a_{22} & a_{23} \\ a_{31} & a_{32} & a_{33} \end{vmatrix}$ 划去元素 a_{11} 所在的行与列后剩下的元素按原来次序所组成的行列式，称为元素 a_{11} 的余子式，记为 M_{11}，即

$$M_{11} = \begin{vmatrix} a_{22} & a_{23} \\ a_{32} & a_{33} \end{vmatrix}.$$

由此，元素 a_{12} 的余子式为 $M_{12} = \begin{vmatrix} a_{21} & a_{23} \\ a_{31} & a_{33} \end{vmatrix}$，元素 a_{13} 的余子式为 $M_{13} = \begin{vmatrix} a_{21} & a_{22} \\ a_{31} & a_{32} \end{vmatrix}$.

再令 $A_{11} = (-1)^{1+1} M_{11} = M_{11}$，称为元素 a_{11} 的代数余子式. 由此，元素 a_{12} 的代数余子式为 $A_{12} = (-1)^{1+2} M_{12} = -M_{12}$，元素 a_{13} 的代数余子式为 $A_{13} = (-1)^{1+3} M_{13} = M_{13}$.

于是，

$$\begin{vmatrix} a_{11} & a_{12} & a_{13} \\ a_{21} & a_{22} & a_{23} \\ a_{31} & a_{32} & a_{33} \end{vmatrix} = a_{11} \begin{vmatrix} a_{22} & a_{23} \\ a_{32} & a_{33} \end{vmatrix} - a_{12} \begin{vmatrix} a_{21} & a_{23} \\ a_{31} & a_{33} \end{vmatrix} + a_{13} \begin{vmatrix} a_{21} & a_{22} \\ a_{31} & a_{32} \end{vmatrix}$$

$$= a_{11} M_{11} - a_{12} M_{12} + a_{13} M_{13}$$

$$= a_{11} A_{11} + a_{12} A_{12} + a_{13} A_{13}$$

称为三阶行列式按第一行展开的展开式.

注: 根据上述推导过程，三阶行列式也可以按其他行或列展开，例如，按第一列展开的展开式为

$$\begin{vmatrix} a_{11} & a_{12} & a_{13} \\ a_{21} & a_{22} & a_{23} \\ a_{31} & a_{32} & a_{33} \end{vmatrix} = a_{11} A_{11} + a_{21} A_{21} + a_{31} A_{31}.$$

例 3 将行列式 $D = \begin{vmatrix} 2 & 0 & -3 \\ 5 & 1 & 2 \\ -4 & 3 & -2 \end{vmatrix}$ 按第一行展开进行计算.

解: 按第一行展开, 得

$$D = 2 \times A_{11} + 0 \times A_{12} + (-3) \times A_{13}$$

$$= 2 \times (-1)^{1+1} \begin{vmatrix} 1 & 2 \\ 3 & -2 \end{vmatrix} + 0 \times (-1)^{1+2} \begin{vmatrix} 5 & 2 \\ -4 & -2 \end{vmatrix} + (-3) \times (-1)^{1+3} \begin{vmatrix} 5 & 1 \\ -4 & 3 \end{vmatrix}$$

$$= 2 \times (-8) + 0 + (-3) \times 19$$

$$= -73.$$

三、n 阶行列式的定义与计算

定义 3 由 n^2 个元素 a_{ij}($i, j = 1, 2, \cdots, n$) 组成的记号

$$D_n = \begin{vmatrix} a_{11} & a_{12} & \cdots & a_{1n} \\ a_{21} & a_{22} & \cdots & a_{2n} \\ \vdots & \vdots & & \vdots \\ a_{n1} & a_{n2} & \cdots & a_{nn} \end{vmatrix}$$

称为 n 阶行列式.

(1) 当 $n = 1$ 时, 规定 $D_1 = |a_{11}| = a_{11}$;

(2) 当 $n = 2$ 时, $D_2 = \begin{vmatrix} a_{11} & a_{12} \\ a_{21} & a_{22} \end{vmatrix} = a_{11}a_{22} - a_{12}a_{21}$;

(3) 当 $n \geq 3$ 时, 将 D_n 按第一行展开, 得

$$D_n = a_{11}A_{11} + a_{12}A_{12} + \cdots + a_{1n}A_{1n}.$$

对于 n 阶行列式, 元素 a_{ij}($i, j = 1, 2, \cdots, n$) 的余子式和代数余子式的定义与三阶行列式相同. 显然, n 阶行列式的余子式和代数余子式均为 $n-1$ 阶行列式. 当然, D_n 也可以按其他行或列展开.

例 4 计算四阶行列式 $D = \begin{vmatrix} 2 & -1 & 2 & 3 \\ 5 & 2 & 1 & 4 \\ 0 & 3 & 0 & -2 \\ -4 & 4 & 2 & 1 \end{vmatrix}$.

解: 观察发现第三行的 0 元素较多, 故可按第三行展开, 计算较为简便, 得

$$D = a_{31}A_{31} + a_{32}A_{32} + a_{33}A_{33} + a_{34}A_{34}$$

$$= 0 \times A_{31} + 3 \times (-1)^{3+2} \begin{vmatrix} 2 & 2 & 3 \\ 5 & 1 & 4 \\ -4 & 2 & 1 \end{vmatrix} + 0 \times A_{33} + (-2) \times (-1)^{3+4} \begin{vmatrix} 2 & -1 & 2 \\ 5 & 2 & 1 \\ -4 & 4 & 2 \end{vmatrix}$$

$$= 0 - 3 \times [2 - 32 + 30 - (-12 + 10 + 16)] + 0 + 2 \times [8 + 4 + 40 - (-16 - 10 + 8)]$$

$$= 182.$$

四、几个特殊的行列式

形如

$$\begin{vmatrix} a_{11} & a_{12} & \cdots & a_{1n} \\ 0 & a_{22} & \cdots & a_{2n} \\ \vdots & \vdots & & \vdots \\ 0 & 0 & \cdots & a_{nn} \end{vmatrix} \quad 或 \quad \begin{vmatrix} a_{11} & 0 & \cdots & 0 \\ a_{21} & a_{22} & \cdots & 0 \\ \vdots & \vdots & & \vdots \\ a_{n1} & a_{n2} & \cdots & a_{nn} \end{vmatrix}$$

的行列式称为上三角行列式或下三角行列式，其特点为主对角线下方（或上方）的元素全为 0.

特别地，称主对角线上方及下方的元素全为 0 的行列式 $\begin{vmatrix} a_{11} & 0 & \cdots & 0 \\ 0 & a_{22} & \cdots & 0 \\ \vdots & \vdots & & \vdots \\ 0 & 0 & \cdots & a_{nn} \end{vmatrix}$ 为对角行列式.

例 5 计算四阶下三角行列式 $D = \begin{vmatrix} a_{11} & 0 & 0 & 0 \\ a_{21} & a_{22} & 0 & 0 \\ a_{31} & a_{32} & a_{33} & 0 \\ a_{41} & a_{42} & a_{43} & a_{44} \end{vmatrix}$.

解： $D_n = a_{11} \times (-1)^{1+1} \begin{vmatrix} a_{22} & 0 & 0 \\ a_{32} & a_{33} & 0 \\ a_{42} & a_{43} & a_{44} \end{vmatrix}$ （按第一行展开）

$= a_{11} a_{22} \times (-1)^{1+1} \begin{vmatrix} a_{33} & 0 \\ a_{43} & a_{44} \end{vmatrix}$ （按第一行展开）

$= a_{11} a_{22} a_{33} a_{44}.$

一般地，n 阶下三角行列式 $D_n = \begin{vmatrix} a_{11} & 0 & \cdots & 0 \\ a_{21} & a_{22} & \cdots & 0 \\ \vdots & \vdots & & \vdots \\ a_{n1} & a_{n2} & \cdots & a_{nn} \end{vmatrix} = a_{11} a_{22} \cdots a_{nn};$

n 阶上三角行列式 $D_n = \begin{vmatrix} a_{11} & a_{12} & \cdots & a_{1n} \\ 0 & a_{22} & \cdots & a_{2n} \\ \vdots & \vdots & & \vdots \\ 0 & 0 & \cdots & a_{nn} \end{vmatrix} = a_{11} a_{22} \cdots a_{nn};$

n 阶对角行列式 $D_n = \begin{vmatrix} a_{11} & 0 & \cdots & 0 \\ 0 & a_{22} & \cdots & 0 \\ \vdots & \vdots & & \vdots \\ 0 & 0 & \cdots & a_{nn} \end{vmatrix} = a_{11} a_{22} \cdots a_{nn}.$

综上所述，上、下三角行列式和对角行列式的值都等于其主对角线上元素的乘积.

习题 3-1-1

习题答案

1. 计算下列二阶行列式的值.

   (1) $\begin{vmatrix} 3 & 5 \\ -2 & 1 \end{vmatrix}$；(2) $D = \begin{vmatrix} 1-x & -2x \\ x & 1+x \end{vmatrix}$，若 $D = 10$，则 x 的值时多少？

2. 计算下列三阶行列式的值.

   (1) $\begin{vmatrix} 0 & 3 & 5 \\ 2 & 0 & 0 \\ 1 & 3 & 7 \end{vmatrix}$；(2) $\begin{vmatrix} 1 & x & x+3 \\ 1 & y & y+3 \\ 1 & z & z+3 \end{vmatrix}$；(3) $\begin{vmatrix} 2 & -3 & 1 \\ 10 & 10 & 10 \\ 3 & 1 & -2 \end{vmatrix}$.

3. 已知三阶行列式 D 中第一列的元素依次为 -1，1，2，它们的代数余子式依次为 3，4，-5，求行列式 D 的值.

4. 已知四阶行列式 D 中第三列元素依次为 -1，2，0，1，它们的余子式依次为 5，3，-7，4，求行列式 D 的值.

任务二　行列式的性质与计算

由前所述，高阶行列式可以通过按某一行或某一列展开，化为若干低一阶的行列式进行计算，但当行列式的阶数比较高时计算量仍然较大．为了简化行列式的计算，下面不加证明而直接引入行列式的性质．

一、行列式的性质

将行列式 D 的行与列互换后得到的新行列式，称为 D 的转置行列式，记为 D^T，即

若 $D = \begin{vmatrix} a_{11} & a_{12} & \cdots & a_{1n} \\ a_{21} & a_{22} & \cdots & a_{2n} \\ \vdots & \vdots & & \vdots \\ a_{n1} & a_{n2} & \cdots & a_{nn} \end{vmatrix}$，则 $D^T = \begin{vmatrix} a_{11} & a_{21} & \cdots & a_{n1} \\ a_{12} & a_{22} & \cdots & a_{n2} \\ \vdots & \vdots & & \vdots \\ a_{1n} & a_{2n} & \cdots & a_{nn} \end{vmatrix}$.

性质 1　行列式转置，其值不变，即 $D = D^T$. 例如，

$$D = \begin{vmatrix} 2 & 5 \\ -1 & 4 \end{vmatrix} = 13, \quad D^T = \begin{vmatrix} 2 & -1 \\ 5 & 4 \end{vmatrix} = 13.$$

性质 2　互换行列式的两行（列），其值变号．例如，

$$\begin{vmatrix} 2 & 5 \\ -1 & 4 \end{vmatrix} = 13, \quad \text{而} \begin{vmatrix} -1 & 4 \\ 2 & 5 \end{vmatrix} = -13.$$

注：　交换第 i，j 两行（列）记为 $r_i \leftrightarrow r_j$（$c_i \leftrightarrow c_j$）.

推论 1　行列式中有两行（列）的对应元素相同，其值为零．例如 $\begin{vmatrix} 3 & 6 \\ 3 & 6 \end{vmatrix} = 0$.

性质 3 用数 k 乘行列式的某一行（列），等于用数 k 乘此行列式. 例如，
$$D=\begin{vmatrix} 2 & 5 \\ -1 & 4 \end{vmatrix}=13,\ \begin{vmatrix} 2\times 3 & 5\times 3 \\ -1 & 4 \end{vmatrix}=\begin{vmatrix} 6 & 15 \\ -1 & 4 \end{vmatrix}=39=3D.$$

注： 第 i 行（列）乘以 k，记为 kr_i（或 kc_i）.

推论 1 行列式的某一行（列）中所有元素的公因子可以提到行列式符号的外面. 例如，
$$\begin{vmatrix} 4 & 8 \\ 6 & -3 \end{vmatrix}=4\times 3\times\begin{vmatrix} 1 & 2 \\ 2 & -1 \end{vmatrix}=12\times(-5)=-60.$$

推论 2 行列式中有两行（列）元素对应成比例，其值为零. 例如 $\begin{vmatrix} 4 & 8 \\ 3 & 6 \end{vmatrix}=0$.

性质 4 如果行列式的某一行（列）的元素都是两数之和，例如，
$$D=\begin{vmatrix} a_{11} & a_{12} & \cdots & a_{1n} \\ \cdots & \cdots & \cdots & \cdots \\ a_{i1}+a'_{i1} & a_{i2}+a'_{i2} & \cdots & a_{in}+a'_{in} \\ \cdots & \cdots & \cdots & \cdots \\ a_{n1} & a_{n2} & \cdots & a_{nn} \end{vmatrix}$$

则 D 可写成下列两个行列式之和，即

$$D=\begin{vmatrix} a_{11} & a_{12} & \cdots & a_{1n} \\ \cdots & \cdots & \cdots & \cdots \\ a_{i1} & a_{i2} & \cdots & a_{in} \\ \cdots & \cdots & \cdots & \cdots \\ a_{n1} & a_{n2} & \cdots & a_{nn} \end{vmatrix}+\begin{vmatrix} a_{11} & a_{12} & \cdots & a_{1n} \\ \cdots & \cdots & \cdots & \cdots \\ a'_{i1} & a'_{i2} & \cdots & a'_{in} \\ \cdots & \cdots & \cdots & \cdots \\ a_{n1} & a_{n2} & \cdots & a_{nn} \end{vmatrix}.$$

例如，$-25=\begin{vmatrix} -2 & 3 \\ 2+3 & 1+4 \end{vmatrix}=\begin{vmatrix} -2 & 3 \\ 2 & 1 \end{vmatrix}+\begin{vmatrix} -2 & 3 \\ 3 & 4 \end{vmatrix}=-8+(-17)=-25.$

性质 5 把行列式的某一行（列）的各元素都乘以数 k 后加到另一行（列）对应位置的元素上，其值不变.

注： 用数 k 乘第 i 行（列）加到第 j 行（列）上，记作 kr_i+r_j（或 kc_i+c_j）.

例如，$\begin{vmatrix} 2 & -3 \\ 4 & 5 \end{vmatrix}\xlongequal{-2r_1+r_2}\begin{vmatrix} 2 & -3 \\ 0 & 11 \end{vmatrix}=22.$

二、行列式的计算

因为三角行列式的值等于主对角线上各元素的乘积，所以计算高阶行列式时，通常是利用行列式的性质将其化为三角行列式来计算，或利用行列式的性质将行列式中某一行（列）元素尽可能多地化为 0，然后按该行（列）展开，将行列式降阶，直至化为三阶或二阶行列式求值.

例 1 计算四阶行列式 $D=\begin{vmatrix} 2 & -1 & 2 & 3 \\ 5 & 2 & 1 & 4 \\ 0 & 3 & 0 & -2 \\ -4 & 4 & 2 & 1 \end{vmatrix}$.

解： 利用降阶法，即利用行列式的性质将行列式中某一行（列）元素尽可能多地化为 0，然后按该行（列）展开．观察发现，虽然第三行 0 元素较多，但并不便于把 3 或 -2 化成 0，我们选择将第三列元素尽可能多地化成 0．

$$D = \begin{vmatrix} 2 & -1 & 2 & 3 \\ 5 & 2 & 1 & 4 \\ 0 & 3 & 0 & -2 \\ -4 & 4 & 2 & 1 \end{vmatrix} \xrightarrow[-2r_2+r_4]{-2r_2+r_1} \begin{vmatrix} -8 & -5 & 0 & -5 \\ 5 & 2 & 1 & 4 \\ 0 & 3 & 0 & -2 \\ -14 & 0 & 0 & -7 \end{vmatrix}$$

$$= 1 \times (-1)^{2+3} \begin{vmatrix} -8 & -5 & -5 \\ 0 & 3 & -2 \\ -14 & 0 & -7 \end{vmatrix} \xrightarrow{-2c_3+c_1} - \begin{vmatrix} 2 & -5 & -5 \\ 4 & 3 & -2 \\ 0 & 0 & -7 \end{vmatrix}$$

$$= -(-7) \times (-1)^{3+3} \begin{vmatrix} 2 & -5 \\ 4 & 3 \end{vmatrix} = 7 \times (6+20) = 182.$$

习题 3-1-2

习题答案

1. 利用行列式的性质计算下列二、三阶行列式．

(1) $\begin{vmatrix} 36\,215 & 35\,215 \\ 28\,092 & 29\,092 \end{vmatrix}$；

(2) $\begin{vmatrix} 103 & 100 & 204 \\ 199 & 200 & 395 \\ 301 & 300 & 600 \end{vmatrix}$．

2. 利用行列式的性质求下列三阶行列式的值．

(1) 设 $\begin{vmatrix} a_{11} & a_{12} & a_{13} \\ a_{21} & a_{22} & a_{23} \\ a_{31} & a_{32} & a_{33} \end{vmatrix} = 2$，求行列式 $\begin{vmatrix} 4a_{11} & 2a_{12} & 3a_{13} \\ 4a_{21} & 2a_{22} & 3a_{23} \\ 4a_{31} & 2a_{32} & 3a_{33} \end{vmatrix}$ 的值．

(2) 设 $\begin{vmatrix} a_{11} & a_{12} & a_{13} \\ a_{21} & a_{22} & a_{23} \\ a_{31} & a_{32} & a_{33} \end{vmatrix} = 4$，求行列式 $\begin{vmatrix} 4a_{11} & 2a_{11}-3a_{12} & a_{13} \\ 4a_{21} & 2a_{21}-3a_{22} & a_{23} \\ 4a_{31} & 2a_{31}-3a_{32} & a_{33} \end{vmatrix}$ 的值．

3. 计算下列四阶行列式的值．

(1) $D = \begin{vmatrix} 1 & 1 & 1 & 1 \\ -1 & 0 & 1 & 3 \\ 2 & 1 & 0 & 4 \\ -2 & -2 & 1 & 1 \end{vmatrix}$；

(2) $D = \begin{vmatrix} 1 & 1 & 1 & 1 \\ 1 & -1 & 2 & 1 \\ 5 & 0 & 4 & 2 \\ 4 & 1 & 2 & 0 \end{vmatrix}$；

(3) $D = \begin{vmatrix} -1 & -2 & -4 & 3 \\ 1 & -1 & 2 & 1 \\ -1 & 0 & 4 & 2 \\ 1 & 1 & 2 & 0 \end{vmatrix}$；

(4) $D = \begin{vmatrix} 1 & 2 & 3 & 4 \\ 2 & 3 & 4 & 1 \\ 3 & 4 & 1 & 2 \\ 4 & 1 & 2 & 3 \end{vmatrix}$；

(5) $D = \begin{vmatrix} x & y & 0 & 0 \\ 0 & x & y & 0 \\ 0 & 0 & x & y \\ y & 0 & 0 & x \end{vmatrix}$；   (6) $D = \begin{vmatrix} b & a & a & a \\ a & b & a & a \\ a & a & b & a \\ a & a & a & b \end{vmatrix}$.

4. 若已知 $f(x) = \begin{vmatrix} 1 & 1 & 1 & 1 \\ 1 & 1 & -1 & -1 \\ 1 & -1 & 1 & -1 \\ x & -1 & -1 & 1 \end{vmatrix}$，求方程 $f(x) = 0$ 的根.

任务三　克拉默法则

本任务将在行列式计算的基础上介绍求解线性方程组的一个重要方法——克拉默法则，其适用于变量与方程数目相等的线性方程组.

一、线性方程组有关概念

由前所述，对于二元线性方程组

$$\begin{cases} a_{11}x_1 + a_{12}x_2 = b_1 \\ a_{21}x_1 + a_{22}x_2 = b_2 \end{cases}$$

当系数行列式 $D \neq 0$ 时，方程组有唯一解：

$$x_1 = \frac{D_1}{D}, x_2 = \frac{D_2}{D}.$$

那么对于一般的线性方程组是否有类似的结果呢？答案是肯定的，在引入克拉默法则之前，我们先介绍有关 n 元线性方程组的概念.

我们把含有 n 个方程，n 个未知数的线性方程组

$$\begin{cases} a_{11}x_1 + a_{12}x_2 + \cdots + a_{1n}x_n = b_1 \\ a_{21}x_1 + a_{22}x_2 + \cdots + a_{2n}x_n = b_2 \\ \cdots \\ a_{n1}x_1 + a_{n2}x_2 + \cdots + a_{nn}x_n = b_n \end{cases} \tag{3-1}$$

称为 n 元线性方程组.

当 $b_1, b_2, \cdots, b_n$ 不全为零时（至少有一个不为零），线性方程组（3-1）称为非齐次线性方程组.

当 $b_1, b_2, \cdots, b_n$ 全为零时，即

$$\begin{cases} a_{11}x_1 + a_{12}x_2 + \cdots + a_{1n}x_n = 0 \\ a_{21}x_1 + a_{22}x_2 + \cdots + a_{2n}x_n = 0 \\ \cdots \\ a_{n1}x_1 + a_{n2}x_2 + \cdots + a_{nn}x_n = 0 \end{cases} \tag{3-2}$$

称为齐次线性方程组.

由方程组（3-1）各未知量的系数 a_{ij}（$i, j=1, 2, \cdots, n$）构成的行列式

$$D = \begin{vmatrix} a_{11} & a_{12} & \cdots & a_{1n} \\ a_{21} & a_{22} & \cdots & a_{2n} \\ \vdots & \vdots & & \vdots \\ a_{n1} & a_{n2} & \cdots & a_{nn} \end{vmatrix}$$

称为方程组（3-1）的系数行列式. 用常数 $b_1, b_2, \cdots, b_n$ 替换 D 中第 j 列元素所得行列式记为 $D_j(j=1, 2, \cdots, n)$，即

$$D_j = \begin{vmatrix} a_{11} & \cdots & a_{1j-1} & b_1 & a_{1j+1} & \cdots & a_{1n} \\ a_{21} & \cdots & a_{2j-1} & b_2 & a_{2j+1} & \cdots & a_{2n} \\ \vdots & & \vdots & \vdots & \vdots & & \vdots \\ a_{n1} & \cdots & a_{nj-1} & b_n & a_{nj+1} & \cdots & a_{nn} \end{vmatrix}$$

二、克拉默法则

定理 1 若线性方程组（3-1）的系数行列式 $D \ne 0$，则线性方程组（3-1）有唯一解，且解为

$$x_1 = \frac{D_1}{D}, x_2 = \frac{D_2}{D}, \cdots, x_n = \frac{D_n}{D}.$$

该定理求解线性方程组的方法就是克拉默法则. 一般来说，当线性方程组较大时，用该法则求解线性方程组，计算量是比较大的，与其在计算方面的作用相比，克拉默法则更具有理论价值.

例 1 利用克拉默法则解线性方程组 $\begin{cases} x_1 - 2x_2 + x_3 = -2 \\ 2x_1 + x_2 - 3x_3 = 1 \\ -x_1 + x_2 - x_3 = 0 \end{cases}$.

解： 系数行列式 $D = \begin{vmatrix} 1 & -2 & 1 \\ 2 & 1 & -3 \\ -1 & 1 & -1 \end{vmatrix} = -5 \ne 0$，故方程组有唯一解，又

$$D_1 = \begin{vmatrix} -2 & -2 & 1 \\ 1 & 1 & -3 \\ 0 & 1 & -1 \end{vmatrix} = -5, D_2 = \begin{vmatrix} 1 & -2 & 1 \\ 2 & 1 & -3 \\ -1 & 0 & -1 \end{vmatrix} = -10, D_3 = \begin{vmatrix} 1 & -2 & -2 \\ 2 & 1 & 1 \\ -1 & 1 & 0 \end{vmatrix} = -5$$

由克拉默法则得线性方程组的解为

$$x_1 = \frac{D_1}{D} = 1, x_2 = \frac{D_2}{D} = 2, x_3 = \frac{D_n}{D} = 1.$$

显然，$x_1 = x_2 = \cdots = x_n = 0$ 是齐次线性方程组（3-2）的一组解，称为方程组（3-2）的零解. 这说明 n 元齐次线性方程组必有零解，于是，对于齐次线性方程组（3-2）来说，重要的是它是否有非零解，即不全为零的解. 由克拉默法则可得以下推论.

推论 1 若 n 元齐次线性方程组（3-2）的系数行列式 $D \ne 0$，则方程组（3-2）只有零解.

推论 2 n 元齐次线性方程组（3-2）有非零解的充分必要条件是系数行列式 $D = 0$.

模块三　线性代数基础

例2　当 t 为何值时，齐次线性方程组 $\begin{cases} x_1+x_2+tx_3=0 \\ x_1-2x_2+x_3=0 \\ -2x_1+x_2+x_3=0 \end{cases}$ 有非零解.

解：系数行列式

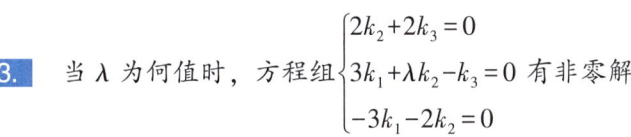

由推论 2 知，当 $D=-3(2+t)=0$，即 $t=-2$ 时，齐次线性方程组有非零解.

习题 3-1-3

习题答案

1. 利用克拉默法则解线性方程组 $\begin{cases} 3x_1+2x_2=5 \\ -x_1+3x_2=2 \end{cases}$.

2. 利用克拉默法则解线性方程组 $\begin{cases} 2x_1-3x_3=1 \\ x_1+x_2-x_3=0 \\ -2x_1+x_2=-1 \end{cases}$.

3. 当 λ 为何值时，方程组 $\begin{cases} 2k_2+2k_3=0 \\ 3k_1+\lambda k_2-k_3=0 \\ -3k_1-2k_2=0 \end{cases}$ 有非零解？

4. 当 λ 为何值时，方程组 $\begin{cases} x_1-x_2+2x_3=0 \\ x_1-x_3=0 \\ x_1+\lambda x_2-7x_3=0 \end{cases}$ 有非零解？

项目二　矩阵与解线性方程组

矩阵是从许多具体问题中抽象出来的数学概念，是线性代数研究的主要对象，是处理许多实际问题的重要数学工具，在线性规划、经济管理和工程技术等问题中具有广泛的应用，也是求解线性方程组不可替代的工具.

任务一　矩阵的概念与运算

本任务主要介绍矩阵的概念、运算及基本性质.

一、矩阵的概念

引例　设 n 元线性方程组

$$\begin{cases} a_{11}x_1+a_{12}x_2+\cdots+a_{1n}x_n=b_1 \\ a_{21}x_1+a_{22}x_2+\cdots+a_{2n}x_n=b_2 \\ \cdots \\ a_{n1}x_1+a_{n2}x_2+\cdots+a_{nn}x_n=b_n \end{cases}.$$

将未知量的系数 $a_{ij}(i,j=1,2,\cdots,n)$ 与常数项 $b_j(j=1,2,\cdots,n)$ 按照原先顺序组成一张数表：

$$\begin{pmatrix} a_{11} & a_{12} & \cdots & a_{1n} & b_1 \\ a_{21} & a_{22} & \cdots & a_{2n} & b_2 \\ \vdots & \vdots & & \vdots & \vdots \\ a_{n1} & a_{n2} & \cdots & a_{nn} & b_n \end{pmatrix}$$

显然，该矩形数表决定着上述方程组是否有解，以及如果有解，解是什么等问题，因而研究这个数表就很有必要.

1. 矩阵的概念

定义 1 由 $m\times n$ 个数 $a_{ij}(i=1,2,\cdots,m;j=1,2,\cdots,n)$ 排成 m 行 n 列的数表

$$\begin{pmatrix} a_{11} & a_{12} & \cdots & a_{1n} \\ a_{21} & a_{22} & \cdots & a_{2n} \\ \vdots & \vdots & & \vdots \\ a_{m1} & a_{m2} & \cdots & a_{mn} \end{pmatrix}$$

称为 m 行 n 列矩阵，简称 $m\times n$ 矩阵. 数 a_{ij} 称为矩阵 A 的第 i 行、第 j 列的元素. 通常用大写字母 A，B，C，$\cdots$ 表示矩阵. 一个 $m\times n$ 矩阵可简记为 $A_{m\times n}$ 或 $A=(a_{ij})_{m\times n}$ 或 $A=(a_{ij})$. 显然，矩阵是数表，不是数.

如果两个矩阵的行数和列数分别相等，则称这两个矩阵为同型矩阵.

若 $A=(a_{ij})_{m\times n}$ 与 $B=(b_{ij})_{m\times n}$ 为同型矩阵，并且对应元素相等，即

$$a_{ij}=b_{ij}(i=1,2,\cdots,m;j=1,2,\cdots,n)$$

则称矩阵 A 与矩阵 B 相等，记作 $A=B$.

2. 几种特殊的矩阵

（1）元素全为零的矩阵称为零矩阵，记作 O. 注意不同型的零矩阵是不同的.

（2）行数与列数都等于 n 的矩阵称为 n 阶方阵，记作 A_n. 元素 $a_{ii}(i=1,2,\cdots,n)$ 构成方阵 A_n 的主对角线.

（3）只有一行的矩阵

$$A=\begin{pmatrix} a_1 & a_2 & \cdots & a_n \end{pmatrix}$$

称为行矩阵.

（4）只有一列的矩阵

$$B=\begin{pmatrix} b_1 \\ b_2 \\ \vdots \\ b_m \end{pmatrix}$$

称为列矩阵.

（5）除主对角线元素外，其他元素都为零的 n 阶方阵 A_n 称为对角矩阵，即

$$\begin{pmatrix} a_{11} & 0 & \cdots & 0 \\ 0 & a_{22} & \cdots & 0 \\ \vdots & \vdots & & \vdots \\ 0 & 0 & \cdots & a_{nn} \end{pmatrix}$$

特别地，当方阵 A_n 主对角线元素都相等且等于一个数 a 时，即

$$\begin{pmatrix} a & 0 & \cdots & 0 \\ 0 & a & \cdots & 0 \\ \vdots & \vdots & & \vdots \\ 0 & 0 & \cdots & a \end{pmatrix}$$

称方阵 A_n 为数量矩阵.

（6）n 阶方阵

$$\begin{pmatrix} 1 & 0 & \cdots & 0 \\ 0 & 1 & \cdots & 0 \\ \vdots & \vdots & & \vdots \\ 0 & 0 & \cdots & 1 \end{pmatrix}$$

称为 n 阶单位矩阵，记作 $E=E_n$ 或 $I=I_n$. 该矩阵的特点是：主对角线上的元素都是 1，其余元素都是 0.

（7）主对角线以下（上）的元素都为零的 n 阶方阵称为上（下）三角矩阵，即

$$\begin{pmatrix} a_{11} & a_{12} & \cdots & a_{1n} \\ 0 & a_{22} & \cdots & a_{2n} \\ \vdots & \vdots & & \vdots \\ 0 & 0 & \cdots & a_{nn} \end{pmatrix} \text{ 或 } \begin{pmatrix} a_{11} & 0 & \cdots & 0 \\ a_{21} & a_{22} & \cdots & 0 \\ \vdots & \vdots & & \vdots \\ a_{n1} & a_{n2} & \cdots & a_{nn} \end{pmatrix}$$

（8）设 A 为 n 阶方阵，若 $a_{ij}=a_{ji}(i, j=1, 2, \cdots, n)$，则称 A 为对称矩阵. 若 $a_{ij}=-a_{ji}(i, j=1, 2, \cdots, n)$，则称 A 为反对称矩阵.

例如，$A=\begin{pmatrix} -2 & 4 \\ 4 & 0 \end{pmatrix}$，$B=\begin{pmatrix} 2 & -2 & 3 \\ -2 & 1 & 0 \\ 3 & 0 & -3 \end{pmatrix}$ 均为对称矩阵，而 $C=\begin{pmatrix} 2 & -2 & 3 \\ 2 & 1 & 0 \\ -3 & 0 & -3 \end{pmatrix}$ 为反对称矩阵.

显然，对称矩阵 A 的元素关于主对角线对称.

二、矩阵的运算

1. 矩阵的加法和减法

设有两个 $m \times n$ 矩阵 $A=(a_{ij})_{m \times n}$ 和 $B=(b_{ij})_{m \times n}$，矩阵 A 与 B 的和记作 $A+B$，且规定

$$A+B=(a_{ij}+b_{ij})_{m \times n}$$

即
$$\begin{pmatrix} a_{11} & a_{12} & \cdots & a_{1n} \\ a_{21} & a_{22} & \cdots & a_{2n} \\ \vdots & \vdots & & \vdots \\ a_{m1} & a_{m2} & \cdots & a_{mn} \end{pmatrix} + \begin{pmatrix} b_{11} & b_{12} & \cdots & b_{1n} \\ b_{21} & b_{22} & \cdots & b_{2n} \\ \vdots & \vdots & & \vdots \\ b_{m1} & b_{m2} & \cdots & b_{mn} \end{pmatrix} = \begin{pmatrix} a_{11}+b_{11} & a_{12}+b_{12} & \cdots & a_{1n}+b_{1n} \\ a_{21}+b_{21} & a_{22}+b_{22} & \cdots & a_{2n}+b_{2n} \\ \vdots & \vdots & & \vdots \\ a_{m1}+b_{m1} & a_{m2}+b_{m2} & \cdots & a_{mn}+b_{mn} \end{pmatrix}$$

例如，设 $A = \begin{pmatrix} 1 & 3 \\ 2 & 0 \\ 0 & 1 \end{pmatrix}$, $B = \begin{pmatrix} -3 & 2 \\ 5 & 0 \\ 7 & -4 \end{pmatrix}$，则

$$A+B = \begin{pmatrix} 1-3 & 3+2 \\ 2+5 & 0+0 \\ 0+7 & 1-4 \end{pmatrix} = \begin{pmatrix} -2 & 5 \\ 7 & 0 \\ 7 & -3 \end{pmatrix}.$$

注： 只有两个同型矩阵才能进行矩阵的加法运算．两个同型矩阵的和，即为两个矩阵对应位置上元素相加得到的矩阵．

设矩阵 $A = (a_{ij})_{m \times n}$，记 $-A = (-a_{ij})_{m \times n}$，称 $-A$ 为矩阵 A 的负矩阵，显然有
$$A + (-A) = O$$
由此规定矩阵的减法为
$$A - B = A + (-B).$$

设 A，B，C 都是 $m \times n$ 矩阵，则有下列运算规律：

（1）交换律：$A+B=B+A$；

（2）结合律：$(A+B)+C=A+(B+C)$；

2. 矩阵的数乘

常数 k 与矩阵 $A = (a_{ij})_{m \times n}$ 的乘积记作 kA，且规定
$$kA = (ka_{ij})_{m \times n}$$
即
$$k \begin{pmatrix} a_{11} & a_{12} & \cdots & a_{1n} \\ a_{21} & a_{22} & \cdots & a_{2n} \\ \vdots & \vdots & & \vdots \\ a_{m1} & a_{m2} & \cdots & a_{mn} \end{pmatrix} = \begin{pmatrix} ka_{11} & ka_{12} & \cdots & ka_{1n} \\ ka_{21} & ka_{22} & \cdots & ka_{2n} \\ \vdots & \vdots & & \vdots \\ ka_{m1} & ka_{m2} & \cdots & ka_{mn} \end{pmatrix}$$

矩阵的数乘，即为用常数与矩阵内的每一个元素都相乘．

设 A，B 都是 $m \times n$ 矩阵，k，l 为常数，则矩阵的数乘满足下列运算规律：

（1）$(kl)A = k(lA)$；

（2）$k(A+B) = kA + kB$；

（3）$(k+l)A = kA + lA$．

例 1 设 $A = \begin{pmatrix} 2 & 4 & -1 \\ -3 & 0 & 5 \end{pmatrix}$, $B = \begin{pmatrix} -3 & 0 & 4 \\ 2 & -2 & 3 \end{pmatrix}$，求 $3A - 2B$．

解： $3A-2B = 3\begin{pmatrix} 2 & 4 & -1 \\ -3 & 0 & 5 \end{pmatrix} - 2\begin{pmatrix} -3 & 0 & 4 \\ 2 & -2 & 3 \end{pmatrix}$

$= \begin{pmatrix} 6 & 12 & -3 \\ -9 & 0 & 15 \end{pmatrix} - \begin{pmatrix} -6 & 0 & 8 \\ 4 & -4 & 6 \end{pmatrix}$

$= \begin{pmatrix} 12 & 12 & -11 \\ -13 & 4 & 9 \end{pmatrix}.$

有规矩，成方圆

3. 矩阵的乘法

设有两个矩阵

$$A = \begin{pmatrix} a_{11} & a_{12} & \cdots & a_{1s} \\ a_{21} & a_{22} & \cdots & a_{2s} \\ \vdots & \vdots & & \vdots \\ a_{m1} & a_{m2} & \cdots & a_{ms} \end{pmatrix}_{m \times s} \text{和} \; B = \begin{pmatrix} b_{11} & b_{12} & \cdots & b_{1n} \\ b_{21} & b_{22} & \cdots & b_{2n} \\ \vdots & \vdots & & \vdots \\ b_{s1} & b_{s2} & \cdots & b_{sn} \end{pmatrix}_{s \times n},$$

矩阵 A 与 B 的乘积记作 AB，且规定

$$AB = \begin{pmatrix} c_{11} & c_{12} & \cdots & c_{1n} \\ c_{21} & c_{22} & \cdots & c_{2n} \\ \vdots & \vdots & & \vdots \\ c_{n1} & c_{n2} & \cdots & c_{mn} \end{pmatrix}_{m \times n}$$

其中 c_{ij} 为矩阵 A 的第 i 行元素与矩阵 B 的第 j 列对应元素乘积的和，即

$$c_{ij} = (a_{i1} \quad a_{i2} \quad \cdots \quad a_{is}) \begin{pmatrix} b_{1j} \\ b_{2j} \\ \vdots \\ b_{sj} \end{pmatrix}$$

$$= a_{i1}b_{1j} + a_{i2}b_{2j} + \cdots + a_{is}b_{sj} \quad (i=1,2,\cdots,m; j=1,2,\cdots,n).$$

注： 只有当左边矩阵的列数等于右边矩阵的行数时，两个矩阵才可以进行乘法运算.

例2 设 $A = \begin{pmatrix} 2 & 4 & -1 \\ -3 & 0 & 5 \end{pmatrix}_{2 \times 3}$，$B = \begin{pmatrix} -3 & 2 \\ 5 & 0 \\ 7 & -4 \end{pmatrix}_{3 \times 2}$，求 AB 和 BA.

解： 由矩阵乘法定义知，AB 为 2×2 矩阵，BA 为 3×3 矩阵.

$$AB = \begin{pmatrix} 2 & 4 & -1 \\ -3 & 0 & 5 \end{pmatrix} \begin{pmatrix} -3 & 2 \\ 5 & 0 \\ 7 & -4 \end{pmatrix}$$

$$= \begin{pmatrix} 2 \times (-3) + 4 \times 5 + (-1) \times 7 & 2 \times 2 + 4 \times 0 + (-1) \times (-4) \\ (-3) \times (-3) + 0 \times 5 + 5 \times 7 & (-3) \times 2 + 0 \times 0 + 5 \times (-4) \end{pmatrix}$$

$$= \begin{pmatrix} 7 & 8 \\ 44 & -26 \end{pmatrix};$$

$$BA = \begin{pmatrix} -3 & 2 \\ 5 & 0 \\ 7 & -4 \end{pmatrix} \begin{pmatrix} 2 & 4 & -1 \\ -3 & 0 & 5 \end{pmatrix}$$

$$= \begin{pmatrix} (-3) \times 2 + 2 \times (-3) & (-3) \times 4 + 2 \times 0 & (-3) \times (-1) + 2 \times 5 \\ 5 \times 2 + 0 \times (-3) & 5 \times 4 + 0 \times 0 & 5 \times (-1) + 0 \times 5 \\ 7 \times 2 + (-4) \times (-3) & 7 \times 4 + (-4) \times 0 & 7 \times (-1) + (-4) \times 5 \end{pmatrix}$$

$$= \begin{pmatrix} -12 & -12 & 13 \\ 10 & 20 & -5 \\ 26 & 28 & -27 \end{pmatrix}.$$

例3 设方阵 $A = \begin{pmatrix} -2 & 4 \\ 1 & -2 \end{pmatrix}$, $B = \begin{pmatrix} 2 & 4 \\ -3 & -6 \end{pmatrix}$, 求 AB 和 BA.

解: $AB = \begin{pmatrix} -2 & 4 \\ 1 & -2 \end{pmatrix} \begin{pmatrix} 2 & 4 \\ -3 & -6 \end{pmatrix} = \begin{pmatrix} -16 & -32 \\ 8 & 16 \end{pmatrix}$;

$$BA = \begin{pmatrix} 2 & 4 \\ -3 & -6 \end{pmatrix} \begin{pmatrix} -2 & 4 \\ 1 & -2 \end{pmatrix} = \begin{pmatrix} 0 & 0 \\ 0 & 0 \end{pmatrix}.$$

注: (1) 一般地, $AB \ne BA$, 即矩阵乘法一般不满足交换律, 但并非所有矩阵乘法都不能交换, 若 $AB = BA$, 则称 A, B 可交换.

(2) 即使 $A \ne O$ 且 $B \ne O$, 但却有可能 $AB = O$ 或 $BA = O$; 反之, 由 $AB = O$ 并不能得出 $A = O$ 或 $B = O$ 的结论.

一般地, 矩阵乘法满足下列运算律 (假设运算可进行):

(1) 结合律: $(AB)C = A(BC)$;

(2) 分配律: $A(B+C) = AB + AC$, $(B+C)A = BA + CA$.

(3) 设 A 为 n 阶方阵, E 为同阶单位阵, 则 $EA = AE = A$.

例4 设方阵 $A = \begin{pmatrix} 0 & 1 \\ 0 & 0 \end{pmatrix}$, 求 A^k ($k \geqslant 2$).

解: $A^2 = \begin{pmatrix} 1 & 1 \\ 0 & 1 \end{pmatrix} \begin{pmatrix} 1 & 1 \\ 0 & 1 \end{pmatrix} = \begin{pmatrix} 1 & 2 \\ 0 & 1 \end{pmatrix}$;

$$A^3 = \begin{pmatrix} 1 & 1 \\ 0 & 1 \end{pmatrix} \begin{pmatrix} 1 & 1 \\ 0 & 1 \end{pmatrix} \begin{pmatrix} 1 & 1 \\ 0 & 1 \end{pmatrix} = \begin{pmatrix} 1 & 2 \\ 0 & 1 \end{pmatrix} \begin{pmatrix} 1 & 1 \\ 0 & 1 \end{pmatrix} = \begin{pmatrix} 1 & 3 \\ 0 & 1 \end{pmatrix};$$

……

$$A^k = \begin{pmatrix} 1 & 1 \\ 0 & 1 \end{pmatrix} \begin{pmatrix} 1 & 1 \\ 0 & 1 \end{pmatrix} \cdots \begin{pmatrix} 1 & 1 \\ 0 & 1 \end{pmatrix} = \begin{pmatrix} 1 & k \\ 0 & 1 \end{pmatrix}.$$

矩阵 A^k 称为矩阵 A 的 k 次幂.

利用矩阵乘法, 可将线性方程组表示成矩阵形式, 设由 n 元线性方程组

$$\begin{cases} a_{11}x_1+a_{12}x_2+\cdots+a_{1n}x_n=b_1 \\ a_{21}x_1+a_{22}x_2+\cdots+a_{2n}x_n=b_2 \\ \cdots \\ a_{m1}x_1+a_{m2}x_2+\cdots+a_{mn}x_n=b_m \end{cases}.$$

记

$$A=\begin{pmatrix} a_{11} & a_{12} & \cdots & a_{1n} \\ a_{21} & a_{22} & \cdots & a_{2n} \\ \vdots & \vdots & & \vdots \\ a_{m1} & a_{m2} & \cdots & a_{mn} \end{pmatrix}, X=\begin{pmatrix} x_1 \\ x_2 \\ \vdots \\ x_n \end{pmatrix}, B=\begin{pmatrix} b_1 \\ b_2 \\ \vdots \\ b_m \end{pmatrix}$$

则线性方程组可表示成矩阵形式（也称为矩阵方程）

$$AX=B$$

其中 A 称为方程组的系数矩阵，X 称为未知列矩阵，B 称为常数项列矩阵.

特别地，齐次线性方程组对应的矩阵方程为

$$AX=O.$$

4. 矩阵的转置

把矩阵 A 的行换成同序数的列所得的新矩阵称为 A 的转置矩阵，记作 A^T.

例如，$A=\begin{pmatrix} 2 & 4 & -1 \\ -3 & 0 & 5 \end{pmatrix}_{2\times 3}$ 的转置矩阵为 $A^T=\begin{pmatrix} 2 & -3 \\ 4 & 0 \\ -1 & 5 \end{pmatrix}_{3\times 2}$.

矩阵的转置满足以下运算规律（假设运算都是可行的）：

(1) $(A^T)^T=A$；　　　　(2) $(A+B)^T=A^T+B^T$；
(3) $(kA)^T=kA^T$；　　　(4) $(AB)^T=B^TA^T$.

5. 方阵的行列式

由 n 阶方阵 A 的元素按原次序所构成的行列式称为方阵 A 的行列式，记作 $|A|$ 或 $\det A$.

注： 方阵与行列式是两个不同的概念，n 阶方阵是 n^2 个数按一定次序排成的数表，而 n 阶行列式则是 n^2 个数按一定的运算规则确定的一个数值.

例5 设方阵 $A=\begin{pmatrix} 2 & -1 \\ 4 & 5 \end{pmatrix}$，求 $|A|$.

解： $|A|=\begin{vmatrix} 2 & -1 \\ 4 & 5 \end{vmatrix}=14.$

设 A，B 为 n 阶方阵，k 为常数，方阵的行列式满足下列规律：

(1) $|A^T|=|A|$；(2) $|kA|=k^n|A|$；(3) $|AB|=|A||B|$.

例6 设方阵 $A=\begin{pmatrix} 4 & 1 \\ 5 & 2 \end{pmatrix}$，求 $|3A|$.

解： 因为 $3A = 3\begin{pmatrix} 4 & 1 \\ 5 & 2 \end{pmatrix} = \begin{pmatrix} 12 & 3 \\ 15 & 6 \end{pmatrix}$，所以 $|3A| = \begin{vmatrix} 12 & 3 \\ 15 & 6 \end{vmatrix} = 27$；

或者 $|3A| = 3^2 |A| = 9 \times \begin{vmatrix} 4 & 1 \\ 5 & 2 \end{vmatrix} = 9 \times 3 = 27.$

习题 3-2-1

习题答案

1. 设矩阵 $A = \begin{pmatrix} 1 & -3 & 2 \\ 3 & -1 & 4 \end{pmatrix}$，$B = \begin{pmatrix} 6 & 5 & -3 \\ -2 & 1 & -2 \end{pmatrix}$. 求：

   （1）$A+B$；（2）$3A-2B$.

2. 计算：

   （1）$\begin{pmatrix} 4 & -3 & 1 \\ -2 & 0 & 2 \\ 3 & -1 & 0 \end{pmatrix}\begin{pmatrix} 1 \\ 2 \\ 3 \end{pmatrix}$；（2）$\begin{pmatrix} 1 & 2 & 3 \end{pmatrix}\begin{pmatrix} 4 & -3 & 1 \\ -2 & 0 & 2 \\ 3 & -1 & 0 \end{pmatrix}$；（3）$\begin{pmatrix} 1 & 2 \\ 0 & 1 \end{pmatrix}^3$.

3. 设矩阵 $A = \begin{pmatrix} 1 & 13 & 25 \\ 0 & 1 & 38 \\ 0 & 0 & 8 \end{pmatrix}$，求 $|A|$ 和 $|2A|$.

4. 已知 $A = \begin{pmatrix} -1 & -1 & 0 \\ -1 & 0 & 1 \\ 2 & 2 & 1 \end{pmatrix}$，$B = \begin{pmatrix} 3 \\ 1 \\ -1 \end{pmatrix}$，$C = \begin{pmatrix} 3 & 1 & 0 \\ 1 & 2 & -1 \\ -2 & -2 & 1 \end{pmatrix}$.

   （1）求 AB 和 $B^T C$；
   （2）若矩阵 X 满足 $(A+C)X = A$，求 X.

任务二 逆矩阵

对于一元一次方程 $ax = b(a \neq 0)$，两边左乘 a^{-1} 得，$a^{-1}ax = a^{-1}b$，即解为 $x = a^{-1}b$.

那么对于矩阵方程 $AX = B$，是否也存在类似的运算呢？在回答这个问题之前，我们需要引入逆矩阵的概念.

一、逆矩阵的概念

定义 1 对于 n 阶方阵 A，若存在 n 阶方阵 B，使得
$$AB = BA = E$$
则称 n 阶方阵 A 是可逆的，且称 B 为 A 的逆矩阵，简称逆阵.

我们知道，对于非零实数 a，其逆（倒数）是唯一的，即 a^{-1}. 那么对于可逆方阵 A，其逆矩阵是否也是唯一的呢？不妨设 B 和 B_1 都是 A 的逆矩阵，则有
$$AB = BA = E \text{ 和 } AB_1 = B_1 A = E$$

那么 $B=BE=B(AB_1)=(BA)B_1=EB_1=B_1$.

这说明，若 A 可逆，则 A 的逆矩阵是唯一的，记为：A^{-1}，即
$$AA^{-1}=A^{-1}A=E.$$

例1 设矩阵 $A=\begin{pmatrix} 2 & 0 & 0 \\ 0 & 1 & 0 \\ 0 & 0 & 3 \end{pmatrix}$，验证 $A^{-1}=\begin{pmatrix} \frac{1}{2} & 0 & 0 \\ 0 & 1 & 0 \\ 0 & 0 & \frac{1}{3} \end{pmatrix}$.

解： 因为 $\begin{pmatrix} 2 & 0 & 0 \\ 0 & 1 & 0 \\ 0 & 0 & 3 \end{pmatrix}\begin{pmatrix} \frac{1}{2} & 0 & 0 \\ 0 & 1 & 0 \\ 0 & 0 & \frac{1}{3} \end{pmatrix}=\begin{pmatrix} 1 & 0 & 0 \\ 0 & 1 & 0 \\ 0 & 0 & 1 \end{pmatrix}$,

且 $\begin{pmatrix} \frac{1}{2} & 0 & 0 \\ 0 & 1 & 0 \\ 0 & 0 & \frac{1}{3} \end{pmatrix}\begin{pmatrix} 2 & 0 & 0 \\ 0 & 1 & 0 \\ 0 & 0 & 3 \end{pmatrix}=\begin{pmatrix} 1 & 0 & 0 \\ 0 & 1 & 0 \\ 0 & 0 & 1 \end{pmatrix}$,

由逆矩阵的定义知结论正确.

二、伴随矩阵及逆矩阵的求法

定义2 行列式 $|A|$ 的各元素的代数余子式 A_{ij} 所构成的矩阵
$$A^*=\begin{pmatrix} A_{11} & A_{21} & \cdots & A_{n1} \\ A_{12} & A_{22} & \cdots & A_{n2} \\ \vdots & \vdots & & \vdots \\ A_{1n} & A_{2n} & \cdots & A_{nn} \end{pmatrix}$$

称为矩阵 A 的伴随矩阵.

例2 设矩阵 $A=\begin{pmatrix} 1 & -2 & 1 \\ 2 & 1 & -3 \\ -1 & 1 & -1 \end{pmatrix}$，求 A 的伴随矩阵 A^*.

解： 因为 $A_{11}=2$，$A_{12}=5$，$A_{13}=3$，
$A_{21}=-1$，$A_{22}=0$，$A_{23}=1$，
$A_{31}=5$，$A_{32}=5$，$A_{33}=5$.

所以 A 的伴随矩阵为
$$A^*=\begin{pmatrix} 2 & -1 & 5 \\ 5 & 0 & 5 \\ 3 & 1 & 5 \end{pmatrix}.$$

定理 1 n 阶方阵 A 可逆的充分必要条件是其行列式 $|A| \neq 0$，且当 A 可逆时，有

$$A^{-1} = \frac{1}{|A|} A^*$$

其中 A^* 为 A 的伴随矩阵.

例 3 求矩阵 $A = \begin{pmatrix} 1 & -2 & 1 \\ 2 & 1 & -3 \\ -1 & 1 & -1 \end{pmatrix}$ 的逆矩阵 A^{-1}.

解： 因为矩阵 A 的行列式为 $|A| = \begin{vmatrix} 1 & -2 & 1 \\ 2 & 1 & -3 \\ -1 & 1 & -1 \end{vmatrix} = -5$，所以方阵 A 可逆.

再由例 2 知 $A^* = \begin{pmatrix} 2 & -1 & 5 \\ 5 & 0 & 5 \\ 3 & 1 & 5 \end{pmatrix}$，所以，

$$A^{-1} = \frac{1}{|A|} A^* = -\frac{1}{5} \begin{pmatrix} 2 & -1 & 5 \\ 5 & 0 & 5 \\ 3 & 1 & 5 \end{pmatrix} = \begin{pmatrix} -\frac{2}{5} & \frac{1}{5} & -1 \\ -1 & 0 & -1 \\ -\frac{3}{5} & -\frac{1}{5} & -1 \end{pmatrix}.$$

三、逆矩阵的性质

(1) $(A^{-1})^{-1} = A$.

(2) 若 A、B 均为 n 阶可逆矩阵，则 AB 也可逆，且 $(AB)^{-1} = B^{-1} A^{-1}$.

(3) 可逆矩阵 A 的转置 A^T 是可逆矩阵，且 $(A^T)^{-1} = (A^{-1})^T$.

(4) 若矩阵 A 可逆，数 $k \neq 0$，则 $(kA)^{-1} = \frac{1}{k} A^{-1}$.

(5) 若矩阵 A 可逆，则 $|A^{-1}| = \frac{1}{|A|}$.

四、解矩阵方程

对于矩阵方程 $AX = B$，若 $|A| \neq 0$，则方程两边左乘 A^{-1} 得，

$$A^{-1} AX = A^{-1} B$$

于是矩阵方程的解为

$$X = A^{-1} B,$$

例 4 解线性方程组 $\begin{cases} x_1 - 2x_2 + x_3 = -2 \\ 2x_1 + x_2 - 3x_3 = 1 \\ -x_1 + x_2 - x_3 = 0 \end{cases}$.

解： 方程组对应的矩阵方程为 $AX = B$，其中

$$A = \begin{pmatrix} 1 & -2 & 1 \\ 2 & 1 & -3 \\ -1 & 1 & -1 \end{pmatrix}, X = \begin{pmatrix} x_1 \\ x_2 \\ x_3 \end{pmatrix}, B = \begin{pmatrix} -2 \\ 1 \\ 0 \end{pmatrix}$$

又由例 3 知，$A^{-1} = \begin{pmatrix} -\dfrac{2}{5} & \dfrac{1}{5} & -1 \\ -1 & 0 & -1 \\ -\dfrac{3}{5} & -\dfrac{1}{5} & -1 \end{pmatrix}$，所以，

$$X = A^{-1}B = \begin{pmatrix} -\dfrac{2}{5} & \dfrac{1}{5} & -1 \\ -1 & 0 & -1 \\ -\dfrac{3}{5} & -\dfrac{1}{5} & -1 \end{pmatrix} \begin{pmatrix} -2 \\ 1 \\ 0 \end{pmatrix} = \begin{pmatrix} 1 \\ 2 \\ 1 \end{pmatrix}$$

于是，方程组的解为 $x_1 = 1$，$x_2 = 2$，$x_3 = 1$.

习题 3-2-2

习题答案

1. 求下列矩阵的伴随矩阵和逆矩阵.

(1) $A = \begin{pmatrix} 2 & 3 \\ 1 & 4 \end{pmatrix}$； (2) $A = \begin{pmatrix} 1 & 2 & -3 \\ 1 & 3 & -2 \\ -2 & -3 & 6 \end{pmatrix}$.

2. 解下列矩阵方程.

(1) $\begin{pmatrix} 1 & 2 & -3 \\ 1 & 3 & -2 \\ -2 & -3 & 6 \end{pmatrix} X = \begin{pmatrix} 3 & 2 \\ 1 & 3 \\ -2 & 1 \end{pmatrix}$； (2) $X \begin{pmatrix} 1 & 2 & 3 \\ 2 & 2 & 1 \\ 3 & 4 & 3 \end{pmatrix} = \begin{pmatrix} 1 & -1 & 3 \\ 4 & 3 & 2 \end{pmatrix}$.

3. 利用逆矩阵解线性方程组 $\begin{cases} x_1 - x_2 - x_3 = 2 \\ 2x_1 - x_2 - 3x_3 = 1 \\ 3x_1 + 2x_2 - 5x_3 = 0 \end{cases}$.

4. 设方阵 A 可逆，k 为不为零的实数，试用逆矩阵的定义证明：$(kA)^{-1} = \dfrac{1}{k}A^{-1}$.

任务三　矩阵的初等变换与矩阵的秩

由前讨论知，用伴随矩阵法可以求可逆矩阵的逆矩阵，但对于较高阶的矩阵，用伴随矩阵法求逆矩阵时计算量较大，那么，能否找到一个较简便的方法呢？下面我们引入初等行变换的概念.

引例　用消元法解方程组 $\begin{cases} 2x_1 + 3x_2 = 8 & (1) \\ x_1 - 2x_2 = -3 & (2) \end{cases}$.

解： 交换方程（1）（2）：$\begin{cases} x_1-2x_2=-3 & (3) \\ 2x_1+3x_2=8 & (4) \end{cases}$

方程（3）乘 -2 加到方程（4）上：$\begin{cases} x_1-2x_2=-3 & (5) \\ 7x_2=14 & (6) \end{cases}$

方程（6）乘 $\dfrac{1}{7}$：$\begin{cases} x_1-2x_2=-3 & (7) \\ x_2=2 & (8) \end{cases}$

方程（8）乘 2 加到方程（7）上：$\begin{cases} x_1=1 \\ x_2=2 \end{cases}$

在上述消元法解方程组时，常会反复使用三种运算（或变换）：

(1) 互换变换；(2) 倍法变换；(3) 消去变换.

这三种变换叫作方程组的初等变换. 方程组经初等变换后其解不变.

一、矩阵的初等变换

定义 1 对矩阵施以的三种变换：

(1) 互换变换. 交换矩阵的两行（交换 i,j 两行，记作：$r_i \leftrightarrow r_j$）.

(2) 倍法变换. 用一个非零的数 k 乘矩阵的某一行（用数 k 乘矩阵的第 i 行，记作：kr_i）.

(3) 消去变换. 把矩阵的某一行的 k 倍加到另一行上（第 i 行乘数 k 加到第 j 行上，记作：kr_i+r_j）.

这三种变换叫作矩阵的初等行变换.

将定义中的行换成列，即得到矩阵的初等列变换的定义，这两种变换统称为初等变换.

例 1 用初等行变换将矩阵 $A=\begin{pmatrix} 1 & 0 & 5 \\ 0 & 1 & 3 \\ 2 & -1 & 8 \end{pmatrix}$ 化为单位矩阵；

解： $A=\begin{pmatrix} 1 & 0 & 5 \\ 0 & 1 & 3 \\ 2 & -1 & 8 \end{pmatrix} \xrightarrow{-2r_1+r_3} \begin{pmatrix} 1 & 0 & 5 \\ 0 & 1 & 3 \\ 0 & -1 & -2 \end{pmatrix}$

$\xrightarrow{r_2+r_3} \begin{pmatrix} 1 & 0 & 5 \\ 0 & 1 & 3 \\ 0 & 0 & 1 \end{pmatrix} \xrightarrow[-5r_3+r_1]{-3r_3+r_2} \begin{pmatrix} 1 & 0 & 0 \\ 0 & 1 & 0 \\ 0 & 0 & 1 \end{pmatrix}$.

一般地，任何可逆方阵都可以用初等行变换将其化为单位矩阵.

例 2 (1) 用与例 1 相同的初等行变换作用在单位矩阵 $E=\begin{pmatrix} 1 & 0 & 0 \\ 0 & 1 & 0 \\ 0 & 0 & 1 \end{pmatrix}$ 上，求所得的矩阵 B；

（2）求 AB 和 BA.

解： （1）$E = \begin{pmatrix} 1 & 0 & 0 \\ 0 & 1 & 0 \\ 0 & 0 & 1 \end{pmatrix} \xrightarrow{-2r_1+r_3} \begin{pmatrix} 1 & 0 & 0 \\ 0 & 1 & 0 \\ -2 & 0 & 1 \end{pmatrix}$

$\xrightarrow{r_2+r_3} \begin{pmatrix} 1 & 0 & 0 \\ 0 & 1 & 0 \\ -2 & 1 & 1 \end{pmatrix} \xrightarrow[-5r_3+r_1]{-3r_3+r_2} \begin{pmatrix} 11 & -5 & -5 \\ 6 & -2 & -3 \\ -2 & 1 & 1 \end{pmatrix} = B;$

（2）$AB = \begin{pmatrix} 1 & 0 & 5 \\ 0 & 1 & 3 \\ 2 & -1 & 8 \end{pmatrix} \begin{pmatrix} 11 & -5 & -5 \\ 6 & -2 & -3 \\ -2 & 1 & 1 \end{pmatrix} = \begin{pmatrix} 1 & 0 & 0 \\ 0 & 1 & 0 \\ 0 & 0 & 1 \end{pmatrix},$

$BA = \begin{pmatrix} 11 & -5 & -5 \\ 6 & -2 & -3 \\ -2 & 1 & 1 \end{pmatrix} \begin{pmatrix} 1 & 0 & 5 \\ 0 & 1 & 3 \\ 2 & -1 & 8 \end{pmatrix} = \begin{pmatrix} 1 & 0 & 0 \\ 0 & 1 & 0 \\ 0 & 0 & 1 \end{pmatrix}.$

这说明矩阵 B 是矩阵 A 的逆矩阵．一般地，有下列事实：

若用一系列初等行变换把可逆矩阵 A 化为单位矩阵 E，那么，用相同的初等行变换作用在单位矩阵 E 上，所得的矩阵就是 A 的逆矩阵 A^{-1}．

二、用初等行变换求逆矩阵

方法：构造 $n \times 2n$ 矩阵 $(A | E)$，然后对其施以初等行变换将矩阵 A 化为单位矩阵 E，则上述初等行变换同时也将其中的单位矩阵 E 化为 A^{-1}，即

$$(A | E) \xrightarrow{\text{经初等行变换}} (E | A^{-1})$$

例3 用初等行变换求矩阵 $A = \begin{pmatrix} 1 & -2 & 1 \\ 2 & 1 & -3 \\ -1 & 1 & -1 \end{pmatrix}$ 的逆矩阵 A^{-1}.

解： $(A | E) = \begin{pmatrix} 1 & -2 & 1 & | & 1 & 0 & 0 \\ 2 & 1 & -3 & | & 0 & 1 & 0 \\ -1 & 1 & -1 & | & 0 & 0 & 1 \end{pmatrix} \xrightarrow[r_1+r_3]{-2r_1+r_2} \begin{pmatrix} 1 & -2 & 1 & | & 1 & 0 & 0 \\ 0 & 5 & -5 & | & -2 & 1 & 0 \\ 0 & -1 & 0 & | & 1 & 0 & 1 \end{pmatrix}$

$\xrightarrow{\frac{1}{5}r_2} \begin{pmatrix} 1 & -2 & 1 & | & 1 & 0 & 0 \\ 0 & 1 & -1 & | & -\frac{2}{5} & \frac{1}{5} & 0 \\ 0 & -1 & 0 & | & 1 & 0 & 1 \end{pmatrix} \xrightarrow[r_2+r_3]{2r_2+r_1} \begin{pmatrix} 1 & 0 & -1 & | & \frac{1}{5} & \frac{2}{5} & 0 \\ 0 & 1 & -1 & | & -\frac{2}{5} & \frac{1}{5} & 0 \\ 0 & 0 & -1 & | & \frac{3}{5} & \frac{1}{5} & 1 \end{pmatrix}$

$$\xrightarrow{-r_3} \begin{pmatrix} 1 & 0 & -1 & \bigg| & \frac{1}{5} & \frac{2}{5} & 0 \\ 0 & 1 & -1 & \bigg| & -\frac{2}{5} & \frac{1}{5} & 0 \\ 0 & 0 & 1 & \bigg| & -\frac{3}{5} & -\frac{1}{5} & -1 \end{pmatrix} \xrightarrow[r_3+r_2]{r_3+r_1} \begin{pmatrix} 1 & 0 & 0 & \bigg| & -\frac{2}{5} & \frac{1}{5} & -1 \\ 0 & 1 & 0 & \bigg| & -1 & 0 & -1 \\ 0 & 0 & 1 & \bigg| & -\frac{3}{5} & -\frac{1}{5} & -1 \end{pmatrix}$$

所以 $A^{-1} = \begin{pmatrix} -\frac{2}{5} & \frac{1}{5} & -1 \\ -1 & 0 & -1 \\ -\frac{3}{5} & -\frac{1}{5} & -1 \end{pmatrix}$.

三、矩阵的秩

定义 2 从 $m\times n$ 矩阵 A 中任选 r 行 r 列，位于这些行列相交处的 r^2 个元素按原次序排成一个 r 阶行列式，称为矩阵 A 的 r 阶子式.

例如，设行阶梯形矩阵 $A = \begin{pmatrix} 1 & -2 & -1 & 0 & 2 \\ 0 & 3 & 2 & 2 & -1 \\ 0 & 0 & 0 & -3 & 1 \\ 0 & 0 & 0 & 0 & 0 \end{pmatrix}_{4\times 5}$，则行列式 $\begin{vmatrix} 1 & -2 \\ 0 & 3 \end{vmatrix} = 3$ 为 A 的一个 2 阶子式；行列式 $\begin{vmatrix} 1 & -2 & -1 \\ 0 & 3 & 2 \\ 0 & 0 & 0 \end{vmatrix} = 0$，$\begin{vmatrix} 1 & -1 & 0 \\ 0 & 2 & 2 \\ 0 & 0 & -3 \end{vmatrix} = -6$ 为 A 的两个 3 阶子式；行列式 $\begin{vmatrix} 1 & -2 & -1 & 0 \\ 0 & 3 & 2 & 2 \\ 0 & 0 & 0 & -3 \\ 0 & 0 & 0 & 0 \end{vmatrix} = 0$ 为 A 的一个 4 阶子式，且易知，矩阵 A 的所有 4 阶子式都为零.

定义 3 若矩阵 A 中至少有一个不为零的 r 阶子式，而所有高于 r 阶的子式都为零，则称矩阵 A 的秩为 r，记作：

$$r(A)=r \quad \text{或} \quad R(A)=r.$$

根据矩阵秩的定义，在上述矩阵 A 中，由于至少有一个 3 阶子式不为零，而所有高于 3 阶的子式都为零，故 $R(A)=3$.

注： （1）若 $A=O$，则规定 $R(A)=0$；

（2）若 $|A_{n\times n}|\neq 0$，则规定 $R(A)=n$；

（3）若 A 为 $m\times n$ 矩阵，则 $0\leq R(A)\leq \min\{m,n\}$；

特别地，当 $R(A)=\min\{m,n\}$ 时，称 A 为满秩矩阵.

显然，利用定义计算矩阵的秩，需要从高阶到低阶依次考虑矩阵的子式，当 m、n 较大时，按定义求秩是相当麻烦的. 但对于行阶梯形矩阵，其秩等于其非零行的行数，故可利用初等行变换将矩阵化为行阶梯形矩阵，进而可得矩阵的秩.

定理 1 矩阵经初等行（列）变换，其秩不变.

例 4 利用初等行变换将矩阵
$$A = \begin{pmatrix} 1 & 2 & -1 & 4 \\ 1 & 2 & 3 & 5 \\ -1 & -2 & 5 & -3 \end{pmatrix}$$

纵横不出方圆，
万变不离其宗

化为行阶梯形矩阵，并求矩阵的秩.

解： $A = \begin{pmatrix} 1 & 2 & -1 & 4 \\ 1 & 2 & 3 & 5 \\ -1 & -2 & 5 & -3 \end{pmatrix} \xrightarrow[r_1 + r_3]{-r_1 + r_2} \begin{pmatrix} 1 & 2 & -1 & 4 \\ 0 & 0 & 4 & 1 \\ 0 & 0 & 4 & 1 \end{pmatrix} \xrightarrow{-r_2 + r_3} \begin{pmatrix} 1 & 2 & -1 & 4 \\ 0 & 0 & 4 & 1 \\ 0 & 0 & 0 & 0 \end{pmatrix}$

故矩阵的秩 $R(A) = 2$.

习题 3-2-3

习题答案

1. 用初等行变换求下列矩阵的逆矩阵.

   (1) $\begin{pmatrix} 1 & 2 & 3 \\ 2 & 2 & 1 \\ 3 & 4 & 3 \end{pmatrix}$; (2) $\begin{pmatrix} 1 & 3 & 2 \\ -1 & 0 & 1 \\ 3 & 12 & 10 \end{pmatrix}$; (3) $\begin{pmatrix} 1 & 2 & -3 \\ 1 & 3 & -2 \\ -2 & -3 & 6 \end{pmatrix}$.

2. 利用初等行变换求矩阵的秩.

   (1) $\begin{pmatrix} 1 & 4 & 1 & 2 \\ 2 & -1 & -3 & 1 \\ 1 & -5 & -4 & -1 \\ 3 & -6 & -7 & 0 \end{pmatrix}$; (2) $\begin{pmatrix} 1 & 2 & 0 & 3 \\ 4 & 7 & 1 & 10 \\ 0 & 1 & -1 & 2 \\ 2 & 3 & 1 & 4 \end{pmatrix}$.

3. 设 A 为 3×4 矩阵，$A = \begin{pmatrix} 1 & 1 & -1 & 1 \\ 2 & 3 & k & 3 \\ 1 & k & 3 & 2 \end{pmatrix}$，且 A 的秩为 2，求 k.

任务四　解线性方程组

线性方程组在工程技术、计算机科学、经济学等许多领域都有着广泛的应用. 求解线性方程组是线性代数的主要任务之一，本任务就是在矩阵的基础上讨论一般的线性方程组解的存在性问题以及在有解的情况下，如何求解问题.

一、线性方程组基本概念

n 元线性方程组

$$\begin{cases} a_{11}x_1+a_{12}x_2+\cdots+a_{1n}x_n=b_1 \\ a_{21}x_1+a_{22}x_2+\cdots+a_{2n}x_n=b_2 \\ \cdots \\ a_{m1}x_1+a_{m2}x_2+\cdots+a_{mn}x_n=b_m \end{cases} \tag{3-3}$$

对应的矩阵方程为 $AX=B$. 其中

$$A=\begin{pmatrix} a_{11} & a_{12} & \cdots & a_{1n} \\ a_{21} & a_{22} & \cdots & a_{2n} \\ \vdots & \vdots & & \vdots \\ a_{m1} & a_{m2} & \cdots & a_{mn} \end{pmatrix}, X=\begin{pmatrix} x_1 \\ x_2 \\ \vdots \\ x_n \end{pmatrix}, B=\begin{pmatrix} b_1 \\ b_2 \\ \vdots \\ b_m \end{pmatrix}$$

记

$$\tilde{A}=\begin{pmatrix} a_{11} & a_{12} & \cdots & a_{1n} & b_1 \\ a_{21} & a_{22} & \cdots & a_{2n} & b_2 \\ \vdots & \vdots & & \vdots & \vdots \\ a_{m1} & a_{m2} & \cdots & a_{mn} & b_m \end{pmatrix}$$

称为方程组（3-3）的增广矩阵.

若 b_1, b_2, $\cdots$, b_m 不全为零，则称（3-3）为非齐次线性方程组. 若 $b_1=b_2=\cdots=b_m=0$，即

$$\begin{cases} a_{11}x_1+a_{12}x_2+\cdots+a_{1n}x_n=0 \\ a_{21}x_1+a_{22}x_2+\cdots+a_{2n}x_n=0 \\ \cdots \\ a_{m1}x_1+a_{m2}x_2+\cdots+a_{mn}x_n=0 \end{cases} \tag{3-4}$$

称（3-4）为齐次线性方程组，对应的矩阵方程为 $AX=O$.

二、消元法解线性方程组

引例 用消元法解线性方程组

$$\begin{cases} 2x_1+3x_2=8 \\ x_1-2x_2=-3 \end{cases}.$$

解： 方程组 $\begin{cases} 2x_1+3x_2=8 & (1) \\ x_1-2x_2=-3 & (2) \end{cases}$，对应的增广矩阵为 $\tilde{A}=\begin{pmatrix} 2 & 3 & 8 \\ 1 & -2 & -3 \end{pmatrix}$

$(1)\leftrightarrow(2)$ $\begin{cases} x_1-2x_2=-3 & (3) \\ 2x_1+3x_2=8 & (4) \end{cases}$ $\xrightarrow{r_1\leftrightarrow r_2} \begin{pmatrix} 1 & -2 & -3 \\ 2 & 3 & 8 \end{pmatrix}$

$(3)\times(-2)+(4)$ $\begin{cases} x_1-2x_2=-3 & (5) \\ 7x_2=14 & (6) \end{cases}$ $\xrightarrow{-2r_1+r_2} \begin{pmatrix} 1 & -2 & -3 \\ 0 & 7 & 14 \end{pmatrix}$

$(6)\times\dfrac{1}{7}$ $\begin{cases} x_1-2x_2=-3 & (7) \\ x_2=2 & (8) \end{cases}$ $\xrightarrow{\frac{1}{7}r_2} \begin{pmatrix} 1 & -2 & -3 \\ 0 & 1 & 2 \end{pmatrix}$

$$(8)\times 2+(7) \quad \begin{cases} x_1 = 1 \\ x_2 = 2 \end{cases} \xrightarrow{2r_2+r_1} \begin{pmatrix} 1 & 0 & 1 \\ 0 & 1 & 2 \end{pmatrix}$$

观察消元法解方程组的变换过程与其对应的矩阵变换过程，可以发现，只要利用初等行变换将线性方程组的增广矩阵化为行最简形矩阵，由最后一个矩阵可得方程组的同解方程组，从而可得原方程组的解.

例1 解线性方程组

$$\begin{cases} x_1+2x_2+3x_3=0 \\ 2x_1+3x_2+x_3=4 \\ 3x_1+x_2+2x_3=2 \end{cases}.$$

解： 利用初等行变换将增广矩阵化为行最简形矩阵

$$\tilde{A}=\begin{pmatrix} 1 & 2 & 3 & 0 \\ 2 & 3 & 1 & 4 \\ 3 & 1 & 2 & 2 \end{pmatrix} \xrightarrow[-3r_1+r_3]{-2r_1+r_2} \begin{pmatrix} 1 & 2 & 3 & 0 \\ 0 & -1 & -5 & 4 \\ 0 & -5 & -7 & 2 \end{pmatrix} \xrightarrow[-5r_2+r_3]{2r_2+r_1} \begin{pmatrix} 1 & 0 & -7 & 8 \\ 0 & -1 & -5 & 4 \\ 0 & 0 & 18 & -18 \end{pmatrix}$$

$$\xrightarrow{\frac{1}{18}r_3} \begin{pmatrix} 1 & 0 & -7 & 8 \\ 0 & -1 & -5 & 4 \\ 0 & 0 & 1 & -1 \end{pmatrix} \xrightarrow[\substack{7r_3+r_1 \\ -r_2}]{5r_3+r_2} \begin{pmatrix} 1 & 0 & 0 & 1 \\ 0 & 1 & 0 & 1 \\ 0 & 0 & 1 & -1 \end{pmatrix}$$

由最后一个矩阵可得同解方程组 $\begin{cases} x_1=1 \\ x_2=1 \\ x_3=-1 \end{cases}$，即原方程组的解为 $\begin{cases} x_1=1 \\ x_2=1 \\ x_3=-1 \end{cases}$.

例2 解线性方程组

$$\begin{cases} 2x_1+x_2+3x_3=2 \\ 3x_1+2x_2+2x_3=1 \\ x_1+x_2-x_3=-1 \end{cases}.$$

解： 利用初等行变换将增广矩阵化为行最简形矩阵

$$\tilde{A}=\begin{pmatrix} 2 & 1 & 3 & 2 \\ 3 & 2 & 2 & 1 \\ 1 & 1 & -1 & -1 \end{pmatrix} \xrightarrow{r_1 \leftrightarrow r_3} \begin{pmatrix} 1 & 1 & -1 & -1 \\ 3 & 2 & 2 & 1 \\ 2 & 1 & 3 & 2 \end{pmatrix}$$

$$\xrightarrow[-2r_1+r_3]{-3r_1+r_2} \begin{pmatrix} 1 & 1 & -1 & -1 \\ 0 & -1 & 5 & 4 \\ 0 & -1 & 5 & 4 \end{pmatrix} \xrightarrow[\substack{-r_2+r_3 \\ -r_2}]{r_2+r_1} \begin{pmatrix} 1 & 0 & 4 & 3 \\ 0 & 1 & -5 & -4 \\ 0 & 0 & 0 & 0 \end{pmatrix}$$

由最后一个矩阵可得同解方程组

$$\begin{cases} x_1+4x_3=3 \\ x_2-5x_3=-4 \end{cases}$$

即原方程组的解为

$$\begin{cases} x_1=3-4x_3 \\ x_2=-4+5x_3 \end{cases}$$

其中 x_3 可以取任意值.

三、线性方程组解的讨论

定理 1　n 元齐次线性方程组有非零解的充要条件是系数矩阵的秩 $R(A)=r<n$.

推论　n 元齐次线性方程组只有零解的充要条件是系数矩阵的秩 $R(A)=r=n$.

定理 2　n 元非齐次线性方程组有解的充要条件是系数矩阵的秩 $R(A)$ 等于增广矩阵的秩 $R(\tilde{A})$. 在有解的情况下:

（1）若 $R(A)=R(\tilde{A})=n$, 则方程组有唯一解;

（2）若 $R(A)=R(\tilde{A})<n$, 则方程组有无穷多解.

例 3　解齐次线性方程组

$$\begin{cases} x_1+x_2+x_3+4x_4=0 \\ x_1-x_2+3x_3-2x_4=0 \\ 2x_1+x_2+3x_3+5x_4=0 \\ 3x_1+x_2+5x_3+6x_4=0 \end{cases}.$$

解：利用初等行变换将系数矩阵化为行最简形矩阵

$$A=\begin{pmatrix} 1 & 1 & 1 & 4 \\ 1 & -1 & 3 & -2 \\ 2 & 1 & 3 & 5 \\ 3 & 1 & 5 & 6 \end{pmatrix} \xrightarrow[\substack{-r_1+r_2 \\ -2r_1+r_3 \\ -3r_1+r_4}]{} \begin{pmatrix} 1 & 1 & 1 & 4 \\ 0 & -2 & 2 & -6 \\ 0 & -1 & 1 & -3 \\ 0 & -2 & 2 & -6 \end{pmatrix}$$

$$\xrightarrow{r_2 \leftrightarrow r_3} \begin{pmatrix} 1 & 1 & 1 & 4 \\ 0 & -1 & 1 & -3 \\ 0 & -2 & 2 & -6 \\ 0 & -2 & 2 & -6 \end{pmatrix} \xrightarrow[\substack{r_2+r_1 \\ -r_2}]{\substack{-2r_2+r_3 \\ -2r_2+r_4}} \begin{pmatrix} 1 & 0 & 2 & 1 \\ 0 & 1 & -1 & 3 \\ 0 & 0 & 0 & 0 \\ 0 & 0 & 0 & 0 \end{pmatrix}$$

显然, $R(A)=2<4$, 所以, 方程组有非零解, 也即有无穷多组解.

由最后一个矩阵可得同解方程组

$$\begin{cases} x_1+2x_3+x_4=0 \\ x_2-x_3+3x_4=0 \end{cases}$$

即原方程组的解为

$$\begin{cases} x_1=-2x_3-x_4 \\ x_2=x_3-3x_4 \end{cases}$$

其中 x_3, x_4 可以取任意值.

例 4　解线性方程组

$$\begin{cases} x_1+2x_2-x_3+2x_4=1 \\ 2x_1+4x_2+x_3+x_4=5 \\ -x_1-2x_2-2x_3+x_4=4 \end{cases}.$$

解：利用初等行变换将增广矩阵化为行最简形矩阵

$$\tilde{A} = \begin{pmatrix} 1 & 2 & -1 & 2 & 1 \\ 2 & 4 & 1 & 1 & 5 \\ -1 & -2 & -2 & 1 & 4 \end{pmatrix} \xrightarrow[r_1+r_3]{-2r_1+r_2} \begin{pmatrix} 1 & 2 & -1 & 2 & 1 \\ 0 & 0 & 3 & -3 & 3 \\ 0 & 0 & -3 & 3 & 5 \end{pmatrix}$$

$$\xrightarrow[\frac{1}{3}r_2]{r_2+r_3} \begin{pmatrix} 1 & 2 & -1 & 2 & 1 \\ 0 & 0 & 1 & -1 & 1 \\ 0 & 0 & 0 & 0 & 8 \end{pmatrix} \xrightarrow{r_2+r_1} \begin{pmatrix} 1 & 2 & 0 & 1 & 2 \\ 0 & 0 & 1 & -1 & 1 \\ 0 & 0 & 0 & 0 & 8 \end{pmatrix}$$

显然，$R(A) = 2 \neq R(\tilde{A}) = 3$，所以，原方程组无解.

另外，也可由最后一个矩阵得同解方程组

$$\begin{cases} x_1 + 2x_2 + x_4 = 2 \\ x_3 - x_4 = 1 \\ 0 = 8 \end{cases}$$

显然，第三个方程不可能成立，所以该同解方程组无解，也即原方程组无解.

习题 3-2-4

习题答案

1. 用消元法解下列线性方程组.

(1) $\begin{cases} x_1 - x_2 + 4x_3 = 3 \\ 2x_1 + x_2 - x_3 = 6 \\ 5x_1 + 7x_2 + x_3 = 32 \end{cases}$; 　　(2) $\begin{cases} x_1 - x_2 + 3x_3 - x_4 = 1 \\ 2x_1 - x_2 - x_3 + 4x_4 = 2 \\ 3x_1 - 2x_2 + x_3 + 4x_4 = 3 \\ x_1 - 4x_3 + 5x_4 = 1 \end{cases}$.

2. 设非齐次线性方程组 $\begin{cases} x_1 + x_2 + x_3 + x_4 = 1 \\ 3x_1 + 2x_2 + x_3 - 3x_4 = a \\ x_2 + 2x_3 + 6x_4 = 2 \end{cases}$. 问：当 a 为何值时，方程组有解，并求其解.

3. 当 k 为何值时，线性方程组 $\begin{cases} x_1 + x_2 - x_3 = 1 \\ 2x_1 + 3x_2 + kx_3 = 3 \\ x_1 + kx_2 + 3x_3 = 2 \end{cases}$，有唯一解？无数多组解？无解？

4. 设线性方程组 $\begin{cases} x_1 + x_2 + x_3 + x_4 = 1 \\ x_2 - x_3 + 2x_4 = 1 \\ 2x_1 + 3x_2 + (a+2)x_3 + 4x_4 = b+3 \\ 3x_1 + 5x_2 + x_3 + (a+8)x_4 = 5 \end{cases}$,

(1) 当 a，b 为何值时？方程组有唯一解，无穷多组解，无解？

(2) 当方程组有无穷多组解时，试求其解.

模块四

概率统计基础

项目一　随机事件及其概率

概率论与数理统计是从数量化的角度来研究现实生活中和客观世界中的随机现象及其规律性的一门数学学科，它以随机现象为研究对象，是现代数学的重要分支学科，已广泛应用于金融、保险、经济管理、气象等领域.

任务一　随机事件及其概率

本任务将主要介绍随机事件、事件的关系、事件的概率、概率的性质及古典概型等基本概念.

一、随机事件

在现实生活中，有些事件在完全相同的条件下可能发生也可能不发生，既可能出现这种结果又可能出现那种结果，我们称这类事件为随机事件. 随机事件通常用字母 A，B，C 等表示.

例如，在抛掷一枚骰子的试验中，用 A 表示"点数为奇数"这一事件，则 A 是一个随机事件；再如，未来几年经济可能繁荣、一般或衰退，若用 B 表示"经济繁荣"，C 表示"经济一般"，用 D 表示"经济衰退"，则 B，C，D 均是随机事件.

我们把在每次试验中都必然发生的事件称为必然事件，用字母 Ω 表示. 例如，在上述试验中，"点数大于 0"是一个必然事件.

把在任何一次试验中都不可能发生的事件称为不可能事件，用空集符号 ϕ 表示. 例如，在掷骰子试验中，"点数小于 1"就是一个不可能事件.

显然，必然事件与不可能事件都是确定性事件，为讨论方便，今后将它们看作是两个特殊的随机事件，并将随机事件简称为事件.

二、事件的关系

1. 若 $A \subset B$，则称事件 B 包含事件 A，或事件 A 包含于事件 B，其含义是事件 A 发生

必然导致事件 B 发生，如图 4-1-1 所示.

例如，若用 A_1 表示事件"出现 1 点"，用 A 表示事件"点数为奇数"，则显然有 $A_1 \subset A$.

2. 事件 $A \cap B$ 称为事件 A 与事件 B 的积事件，其含义是事件 A 与事件 B 同时发生. 事件 $A \cap B$ 也记作 AB，如图 4-1-2 所示.

例如，若某种产品的质量是用其长度和直径两个指标来衡量的，只有当长度和直径均合格时，该产品才是合格的. 若记事件 A ="长度合格"，事件 B ="直径合格"，事件 C ="产品合格"，则显然有 $C=AB$.

3. 事件 $A \cup B$ 称为事件 A 与事件 B 的和事件，其含义是事件 A 与事件 B 至少有一个发生. 事件 $A \cup B$ 也记作 $A+B$，如图 4-1-3 所示.

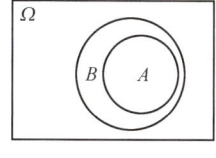

图 4-1-1

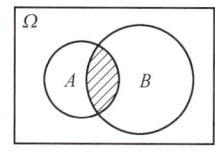

图 4-1-2

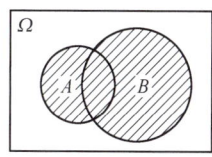

图 4-1-3

例如，当长度和直径有一个不合格或都不合格时，该产品就是不合格的. 若记事件 $\overline{A}$ ="长度不合格"，事件 $\overline{B}$ ="直径不合格"，事件 $\overline{C}$ ="产品不合格"，则显然有 $\overline{C}=\overline{A}+\overline{B}$.

4. 若 $A \cap B = \phi$，则称事件 A 与事件 B 是互不相容的，也称为互斥事件，其含义是事件 A 与事件 B 不能同时发生，如图 4-1-4 所示.

例如，若记事件 A ="数学成绩优秀（85 分及以上）"，B ="数学成绩良好优秀（70~84 分）"，事件 C ="数学成绩合格（60~69 分）"，事件 D ="数学成绩不合格（60 分以下）"，则显然事件 A、B、C、D 两两互不相容.

5. 若 $A \cup B = \Omega$ 且 $A \cap B = \phi$，则称事件 A 与事件 B 是对立事件，也称为互逆事件，其含义是事件 A 与事件 B 必有一个且仅有一个发生. 事件 A 的对立事件记为 $\overline{A}$，如图 4-1-5 所示.

例如，若记事件 A ="数学成绩合格（60 分及以上）"，B ="数学成绩不合格（60 分以下）"，则显然事件 A、B 是对立事件. 再如，在抛硬币观察其出现正面或反面的实验中，若记事件 C ="出现正面"，事件 D ="出现反面"，则显然 C、D 是对立事件.

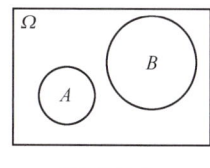

图 4-1-4

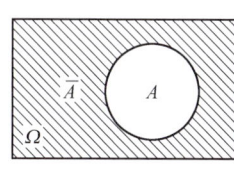

图 4-1-5

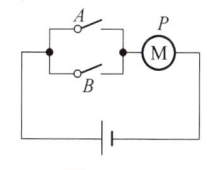

图 4-1-6

例 1 自动门控制电路图如图 4-1-6 所示，P 表示自动门的执行电动机，控制效果：当有人从门外或门内走来或同时有人从门外和门内走来，门会自动打开. 若记事件 A ="有人从门外走来"，B ="有人从门内走来"，C ="自动门打开". 试用事件 A、B 表示事件 C 及 $\overline{C}$.

解： 显然，事件 A、B、C 的对立事件分别为 $\bar{A}$ = "没有人从门外走来"，$\bar{B}$ = "没有人从门内走来"，$\bar{C}$ = "自动门关闭".

根据控制效果：当有人从门外或门内走来或同时有人从门外和门内走来，门会自动打开，即事件 A、B 至少有一个发生时，事件 C 发生，所以，$C = A + B$.

当既没有人从门外走来也没有人从门内走来时，门会自动关闭，即事件 $\bar{A}$、$\bar{B}$ 同时发生时，事件 $\bar{C}$ 发生，所以，$\bar{C} = \bar{A}\bar{B}$ 或 $\bar{C} = \overline{A + B}$.

例 2 甲、乙两人各向目标射击一次，记 A = "甲击中目标"，B = "乙击中目标". 试用事件 A、B 分别表示下列事件：

(1) "甲未击中目标"；

(2) "甲未击中目标而乙击中目标"；

(3) "两人都击中目标"；

(4) "两人都未击中目标"；

(5) "两人中恰有一人击中目标"；

(6) "目标被击中".

解： 易知事件 A、B 的对立事件分别为 $\bar{A}$ = "甲未击中目标"，$\bar{B}$ = "乙未击中目标".

(1) $\bar{A}$；

(2) $\bar{A}B$；

(3) AB；

(4) $\bar{A}\bar{B}$ 或 $\overline{A + B}$；

(5) $A\bar{B} + \bar{A}B$；

(6) $A + B$.

文章本天成，
妙手偶得之

三、事件的概率

对一个随机事件 A，在一次随机试验中，它是否会发生，事先并不能确定. 但我们会问，在一次试验中，事件 A 发生的可能性有多大？并希望找到一个合适的数来表征事件 A 在一次试验中发生的可能性大小，这个数就是事件 A 发生的概率.

若在相同条件下进行 n 次试验，其中事件 A 发生了 k 次，则称比值 $\dfrac{k}{n}$ 为事件 A 发生的频率.

频率反映了一个随机事件在大量重复试验中发生的频繁程度. 例如，抛掷一枚均匀硬币时，在一次试验中虽然不能肯定是否会出现正面，但大量重复试验时，发现出现正面和反面的次数大致相等，即各占总的试验次数的一半或 $\dfrac{1}{2}$，如下表所示历史上抛硬币实验记录，可以发现，随着试验次数的增加，出现正面的频率逐渐稳定在 0.5 附近. 这似乎表明频率的稳定值与事件发生的可能性大小（概率）之间有着内在的联系.

试验者	掷硬币次数 n	出现正面的次数 m	频率 $\dfrac{m}{n}$
迪·摩根	2 048	1 061	0.518 1
布丰	4 040	2 048	0.506 9
费勒	10 000	4 979	0.497 9
皮尔逊	12 000	6 019	0.501 6
皮尔逊	24 000	12 012	0.500 5
罗曼诺夫斯基	80 640	40 173	0.498 2

实际观察中，通过大量重复试验得到随机事件的频率稳定在某个数值附近的例子还有很多，它们均表明这样一个事实：当试验次数增大时，事件 A 发生的频率 $\dfrac{k}{n}$ 总是稳定在一个确定的数 p 附近，而且偏差随着试验次数的增大而减小．频率的这种性质在概率论中称为频率的稳定性．频率稳定性的事实说明了刻画随机事件 A 发生的可能性大小的数——概率的客观存在性．

定义 1 在相同条件下重复进行 n 次试验，若事件 A 发生的频率 $\dfrac{k}{n}$ 随着试验次数 n 的增大而稳定地在某个常数 p（$0 \leqslant p \leqslant 1$）附近摆动，则称 p 为事件 A 的概率，记为 $P(A)$．即 $P(A)=p$．

例如，在上述抛硬币实验中，出现正面和出现反面的可能大小相同，即概率相等，也即 $P(C)=P(D)=0.5$．再比如，对某批乒乓球的质量进行检查，观察优等品频率的规律，如下表所示．

抽取球数 n	50	100	200	500	1 000	2 000
优等品数 m	45	92	194	470	954	1 902
优等品频率 $\dfrac{m}{n}$	0.9	0.92	0.97	0.94	0.954	0.951

可以发现，当抽查的球数增多时，抽到优等品的频率值逐渐稳定在常数 0.95 附近，我们可以认为这批乒乓球的优等品率为 0.95．

例 3 从某鱼池中取 100 条鱼，做上记号后再放入该鱼池中．现从该池中任意捉来 40 条鱼，发现其中两条有记号，问池内大约有多少条鱼？

解： 设池内有 n 条鱼，则从池中捉到一条有记号的鱼的概率为 $\dfrac{100}{n}$，它近似于捉到有记号的鱼的频率 $\dfrac{2}{40}$，即 $\dfrac{100}{n} \approx \dfrac{2}{40}$，解之得 $n \approx 2\,000$，故池内大约有 2 000 条鱼．

四、概率的性质

由概率的统计定义知，概率具有下列基本性质：

性质1 对任一事件 A，有 $0 \leq P(A) \leq 1$.

性质2 $P(\Omega)=1$，$P(\phi)=0$.

性质3 设 A、B 为任意两个事件，则
$$P(A+B)=P(A)+P(B)-P(AB).$$

特别地，若 A、B 为互不相容事件，则
$$P(A+B)=P(A)+P(B).$$

性质4 对任一事件 A，$P(\overline{A})=1-P(A)$.

五、古典概型

若随机试验的结果具有下列两个特征：

（1）随机试验只有有限个可能的结果；

（2）每一个结果发生的可能性大小相同.

我们称这样的随机实验模型为古典概型或等可能概型，其在概率论的产生和发展过程中是最早的研究对象，而且在实际应用中也是最常用的一种概率模型. 根据古典概型的特点，我们可以定义任一随机事件的概率.

定义2 对给定的古典概型，若实验的所有可能结果个数为 n，事件 A 中包含的可能结果个数为 k，则事件 A 发生的概率为
$$P(A)=\frac{k}{n}.$$

这种方法把求古典概型的概率问题转化为对事件的计数问题，而计数问题通常可用排列组合来计算.

例4 掷一枚硬币3次，设事件 A 表示"恰有一次出现正面"，B 表示"三次均出现正面"，C 表示"至少有一次出现正面"，试求 $P(A)$，$P(B)$，$P(C)$.

解： 抛一枚硬币3次，所有可能的结果个数为 $n=2^3=8$. "恰有一次出现正面"可以是仅第一次出现正面或仅第二次出现正面或仅第三次出现正面，因此，事件 A 包含3个可能结果；"三次均出现正面"则显然只有一种可能结果；"至少有一次出现正面"的对立事件为"三次均出现反面"，而"三次均出现反面"只包含一种可能结果. 所以，所求事件的概率分别为
$$P(A)=\frac{3}{8}, P(B)=\frac{1}{8}, P(C)=1-\frac{1}{8}=\frac{7}{8}.$$

习题 4-1-1

习题答案

1. 已知某电路系统由开关 A，B，C，D 及电源、指示灯 E 组成，如图4-1-7所示. 字母 A，B，C，D 表示相应开关不合闸的事件，字母 E 表示指示灯亮的事件. 试用事件 A，B，C，D 表示事件 E 及 $\overline{E}$.

2. 举重裁判控制器电路图如图4-1-8所示，P 为指示杠铃稳当举起才亮的灯泡. 控

制效果：三个裁判同时按下开关或主裁判和其中一名副裁判同时按下开关，灯泡 P 亮起，即成绩有效. 若记事件 A = "主裁判按下开关 A"，B = "副裁判按下开关 B"，C = "副裁判按下开关 C"，D = "成绩有效". 试用事件 A、B、C 表示事件 D.

图 4-1-7　　　　　　　　　　　图 4-1-8

3. 设 A、B 为两个随机事件，且 $P(A) = 0.4$，$P(B) = 0.7$，$P(A+B) = 0.85$. 求 $P(AB)$.

4. 设 A、B 为互不相容事件，且 $P(A) = 0.6$，$P(B) = 0.3$. 求 $P(A+B)$，$P(\overline{A}\,\overline{B})$.

任务二　条件概率

一、条件概率

一般地，我们把在事件 A 发生的条件下，事件 B 发生的概率称为条件概率，记作 $P(B|A)$.

例如，5 个人采用抓阄的方法决定两张电影票的归属，若记 A_i = "第 i 个人抓中电影票" （$i=1$，2，3，4，5），则有第一个人抓中的概率为 $P(A_1) = \dfrac{2}{5}$. 若已知第一个人抓中了，则第二个人也抓中的概率为 $P(A_2|A_1) = \dfrac{1}{4}$. 若已知第一个人没有抓中，则第二个人抓中的概率为 $P(A_2|\overline{A_1}) = \dfrac{2}{4} = \dfrac{1}{2}$.

根据古典概型，我们还可以计算得出，前两人都抓中的概率为 $P(A_1A_2) = \dfrac{1}{10}$. 可以发现有下面的等式成立：

$$P(A_2|A_1) = \dfrac{P(A_1A_2)}{P(A_1)}.$$

事实上，对于一般的古典概型，若 $P(A) > 0$，则总有等式

$$P(B|A) = \dfrac{P(AB)}{P(A)}$$

成立. 该等式可用于求在事件 A 发生的条件下，事件 B 发生的概率计算问题，相应地，把 $P(B)$ 称为无条件概率. 一般地，$P(B|A) \neq P(B)$.

例 1　根据气象统计资料，某段时期甲市下雨的概率为 0.15，乙市下雨的概率为

0.09，两市中至少有一市下雨的概率为 0.18. 求当甲市下雨时，乙市也下雨的概率.

解： 设 A = "甲市下雨"，B = "乙市下雨". 由题设知
$$P(A) = 0.15,\ P(B) = 0.09,\ P(A+B) = 0.18.$$
所以 $P(AB) = P(A) + P(B) - P(A+B) = 0.15 + 0.09 - 0.18 = 0.06$，

于是 $P(B|A) = \dfrac{P(AB)}{P(A)} = \dfrac{0.06}{0.15} = 0.4$.

二、乘法公式

由条件概率计算公式
$$P(B|A) = \dfrac{P(AB)}{P(A)} \quad [P(A) > 0]$$

立即可以得到
$$P(AB) = P(B|A)P(A) \quad [P(A) > 0]$$

该公式称为乘法公式，可以用来计算两个事件积（两个事件同时发生）的概率问题.

一般地，对于三个事件 A_1、A_2、A_3，则有乘法公式
$$P(A_1 A_2 A_3) = P(A_1) P(A_2|A_1) P(A_3|A_1 A_2)$$
可以用来计算三个事件积（三个事件同时发生）的概率问题.

例2 袋中装有 10 个白球、6 个红球，无放回地摸球 3 次，每次摸出 1 球. 求第 3 次才摸到红球的概率.

解： 设 A_i = "第 i 次摸到红球"（$i = 1, 2, 3$），因为只有两种颜色的球，故 $\overline{A_i}$ = "第 i 次摸到白球"（$i = 1, 2, 3$），

第 3 次才摸到红球的含义为前两次都摸到了白球而第 3 次摸到红球，即 $\overline{A_1}\,\overline{A_2}A_3$，所以，
$$P(\overline{A_1}\,\overline{A_2}A_3) = P(\overline{A_1}) P(\overline{A_2}|\overline{A_1}) P(A_3|\overline{A_1}\,\overline{A_2}) = \dfrac{10}{16} \times \dfrac{9}{15} \times \dfrac{6}{14} = \dfrac{9}{56} \approx 0.16.$$

三、全概率公式

全概率公式是概率论中的一个基本公式，它将计算一个复杂事件的概率问题，转化为在不同情况或不同原因下发生的简单事件的概率的求和问题.

设 A_1，A_2，$\cdots$，A_n 是一个完备事件组，且 $P(A_i) \geq 0$，则对于任意一个事件 B，有
$$P(B) = P(A_1) P(B|A_1) + P(A_2) P(B|A_2) + \cdots + P(A_n) P(B|A_n)$$
特别地，当 $n = 2$ 时，
$$P(B) = P(A_1) P(B|A_1) + P(A_2) P(B|A_2)$$
或
$$P(B) = P(A) P(B|A) + P(\overline{A}) P(B|\overline{A})$$

大道至简，
繁在人心

例3 五个人采用抓阄的方法决定两张电影票的归属，求第二个人抓到的概率.

解： 记 A_i = "第 i 个人抓中电影票"（$i = 1, 2, 3, 4, 5$），则 $\overline{A_i}$ = "第 i 个人没有抓

中电影票"($i=1,2,3,4,5$). 因为第一个人可能抓到也可能没有抓到,所以,根据全概率公式,第二个人抓到的概率为

$$P(A_2) = P(A_1)P(A_2|A_1) + P(\overline{A_1})P(A_2|\overline{A_1}) = \frac{2}{5} \times \frac{1}{4} + \frac{3}{5} \times \frac{2}{4} = \frac{2}{5}.$$

四、事件的独立性

根据前面的讨论,一般地,$P(B|A) \neq P(B)$,但在实践中,也常会遇到一个事件的发生对另一个事件发生的概率没有影响的情况. 例如,有放回实验、独立射击等. 这时就会有 $P(B|A) = P(B)$,此时两个事件的乘法公式为

$$P(AB) = P(B|A)P(A) = P(A)P(B)$$

这时我们也称这两个事件是相互独立的.

在实际应用中,常根据问题的实际意义去判断两个事件是否独立,若独立,则可利用上面公式计算两个事件积的概率.

定理1 若两个事件 A,B 相互独立,则 A 与 $\overline{B}$,$\overline{A}$ 与 B,$\overline{A}$ 与 $\overline{B}$ 也相互独立.

例如,甲、乙两人向同一目标射击,记 A="甲命中目标",B="乙命中目标",则 $\overline{A}$="甲没有命中目标",$\overline{B}$="乙没有命中目标". 因"甲命中与否"并不影响"乙命中与否"的概率,故 A 与 B,A 与 $\overline{B}$,$\overline{A}$ 与 B,$\overline{A}$ 与 $\overline{B}$ 均独立.

例4 已知甲、乙射手的命中率分别为 0.77,0.84,他们各自独立地向同一目标射击一次. 求:
(1) 两人都击中目标的概率;
(2) 目标被击中的概率.

解: 设 A="甲击中目标",B="乙击中目标",显然 A,B 相互独立,且

$$P(A) = 0.77, \quad P(B) = 0.84$$

又 AB="两人都击中目标",$A+B$="目标被击中",于是
(1) $P(AB) = P(A)P(B) = 0.77 \times 0.84 = 0.646\ 8$;
(2) $P(A+B) = P(A) + P(B) - P(AB)$
$\qquad = P(A) + P(B) - P(A)P(B)$
$\qquad = 0.77 + 0.84 - 0.77 \times 0.84$
$\qquad = 0.963\ 2$

习题答案

习题 4-1-2

1. 袋中装有 15 个球,其中 5 个黑球,10 个白球,无放回地摸球 2 次,每次摸出 1 球.
   (1) 如果已知第一次摸出的是黑球,求第二次又摸出黑球的概率;
   (2) 求第二次摸出黑球的概率.

2. 袋中装 10 个球,其中 3 个黑球、7 个白球,先后两次从中随意各取一球(不放回),求两次取到的均为黑球的概率.

3. 一个自动报警器由雷达和计算机两部分组成，两部分有任何一个失灵，这个报警器就失灵，若使用100小时后，雷达失灵的概率为0.1，计算机失灵的概率为0.3，若两部分失灵与否为独立的，求这个报警器使用100小时没有失灵的概率．
4. 某型号高炮，每门炮发射一发炮弹击中飞机的概率为0.6，若两门炮同时各射击一次，问：飞机被击中的概率是多少？

项目二　离散型随机变量与连续型随机变量

在随机试验中，人们除了想了解某个事件发生的概率外，往往更关心随机实验中是否存在某种规律，这就需要将随机试验的结果数量化，进而研究其统计规律性．为此，这就需要引入随机变量的概念，本项目将主要介绍离散型随机变量与连续型随机变量及其概率分布与数字特征．

任务一　离散型随机变量

一、随机变量

在抛掷一颗骰子观察其出现的点数的实验中，我们发现，其试验的可能结果都是一个实数，这就提示我们可以用一个实数来表示随机试验的结果，即将随机试验的结果数量化，进而研究揭示随机试验的统计规律性．

在抛掷一颗骰子观察其出现的点数的实验中，我们可以规定：$X=1$ 表示事件"出现 1 点"，$X=2$ 表示事件"出现 2 点"，……，$X=6$ 表示事件"出现 6 点"，如下所示：

$$X=\begin{cases}1, & 出现1点 \\ 2, & 出现2点 \\ 3, & 出现3点 \\ 4, & 出现4点 \\ 5, & 出现5点 \\ 6, & 出现6点\end{cases}$$

则显然有，$P\{X=i\}=\dfrac{1}{6}$ ($i=1, 2, 3, 4, 5, 6$)．

在另一些随机试验中，试验结果看起来与数量无关，但可以指定一个数量来表示之．例如，在抛掷一枚硬币观察其出现正面或反面的试验中，我们可以规定：

$$X=\begin{cases}1, & 出现正面 \\ 0, & 出现反面\end{cases}$$

则显然有，$P\{X=1\}=P\{X=0\}=\dfrac{1}{2}$．

上述例子表明，随机试验的结果都可用一个实数来量化，建立这种数量化关系，就相当于引入了一个变量 X，它随着试验的结果不同而取不同的值. 由于实验结果的出现是随机的，因而变量 X 的取值也是随机的，我们称这样的变量 X 为随机变量.

二、离散型随机变量及其概率分布

设 X 是一个随机变量，如果它全部可能的取值只有有限个或可数无穷个，则称 X 为一个离散型随机变量.

1. 离散型随机变量的概率分布

定义1 设离散型随机变量 X 的所有可能取值为 $x_i(i=1,2,\cdots,n)$，且取每一个值对应的概率为 $p_i(i=1,2,\cdots,n)$，即

$$P\{X=x_i\}=p_i(i=1,2,\cdots,n)$$

称为 X 的概率分布或分布率.

常用表格形式来表示 X 的概率分布：

X	x_1	x_2	$\cdots$	x_n
P	p_1	p_2	$\cdots$	p_n

由概率的定义知，$p_i(i=1,2,\cdots)$ 必然满足：

（1）$p_i \geq 0$，$(i=1,2,\cdots,n)$；

（2）$\sum_{i=1}^{n} p_i = 1$.

例1 已知某射击运动员的命中率为 0.95，求该名运动员向同一目标独立射击两次命中目标的次数 X 的概率分布.

解： X 的可能取值为 0，1，2，记 $A_i=$ "第 i 次击中目标"（$i=1,2$），且 $P(A_1)=0.95$，$P(A_2)=0.95$，则 $P(\overline{A_1})=0.05$，$P(\overline{A_2})=0.05$，于是，

$P\{X=0\}=P(\overline{A_1}\,\overline{A_2})=P(\overline{A_1})P(\overline{A_2})=0.05\times 0.05=0.002\,5$，

$P\{X=1\}=P(A_1\overline{A_2}+\overline{A_1}A_2)=P(A_1\overline{A_2})+P(\overline{A_1}A_2)=P(A_1)P(\overline{A_2})+P(\overline{A_1})P(A_2)$
$=0.95\times 0.05+0.05\times 0.95=0.095$，

$P\{X=2\}=P(A_1A_2)=P(A_1)P(A_2)=0.95\times 0.95=0.902\,5$，

所以，X 的概率分布为

X	0	1	2
P	0.002 5	0.095	0.902 5

2. 离散型随机变量的概率计算

设离散型随机变量 X 的概率分布为：

X	x_1	x_2	$\cdots$	x_n
P	p_1	p_2	$\cdots$	p_n

则对任意实数 a，b（$a<b$），都有

$$P\{a \leq X \leq b\} = \sum_{a \leq x_i \leq b} p_i.$$

例2 假设某运动员向同一目标独立射击两次命中目标次数 X 的概率分布由例1给出.

X	0	1	2
P	0.002 5	0.095	0.902 5

求：(1) $P\{X \leq 1\}$；(2) $P\{X \geq 1\}$.

解： (1) $P\{X \leq 1\} = P\{X=0\} + P\{X=1\} = 0.002\ 5 + 0.095 = 0.097\ 5$；

(2) $P\{X \geq 1\} = P\{X=1\} + P\{X=2\} = 0.095 + 0.902\ 5 = 0.997\ 5$.

三、离散型随机变量的期望与方差

1. 离散型随机变量的期望

设离散型随机变量 X 的概率分布为：

X	x_1	x_2	$\cdots$	x_n
P	p_1	p_2	$\cdots$	p_n

则定义 X 的数学期望（又称均值）为

$$E(X) = x_1 p_1 + x_2 p_2 + \cdots + x_n p_n = \sum_{i=1}^{n} x_i p_i.$$

期望值是指各种可能发生的结果按各自相应的概率为权数计算的加权平均值，又称为预期值或均值，通常用 E 表示.

例3 已知项目 A 和项目 B 投资收益的概率分布为

项目实施情况	投资收益（单位：万元）		概率
	项目 A (X)	项目 B (Y)	
好	40	70	0.3
一般	20	20	0.5
差	0	−45	0.2

试计算两个项目的期望投资收益.

解： 项目 A 的期望投资收益 $E(X) = 40 \times 0.3 + 20 \times 0.5 + 0 \times 0.2 = 22$（万元）；

项目 B 的期望投资收益 $E(Y) = 70 \times 0.3 + 20 \times 0.5 + (-45) \times 0.2 = 22$（万元）.

这里，概率表示每一种项目实施情况出现的可能性，同时也就是各种不同预期收益出现的可能性. 例如，未来项目实施情况好的可能性为 0.3，假如这种情况真的出现，A 项目可获得 40 万元的收益，B 项目可获得 70 万元的收益.

期望收益反映的是在各种不确定性因素的影响下，投资者所能收到的平均收益. 该例两个项目的期望收益相同，但其概率分布不同. B 项目的收益分散程度大，变动范围在 −45~70；A 项目的收益分散程度小，变动范围在 0~40. 这说明两个项目的收益相同，但风险程度不同. 为了定量地衡量风险大小, 还要引入衡量概率分布离散程度的指标——方差或标准差.

2. 离散型随机变量的方差

（1）方差. 设离散型随机变量 X 的概率分布为：

X	x_1	x_2	$\cdots$	x_n
P	p_1	p_2	$\cdots$	p_n

则定义 X 的方差为

$$D(X) = \sigma^2 = (x_1-\bar{x})^2 p_1 + (x_2-\bar{x})^2 p_2 + \cdots + (x_n-\bar{x})^2 p_n$$

$$= \sum_{i=1}^{n}(x_i-\bar{x})^2 p_i$$

其中 $\bar{x}=E(X)$.

由方差的定义知, 方差即为随机变量 X 的取值与均值偏差的平方的均值, 其刻画了随机变量 X 的取值与数学期望（均值）的偏离程度, 它的大小可以衡量随机变量取值的稳定性, 方差越小, X 的取值越集中; 方差越大, X 的取值越分散.

（2）标准差. 方差的算术平方根叫作均方差或标准差或标准离差, 即

$$\sigma = \sqrt{D(X)} = \sqrt{\sum_{i=1}^{n}(x_i-\bar{x})^2 p_i}.$$

例4 计算例3中 A、B 两个项目投资收益的方差和标准差.

解： 项目 A 的方差

$$D(X) = (40-22)^2 \times 0.3 + (20-22)^2 \times 0.5 + (0-22)^2 \times 0.2 = 196(万元^2)$$

项目 A 的标准差

$$\sigma_A = \sqrt{D(X)} = \sqrt{196} = 14(万元)$$

项目 B 的方差

$$D(Y) = (70-22)^2 \times 0.3 + (20-22)^2 \times 0.5 + (-45-22)^2 \times 0.2 = 1\,591(万元^2)$$

项目 B 的标准差

$$\sigma_B = \sqrt{D(Y)} = \sqrt{1591} \approx 40(万元)$$

计算结果表明, 两个项目的期望投资收益相同, 但显然项目 A 的投资风险较小.

（3）标准差系数. 如果项目 A 和项目 B 的期望投资收益是相等的, 可以直接根据标准差来比较两个项目的风险水平, 但如果比较项目的期望收益不同, 则可以用标准差系数来比较两个项目的风险水平.

标准差系数是标准差同期望值之比. 通常用符号 V 表示, 其计算公式为：

$$V = \frac{\sigma}{E(X)}$$

标准差系数是一个相对指标, 表示平均每单位期望所对应的标准差, 它以相对数反映决策方案的风险程度. 方差和标准差作为绝对数, 只适用于期望值相同的决策方案风险程度的比较. 对于期望值不同的决策方案, 评价和比较其各自的风险程度只能借助于标准差系数这一相对数值. 在期望值不同的情况下, 标准差系数越大, 风险越大; 反之, 标准差

系数越小,风险越小.

例5 计算例3中A、B两个项目投资收益的标准差系数.

解: 根据例3和例4的计算结果,

项目A的期望$E(X)=22$(万元),标准差$\sigma_A=14$(万元),则标准差系数为
$$V_A=\frac{\sigma_A}{E(X)}=\frac{14}{22}\approx 0.636;$$

项目B的期望$E(Y)=22$(万元),标准差$\sigma_B=40$(万元),则标准差系数为
$$V_B=\frac{\sigma_B}{E(Y)}=\frac{40}{22}\approx 1.818.$$

显然,项目B的标准差系数大,故风险也较大.

四、常用离散分布及其期望与方差

1. 0—1 分布

若随机变量X只取两个可能值:0,1,其概率分布为:

X	0	1
P	$1-p$	p

其中$0<p<1$,则称X服从0—1分布,其期望与方差分别为
$$E(X)=p,\ D(X)=p(1-p).$$

在n重伯努利试验中,若每次试验只观察事件A是否发生,定义随机变量X如下:
$$X=\begin{cases}1,\text{事件}A\text{发生}\\0,\text{事件}A\text{不发生}\end{cases}$$

且$P\{X=1\}=p$,$P\{X=0\}=1-p$,则X服从0—1分布.任何只有两种结果的随机现象,比如抛掷硬币试验,检查产品的质量是否合格,新生儿是男是女等,都可用它来描述.

2. 二项分布

若随机变量X的可能取值为0,1,2,…,n,其概率分布为:
$$P\{X=k\}=C_n^k p^k (1-p)^{n-k}\ (k=0,1,2,\cdots,n)$$

其中$0<p<1$,则称X服从参数为n,p的二项分布,记作$X\sim B(n,p)$,其期望与方差分别为
$$E(X)=np,\ D(X)=np(1-p).$$

特别地,当$n=1$时,二项分布即为两点分布.

二项分布是一种常用分布,例如,若一批产品的不合格率为p,则检查n件产品,其中不合格品数X服从二项分布;若n部机器独立运转,每台机器出故障的概率为p,则n部机器中出故障的机器数Y服从二项分布,等等.

3. 泊松分布

若一个随机变量X的概率分布为
$$P\{X=k\}=\frac{\lambda^k \mathrm{e}^{-\lambda}}{k!}\ (k=0,1,2,\cdots)$$

其中 λ>0，则称 X 服从参数为 λ 的泊松分布，记作 X~P(λ)，其期望与方差分别为
$$E(X)=\lambda, D(X)=\lambda.$$

泊松分布是概率论中的一种重要分布，许多现象都可以用泊松分布描述。例如，某一时段进入商店的顾客数；某一时段发生交通事故的次数；一天内 110 报警台接到报警的次数等，都服从泊松分布。

泊松分布可作为二项分布的近似。在 n 重伯努利试验中，当 n 很大，p 很小，且 $np \to \lambda$（$n \to \infty$）时，有下列近似关系：

$$C_n^k p^k (1-p)^{n-k} \approx \frac{\lambda^k e^{-\lambda}}{k!} (np = \lambda).$$

在实际计算中，当 $n \geq 100$，$np \leq 10$ 时近似效果就很好。

习题 4-2-1

习题答案

1. 已知某篮球运动员投中篮筐的概率是 0.9，求他两次独立投篮投中次数 X 的概率分布。

2. 已知某次数学竞赛 A 组 10 名成员的成绩 X 的概率分布与 B 组 10 名成员的成绩 Y 的概率分布分别为

X				
	55	65	70	85
P	$\frac{1}{10}$	$\frac{3}{10}$	$\frac{4}{10}$	$\frac{2}{10}$

Y					
	40	60	75	80	90
P	$\frac{1}{10}$	$\frac{2}{10}$	$\frac{2}{10}$	$\frac{3}{10}$	$\frac{2}{10}$

求：(1) A、B 两组数学竞赛成绩的数学期望（平均成绩）；
(2) A、B 两组数学竞赛成绩的方差和标准差；
(3) A、B 两组数学竞赛成绩的标准差系数。

3. ABC 公司有甲、乙两个投资项目，假设未来的经济情况有三种：繁荣、正常与衰退，ABC 公司项目投资未来收益状态分布表如下表所示。

经济状况	发生概率 p_i	项目甲期望报酬率 x_i	项目乙期望报酬率 x_i
繁荣	0.3	90%	20%
正常	0.4	15%	15%
衰退	0.3	-60%	10%

(1) 计算甲、乙两个投资项目的期望报酬率；
(2) 计算甲、乙两个投资项目的方差与标准差；
(3) 计算甲、乙两个投资项目的标准差系数。

任务二　连续型随机变量

如果随机变量 X 可能取值的全体是无限不可列个实数或取值充满某一实数区间, 那么便称 X 为非离散型随机变量, 其特点是, 它的取值无法一一列举, 这类随机变量涉及范围较广、情况较为复杂, 在应用上极为重要的是其中的一类——连续型随机变量, 如"测量误差""元件的使用寿命"等.

一、连续型随机变量

定义 1　设 X 为一随机变量, 如果存在非负可积函数 $f(x)$, 对任意实数 a, $b(a<b)$, 都有

$$P\{a < X \leqslant b\} = \int_a^b f(x)\,\mathrm{d}x$$

则称 X 为连续型随机变量, 并称 $f(x)$ 是 X 的概率密度函数.

由定义及定积分的几何意义知, 概率值 $P\{a<X\leqslant b\}$ 即为由曲线 $y=f(x)$、直线 $x=a$、$x=b$ 及 x 轴所围曲边梯形的面积, 如图 4-2-1 所示.

类似于离散型随机变量的概率分布, 概率密度函数也有下述基本性质:

(1) $f(x) \geqslant 0$;

(2) $\int_{-\infty}^{+\infty} f(x)\,\mathrm{d}x = 1$.

性质表明, 概率密度曲线 $y=f(x)$ 位于 x 轴的上方, 且密度曲线与 x 轴之间的面积恒为 1, 如图 4-2-2 所示.

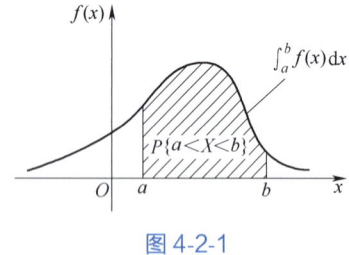

图 4-2-1

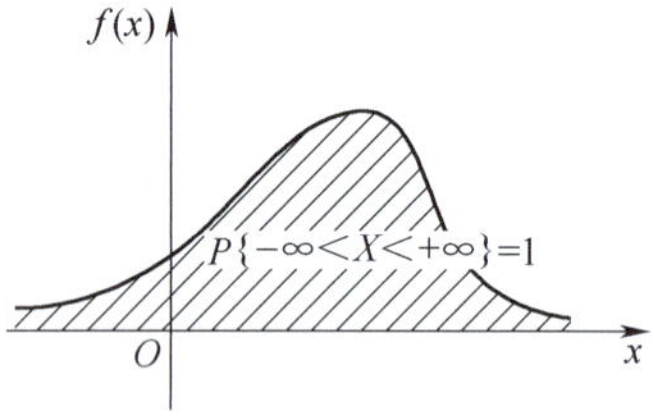

图 4-2-2

常用的连续型概率分布主要有均匀分布、指数分布和正态分布.

二、均匀分布与指数分布

1. 均匀分布

定义 2　若连续型随机变量 X 的概率密度为

$$f(x) = \begin{cases} \dfrac{1}{b-a}, & a<x<b \\ 0, & \text{其他} \end{cases}$$

则称 X 服从区间 $[a, b]$ 上的均匀分布, 记为 $X \sim U$

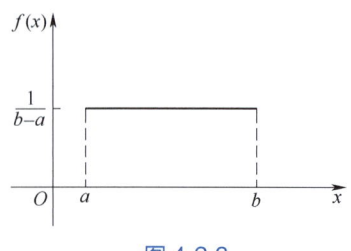

图 4-2-3

(a, b)，其概率密度曲线如图 4-2-3 所示.

均匀分布是实际中常用的分布. 例如在数值计算中，若计算结果保留到小数点后第 n 位，则舍入误差 X 通常假定服从 $(-0.5\times10^{-n}, 0.5\times10^{-n})$ 上的均匀分布；在刻度器读数时把零头数化为最靠近的整分度时发生的误差也服从均匀分布，等等.

例 1 已知某公共汽车上午 6 时起从站点发车，每 15 分钟一班，即 6：00，6：15，6：30，6：45，…时刻有汽车到达此站，如果乘客到达此站的时间 X 是 8：00 到 8：20 之间的均匀随机变量，试求他候车时间少于 5 分钟的概率.

解： 以 8：00 为起点 0，以分为单位，依题意，$X \sim U(0, 20)$，所以 X 的概率密度为

$$f(x) = \begin{cases} \dfrac{1}{20}, & 0<x<20 \\ 0, & 其他 \end{cases},$$

为使候车时间 X 少于 5 分钟，乘客必须在 8：10 到 8：15 之间到达车站，故所求概率为

$$P\{10 < X < 15\} = \int_{10}^{15} \frac{1}{20} \mathrm{d}x = \frac{15-10}{20} = \frac{1}{4}.$$

即乘客候车时间少于 5 分钟的概率是 $\dfrac{1}{4}$.

2. 指数分布

定义 3 若连续型随机变量 X 的概率密度函数为

$$f(x) = \begin{cases} \lambda \mathrm{e}^{-\lambda x}, & x>0 \\ 0, & x \leq 0 \end{cases},$$

其中 $\lambda > 0$ 为常数，则称 X 服从参数为 λ 的指数分布，记为 $X \sim E(\lambda)$，其概率密度曲线如图 4-2-4 所示.

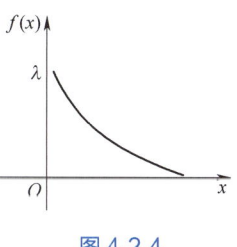

图 4-2-4

指数分布常被用作各种"寿命"的分布，如电子元件的使用寿命、动物的寿命、电话的通话时间、顾客在某一服务系统接受服务的时间等都可假定服从指数分布，因而指数分布有着广泛的应用.

三、正态分布

由一般分布的频数表资料所绘制的频率分布直方图可以看出，高峰位于中部，左右两侧大致对称，如图 4-2-5（1）所示. 我们设想，如果观察例数逐渐增多，组段不断细分，如图 4-2-5（2）所示，直方图顶端的连线就会逐渐形成一条高峰位于中央（均值所在处），两侧逐渐降低且左右对称，不与横轴相交的曲线，如图 4-2-5（3）所示. 这条曲线称为频数曲线或频率曲线，近似于数学上的正态分布.

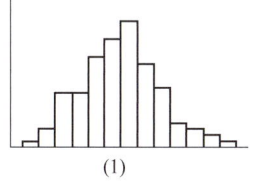 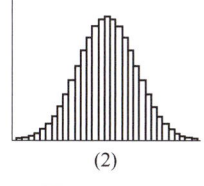 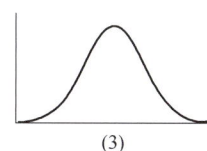

图 4-2-5

1. 正态分布的定义

定义 4 若随机变量 X 的概率密度为

$$f(x)=\frac{1}{\sqrt{2\pi}\sigma}e^{-\frac{(x-\mu)^2}{2\sigma^2}} \quad (-\infty<x<+\infty)$$

则称 X 服从参数为 μ 和 σ^2 的正态分布，记作 $X\sim N(\mu,\sigma^2)$，其中 μ 和 $\sigma>0$ 都是常数．图 4-2-6 给出了概率密度函数 $y=f(x)$ 的图像，我们称之为正态曲线，它是一条钟形曲线．

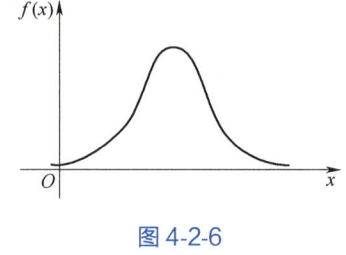

图 4-2-6

正态分布是概率论中极为重要的一类分布，因高斯首先将它应用于误差研究，故亦称为高斯分布或误差分布．一般来说，一个变量如果受到大量微小的、独立的随机因素的影响，那么这个变量一般是一个正态变量，服从或近似服从正态分布．例如，身高、体重、考试成绩、家庭收入、测量误差、农作物产量等．换言之，这些指标背后的数据具有中心密集、两边稀疏的特点．例如，成年人的身高近似服从正态分布意味着大多数人的身高在人口平均身高附近上下波动，而矮个子和高个子的人就很少见．再如，如图 4-2-7 所示，某年某省份高考分数段人数分布图．显然其图形顶端的连线近似为一条钟形曲线．

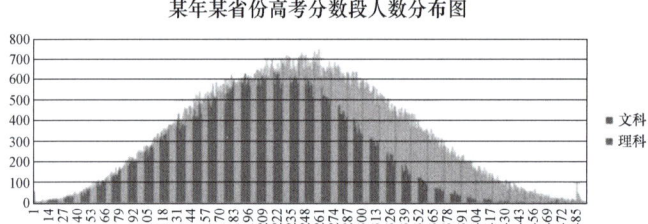

图 4-2-7

2. 正态分布的图形特征

设随机变量 X 服从参数为 μ 和 σ^2 的正态分布，即 $X\sim N(\mu,\sigma^2)$，如图 4-2-8 所示，则其图形具有如下特征：

（1）参数 μ 是正态分布的位置参数，确定了曲线的位置，且图形关于直线 $x=\mu$ 对称．若固定 σ，改变 μ 的值，则曲线沿着 x 轴平行移动，几何形状不变，如图 4-2-9 所示．

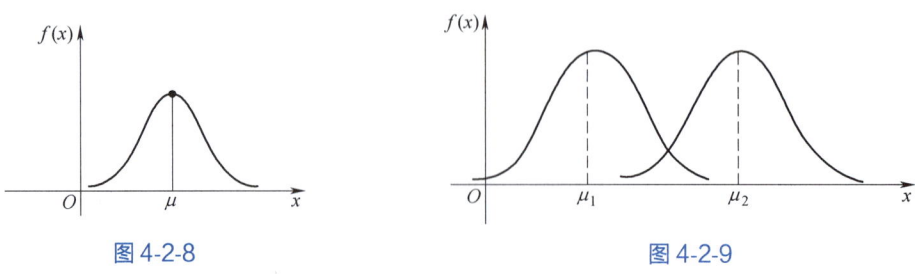

图 4-2-8 图 4-2-9

（2）参数 σ 确定了曲线中峰的陡峭程度，σ 越大，曲线越扁平，σ 越小，曲线越陡峭，如图 4-2-10 所示．在统计分析中，σ 反映正态分布资料数据分布的离散程度，σ 越大，数据越分散，σ 越小，数据越集中．

(3) 曲线在 $x=\mu$ 处达到最高点，即函数 $f(x)$ 当 $x=\mu$ 时有最大值 $\dfrac{1}{\sqrt{2\pi}\sigma}$．

(4) 曲线在 $x=\mu\pm\sigma$ 处有拐点 $\left(\mu\pm\sigma,\dfrac{1}{\sqrt{2\pi}\sigma}\mathrm{e}^{-\frac{1}{2}}\right)$．

(5) 曲线以 x 轴为渐近线，且与 x 轴间的面积等于 1．

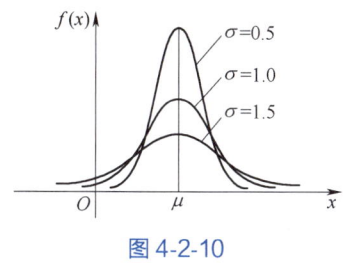

图 4-2-10

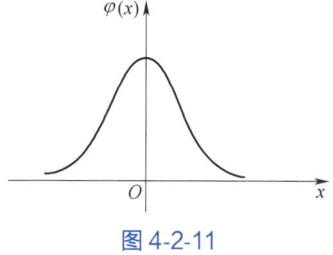

图 4-2-11

特别地，当 $\mu=0$，$\sigma=1$ 时，随机变量 X 的概率密度为

$$\varphi(x)=\dfrac{1}{\sqrt{2\pi}}\mathrm{e}^{-\frac{x^2}{2}}\quad(-\infty<x<+\infty)$$

这时我们称随机变量 X 服从标准正态分布，记作 $X\sim N(0,1)$，其图形关于纵轴对称，如图 4-2-11 所示．

因为，概率密度曲线 $y=f(x)$ 与 x 轴之间的面积恒为 1，所以，标准正态分布密度曲线与 x 轴之间在纵轴两侧的面积均为 0.5，即若 $X\sim N(0,1)$，则 $P\{X\leqslant 0\}=0.5$．

3. 正态分布的概率计算

设随机变量 X 服从标准正态分布，即 $X\sim N(0,1)$，x 为任意实数，则

$$P\{X\leqslant x\}=\int_{-\infty}^{x}\varphi(t)\mathrm{d}t=\dfrac{1}{\sqrt{2\pi}}\int_{-\infty}^{x}\mathrm{e}^{-\frac{t^2}{2}}\mathrm{d}t．$$

由定积分理论知，变上限定积分 $\int_{-\infty}^{x}\mathrm{e}^{-\frac{t^2}{2}}\mathrm{d}t$ 是 x 的函数，因此，$\dfrac{1}{\sqrt{2\pi}}\int_{-\infty}^{x}\mathrm{e}^{-\frac{t^2}{2}}\mathrm{d}t$ 是 x 的函数，称为随机变量 X 的分布函数，记作 $\Phi(x)$，即

$$\Phi(x)=\dfrac{1}{\sqrt{2\pi}}\int_{-\infty}^{x}\mathrm{e}^{-\frac{t^2}{2}}\mathrm{d}t\quad(-\infty<x<+\infty)．$$

$\Phi(x)$ 的值即为标准正态分布概率密度曲线 $y=\varphi(t)$ 下方、t 轴上方及直线 $t=x$ 左侧的面积，如图 4-2-12 所示．

当 $x=0$ 时，$\Phi(0)=\dfrac{1}{\sqrt{2\pi}}\int_{-\infty}^{0}\mathrm{e}^{-\frac{t^2}{2}}\mathrm{d}t=P\{X\leqslant 0\}=0.5$．

标准正态分布的重要性在于，任何一个一般的正态分布都可以通过线性变换转化为标准正态分布．而对标准正态分布的分布函数 $\Phi(x)$，人们可以利用近似计算方法求出其近似值，并编制了标准正态分布表供使用时查用．标准正态分布表中只给出了当 $x\geqslant 0$ 时，$\Phi(x)$ 的数值，当 $x<0$ 时，利用正态分布密度函数的对称性，如图 4-2-13 所示，可得

$$\Phi(x)=1-\Phi(-x).$$

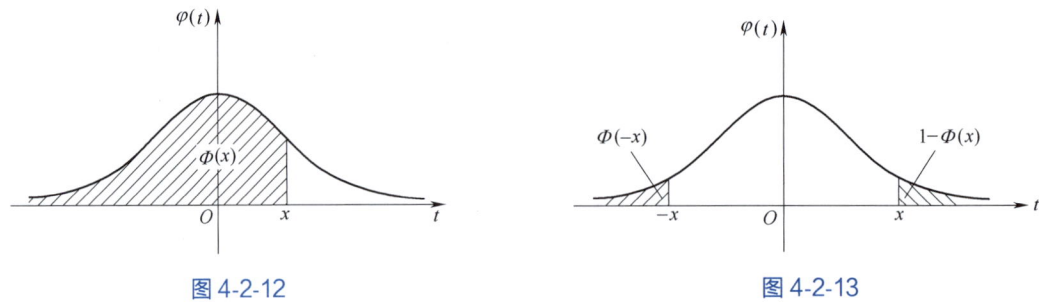

图 4-2-12　　　　　　　　　　　　图 4-2-13

特别地，当 $x=0$ 时，有 $\Phi(0)=0.5$。

利用标准正态分布的分布函数 $\Phi(x)$ 可得，若 $X \sim N(0, 1)$，则对任意实数 a，b ($a<b$)，有

$$P\{a<X\leqslant b\}=P\{X\leqslant b\}-P\{X\leqslant a\}=\Phi(b)-\Phi(a).$$

定理 1　设 $X \sim N(\mu, \sigma^2)$，则 $\dfrac{X-\mu}{\sigma} \sim N(0, 1)$。

由定理可知，若 $X \sim N(\mu, \sigma^2)$，则对任意实数 a，$b(a<b)$，有

$$P\{a<X\leqslant b\}=P\left\{\dfrac{a-\mu}{\sigma}<\dfrac{X-\mu}{\sigma}\leqslant\dfrac{b-\mu}{\sigma}\right\}=\Phi\left\{\dfrac{b-\mu}{\sigma}\right\}-\Phi\left\{\dfrac{a-\mu}{\sigma}\right\}.$$

例 2　设 $X \sim N(1, 3^2)$，求 $P(X\leqslant 7)$，$P(-2<X\leqslant 4)$。

解：　$P\{X\leqslant 7\}=P\left\{\dfrac{X-1}{3}\leqslant\dfrac{7-1}{3}\right\}=\Phi(2)\xrightarrow{\text{查表}}0.9772$；

$P\{-2<X\leqslant 4\}=P\left\{\dfrac{-2-1}{3}<\dfrac{X-1}{3}\leqslant\dfrac{4-1}{3}\right\}=\Phi(1)-\Phi(-1)=2\Phi(1)-1=0.6826$。

例 3　设 $X \sim N(\mu, \sigma^2)$，求：
(1) $P\{\mu-\sigma<X\leqslant\mu+\sigma\}$；
(2) $P\{\mu-2\sigma<X\leqslant\mu+2\sigma\}$；
(3) $P\{\mu-3\sigma<X\leqslant\mu+3\sigma\}$。

标准正态分布
函数数值表

解：　(1) $P\{\mu-\sigma<X\leqslant\mu+\sigma\}=P\left\{-1<\dfrac{X-\mu}{\sigma}\leqslant 1\right\}$

$=\Phi(1)-\Phi(-1)=2\Phi(1)-1=0.6826$；

(2) $P\{\mu-2\sigma<X\leqslant\mu+2\sigma\}=P\left\{-2<\dfrac{X-\mu}{\sigma}\leqslant 2\right\}$

$=\Phi(2)-\Phi(-2)=2\Phi(2)-1=0.9544$；

(3) $P\{\mu-3\sigma<X\leqslant\mu+3\sigma\}=P\left\{-3<\dfrac{X-\mu}{\sigma}\leqslant 3\right\}$

$=\Phi(3)-\Phi(-3)=2\Phi(3)-1=0.9974$。

计算结果表明，正态随机变量 X 取值在 $(\mu-\sigma, \mu+\sigma)$ 范围内的概率约为 68.3%，在

$(\mu-2\sigma, \mu+2\sigma)$ 范围内的概率约为 95.4%，在 $(\mu-3\sigma, \mu+3\sigma)$ 范围内的概率约为 99.7%. 可见，尽管正态随机变量的取值范围是 $(-\infty, +\infty)$，但它的值几乎全部集中在区间 $(\mu-3\sigma, \mu+3\sigma)$ 内，超出这个范围的可能性仅占不到 0.3%，这在统计学上也称为 3σ 准则或经验法则，如图 4-2-14 所示.

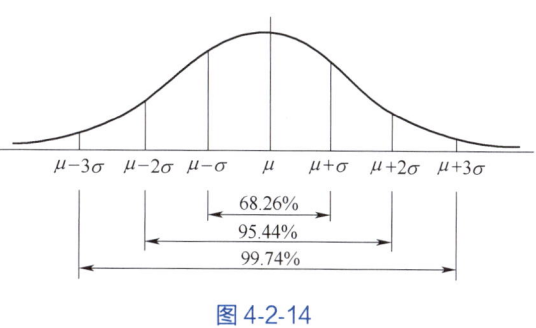

图 4-2-14

例如，假设一家外卖的平均送餐时间为 30min，标准差为 5min. 根据经验法则，我们可以确定交付时间在 25～35 分钟 (30-5, 30+5) 范围内的大概占到 68.3%；交付时间在 20～40 分钟 (30-2×5, 30+2×5) 范围内的大概占到 95.4%；交付时间在 15～45 分钟 (30-3×5, 30+3×5) 范围内的大概占到 99.7%.

例 4 已知某车床加工甲种零件的直径 D（单位：mm）服从参数 $\mu=10$，$\sigma=0.005$ 的正态分布，规定甲种零件的直径 D 在 10±0.01 内为合格品，求该车床加工甲种零件的合格品率.

解：根据题意，$D \sim N(10, 0.005^2)$，则

$$P\{10-0.01 < D \leq 10+0.01\} = P\left\{-2 < \frac{D-10}{0.005} \leq 2\right\}$$

$$= \Phi(2) - \Phi(-2) = 2\Phi(2) - 1 = 0.9544,$$

即该车床加工甲种零件的合格品率为 95.44%.

四、连续型随机变量的期望与方差

设连续型随机变量 X 的概率密度为 $f(x)$，则 X 的数学期望（简称期望）定义为

$$E(X) = \int_{-\infty}^{+\infty} xf(x)\,dx;$$

X 的方差定义为

$$D(X) = \int_{-\infty}^{+\infty} [x - E(X)]^2 f(x)\,dx.$$

均方差或标准差为

$$\sigma = \sqrt{D(X)}.$$

在计算方差时，常用下面公式更为简便.

$$D(X) = E(X^2) - E^2(X).$$

可以证明，下面几种常用连续型随机变量的数学期望和方差.

(1) 均匀分布. 设 X 服从区间 $[a, b]$ 上的均匀分布，即 $X \sim U(a, b)$，则

$$E(X) = \frac{a+b}{2}, D(X) = \frac{(b-a)^2}{12}.$$

(2) 指数分布. 设 X 服从参数为 $\lambda(\lambda > 0)$ 的指数分布，即 $X \sim E(\lambda)$，则

$$E(X)=\frac{1}{\lambda},\ D(X)=\frac{1}{\lambda^2}.$$

（3）正态分布. 设 X 服从参数为 μ 和 σ^2 的正态分布，即 $X \sim N(\mu, \sigma^2)$，则
$$E(X)=\mu,\ E(X)=\sigma^2.$$

习题 4-2-2

习题答案

1. 已知某公共汽车上午 7 时起从站点发车，每 15 分钟一班，即 7∶00，7∶15，7∶30，7∶45，…时刻有汽车到达此站，如果某乘客到达此站的时间 X 是 8∶00 到 8∶30 之间的均匀随机变量，求该乘客候车时间少于 5 分钟的概率.

2. 已知某元件的寿命 X（单位：h）服从参数为 $\lambda=\dfrac{1}{1\,000}$ 的指数分布，求该元件寿命不低于 2 000h 的概率.

3. 已知某工程队完成某项工程所需要的时间 T（单位：d）服从参数为 $\mu=150$，$\sigma=5$ 的正态分布，按合同规定，若在不超过 150d 内完成，则可获得提前完成奖 10 000 元；若在 150~160d 内完成，则没有奖金；但若超过 160d，则罚款 20 000 元. 求：
    （1）该工程队能获得提前完成奖 10 000 元的概率.
    （2）该工程队被罚款 20 000 元的概率.

项目三　数据分析

数据分析是指用适当的统计分析方法对收集来的大量数据进行分析，提取有用信息和形成结论. 在实际应用中，数据分析可帮助人们做出判断，以便采取适当行动. 这里只介绍从数据的集中趋势与离散程度两个角度对数据进行简单的分析.

任务一　抽样方法

一、总体与样本

一般地，把所考察的对象的某一项指标值的全体作为总体，构成总体的每一个指标值作为个体，从总体中抽出若干个体所组成的集合叫作样本，样本中包含的个体数量叫作样本容量.

例如，要了解某城市 12 岁男孩的身高状况，从这个城市中随机选取了 120 名 12 岁男孩测量出他们的身高. 那么该城市所有 12 岁男孩的身高是总体，每一位 12 岁男孩的身高

是个体，被抽取的 120 名 12 岁男孩的身高是样本，样本容量是 120.

二、抽样方法

从总体中抽取样本的目的是认识总体．从样本数据得出总体的有关信息，这就是统计推断．要使样本及样本数据能很好地反映总体的特征，必须合理地抽取样本，常用的抽样方法有简单随机抽样、系统抽样及分层抽样．

1. 简单随机抽样

当随机抽样满足下面两个条件：

（1）总体中的每个个体都有被抽到的可能；

（2）每个个体被抽到的机会都是相等的.

我们称这种抽样方法为简单随机抽样，用这种方法抽得的样本叫作简单随机样本．常用的简单随机抽样方法有抽签法和随机数表法．

抽签法就是把总体中的每个个体编上号码，如 1、2、3、4、…，然后把号码写在号签上，将号签放在一个容器中，搅拌均匀后，每次从中抽取一个号签，连续抽取 n 次，就得到一个容量为 n 的样本．这种方法简单易行，适用于总体中个体数目较少的情况．

随机数表法是利用计算机生成一组随机数，然后按照一定的规则到随机数表中选取号码就可以了.

2. 系统抽样

系统抽样法又称等距抽样法，是指将总体中各对象按一定顺序排列，然后随机确定起点，根据一定的抽样距离从总体中抽取一定个体，组成样本．抽样距离的计算公式为：

$$抽样距离(k) = \frac{总体单位数(N)}{样本单位数(n)}$$

系统抽样比简单随机抽样更简单，成本更低，更容易实现．除此之外，它还能使样本均匀分散在调查的总体中，不会集中于某些层次，从而增加了样本的代表性.

例 1 设将某班级的 50 名学生视为总体，学号即为个体的编号，采用系统抽样法抽取 5 本作业作为样本进行检查.

（1）求抽样距离；

（2）假定从 1~10 随机确定一个数 3，试写出抽出的样本号码.

解： （1）抽样距离为 $k = \frac{50}{5} = 10$；

（2）抽出样本的号码依次为 3、13、23、33、43.

3. 分层抽样

一般地，当总体由差别明显的几个部分组成时，为了使抽样更客观地反映总体情况，可将总体按照一定的特征分成层次分明且互不重叠的若干层，然后按各部分在总体中所占比例进行简单随机抽样，这种抽样方法叫作分层抽样，其中所分成的各个部分称为"层"．

分层的目的是使样本单位在各层中分布比较均匀，具有更好的代表性．在具体操作上，分层抽样法主要分为等比例分层抽样和非等比例分层抽样．

（1）等比例分层抽样．等比例分层抽样法是指按各层单位数占总体单位数的比例分配各层的样本数量．计算各层样本数量的公式为：

$$\text{第}i\text{层样本数}=\text{要抽取的样本总数}\times\frac{\text{第}i\text{层单位数}}{\text{总体单位数}}$$

例2 某小区有居民 2 000 户，从中抽选 200 户家庭进行购买力调查，其中高收入家庭为 100 户，中收入家庭为 1 200 户，低收入家庭 700 户．用等比例分层抽样法抽取样本，则各层应抽取的样本数量分别是多少？

解： 高收入家庭应抽取的样本数量 $=200\times\dfrac{100}{2\ 000}=10$（户），

中收入家庭应抽取的样本数量 $=200\times\dfrac{1\ 200}{2\ 000}=120$（户），

低收入家庭应抽取的样本数量 $=200\times\dfrac{700}{2\ 000}=70$（户）．

（2）非等比例分层抽样．非等比例分层抽样法不是简单按照各层单位数的比例分配样本数量，而是结合其他因素调整各层的样本单位数．之所以采用此方法，主要是基于以下几点原因：

① 保证占总体比例小的层有足够的样本数，使这些样本能够比较好地反映该层的属性和特征．

② 那些对分析来讲非常重要的层，应多抽取一些样本．

通常情况下，可以按照各层标准差大小调整各层的样本数．计算公式为：

$$\text{第}i\text{层样本数}=\text{要抽取的样本总数}\times\frac{\text{第}i\text{层单位数}\times\text{第}i\text{层样本标准差}}{\sum(\text{第}i\text{层单位数}\times\text{第}i\text{层样本标准差})}$$

例3 如例2，假定各层样本的标准差分别为：高收入层 30 元，中收入层 20 元，低收入层 10 元．用非等比例分层抽样法抽取样本，即利用样本标准差调整各层样本数，则各层应抽取的样本数量分别是多少？

解： 高收入家庭应抽取的样本数量 $=200\times\dfrac{100\times30}{100\times30+1\ 200\times20+700\times10}\approx18$（户），

中收入家庭应抽取的样本数量 $=200\times\dfrac{1\ 200\times20}{100\times30+1\ 200\times20+700\times10}=141$（户），

低收入家庭应抽取的样本数量 $=200\times\dfrac{700\times10}{100\times30+1\ 200\times20+700\times10}\approx41$（户）．

通过对比样本数可以看出，非等比例分层抽样因各层标准差大小不同，家庭收入高的分层样本增加了 8 个，家庭收入中等的分层样本数增加了 21 个，而家庭收入低的分层样本数减少了 29 个．这是因为高收入层的标准差大（30 元），从中抽取样本数目就要多一些；低收入层的标准差小（10 元），从中抽取的样本数可以少一些．因此，这样抽取的样本更具代表性，自然依据此抽样进行调查的结果准确度也会更高．

以上三种抽样方法各有优点和适用范围，归纳如下：

抽样方法	优点	适用范围
简单随机抽样	简单易行	个体数较少
系统抽样	样本分布均匀	个体数较多
分层抽样	样本有较强的代表性	总体由差异明显的几部分组成

习题 4-3-1

1. 某次市场调查，总体中有 100 个消费者，采用系统抽样法抽取 20 人作为样本进行调查.
   (1) 抽样距离是多少？
   (2) 假定从 1~5 选出一个随机数 3，试依次写出抽出样本的号码.
2. 某职业学校一年级会计专业共有 150 名学生. 为了了解该班学生数学学习情况，运用系统抽样法，从这 150 人中抽取容量为 15 的样本进行质量检查.
   (1) 抽样距离是多少？
   (2) 若从 1~10 随机确定一个数 4，试依次写出抽出样本的号码.
3. 某单位 500 名职工中，血型为 O，A，B，AB 型的人数分别为 200，125，125，50. 为了研究职工健康教育的内容，要抽取一个容量为 40 的样本进行访谈.
   (1) 应采用哪种抽样方法？
   (2) 应从 O，A，B，AB 型的职工中分别抽取多少人？
4. 某公司生产甲、乙、丙三种型号的电冰箱，产量分别为 1 200 台、1 800 台和 2 400 台. 为检测电冰箱质量，现采用分层抽样方法抽取 45 台进行检测，计算这三种型号的电冰箱应分别抽取多少台？

任务二 数据的集中趋势分析

数据的集中趋势是指数据分布趋向集中于一个分布中心. 最常用于分析数据分布集中趋势的统计量有平均数、众数和中位数.

一、平均数

平均数是描述数据集中程度的一个统计量. 在实践中，既可以用它来反映一组数据的一般情况，也可以用它进行不同组数据的比较，以看出组与组之间的差别. 例如，从平均工资就可以看出某单位职工的收入水平. 平均数包括算术平均数、调和平均数和几何平均数.

1. 算术平均数

算术平均数是统计中最基本、最常用的一种平均数. 它的基本计算形式是用总体的标志总量除以总体的单位总数. 算术平均数的基本公式是：

$$算术平均数 = \frac{总体的标志总量}{总体的单位总数}$$

在社会经济现象中，总体的标志总量常常是总体单位标志值的算术总和．例如，工人工资总额是各个工人工资的总和；粮食总产量是各块地播种面积产量的总和等．在掌握了标志总量和总体单位数的资料后，就可以按照上面的公式计算算术平均数．

例如，某公司某月所发放的工资总额为 744 万元，工人总数为 2 000 人，则该公司工人的月平均工资为：

$$月平均工资 = \frac{工资总额}{工人总数} = \frac{7\,440\,000}{2\,000} = 3\,720（元）$$

根据掌握的资料不同和计算的复杂程度不同，算术平均数又可分为简单算术平均数和加权算术平均数．

（1）简单算术平均数．

例 1 某车间共有 10 名工人，生产某种零件，每名工人的日产量（变量值 x_i）统计如下（单位：件）：

44　48　45　48　45　46　52　48　48　48

试计算该车间工人平均日产量（$\bar{x}$）．

解： 该车间工人平均日产量：

$$\bar{x} = \frac{零件总数}{工人总数} = \frac{44+48+45+\cdots+48+48+48}{10} = \frac{472}{10} = 47.2（件）$$

该种方法计算出来的平均数称为简单算术平均数．一般地，计算公式为：

$$简单算术平均数 = \frac{各单位变量值之和}{总体单位总数}$$

用符号表示：

$$\bar{x} = \frac{x_1 + x_2 + \cdots + x_n}{n} = \frac{\sum_{i=1}^{n} x_i}{n} = \frac{\sum x_i}{n}$$

式中：$\bar{x}$ 为平均数；x_i 为各单位变量值；n 为总体单位总数；$\sum$ 为求和符号．

（2）加权算术平均数．由于例 1 数据较多，且部分数据相同，可以先对例 1 的数据进行分组如下：

按每人日产零件数分组（件）x_i 为变量值	工人数	
	各组人数（权数）：f_i　$\sum f_i = n$	各组人数与总人数之比（权重）：$\dfrac{f_i}{\sum f_i} = \dfrac{f_i}{n}$
44	1	$\dfrac{1}{10}$
45	2	$\dfrac{2}{10}$
46	1	$\dfrac{1}{10}$
48	5	$\dfrac{5}{10}$
52	1	$\dfrac{1}{10}$
合计	10	1

则该车间工人平均日产量：
$$\bar{x} = \frac{零件总数}{工人总数} = \frac{44\times1+45\times2+\cdots+48\times5+52\times1}{10}$$
$$= 44\times\frac{1}{10}+45\times\frac{2}{10}+\cdots+48\times\frac{5}{10}+52\times\frac{1}{10}$$
$$= 47.2 （件）$$

该种方法计算出来的平均数称为加权算术平均数．一般地，计算公式为：
$$加权算术平均数 = \frac{各组变量值与其对应的权数乘积之和}{总体单位总数}$$

用符号表示：
$$\bar{x} = \frac{x_1\times f_1 + x_2\times f_2 + \cdots + x_k\times f_k}{f_1+f_2+\cdots+f_k} = \frac{\sum_{i=1}^{k}(x_i\times f_i)}{\sum_{i=1}^{k}f_i} = \frac{\sum(x_i\cdot f_i)}{n}$$

式中：$\bar{x}$ 为平均数；x_i 为各组变量值；k 表示总体单位总数被分成 k 组；f_i 表示各组单位数，也称为权数，且 $f_1+f_2+\cdots+f_k=n$；n 为总体单位总数；$\sum$ 为求和符号．

加权算术平均数的另一个计算公式为：
$$加权算术平均数 = 各组变量值与其对应的权重乘积之和$$

用符号表示：
$$\bar{x} = \frac{x_1\times f_1 + x_2\times f_2 + \cdots + x_k\times f_k}{n}$$
$$= x_1\times\frac{f_1}{n} + x_2\times\frac{f_2}{n} + \cdots + x_k\times\frac{f_k}{n}$$

式中：$\frac{f_i}{n}$ 表示各组单位数 f_i 在总体 n 中的占比，也叫比重、权重，通常用分数或百分数表示，且权重之和等于 1，即 $\frac{f_1}{n}+\frac{f_2}{n}+\cdots+\frac{f_k}{n}=1$．该式表明，加权算术平均数等于各组单位变量值与其权重乘积之和．权重越大，平均值就越接近对应的变量值．

例2 根据数学课程考核评价方式的规定，期末总评成绩由平时成绩、实验成绩和期末成绩三个部分构成（满分均为 100 分），分别占总评的 40%、30% 和 30%，课程结束后，小王同学经过考核三个部分的成绩依次为 85 分、80 分、52 分，则小王同学的数学总评成绩是多少分？

解： 用加权算术平均数公式计算小王同学的数学总评成绩为：
总评成绩 = $85\times40\% + 80\times30\% + 52\times30\% = 73.6$（分）$\approx 74$（分）．

2. 调和平均数

（1）简单调和平均数．

例3 假设市场上某种蔬菜的价格分别是：早上 5 元/千克，中午 4 元/千克，晚上 3 元/千克，若王阿姨早、中、晚各买 1 元蔬菜，则其当日购买的蔬菜的平均价格是多少？

解： 根据平均数计算公式：平均价格 = $\dfrac{总金额}{总质量}$，其中，总金额为 1+1+1 = 3（元），总质量为 $\dfrac{1}{5}+\dfrac{1}{4}+\dfrac{1}{3}=\dfrac{47}{60}$（千克），于是，

$$平均价格 = \dfrac{总金额}{总质量} = \dfrac{1+1+1}{\dfrac{1}{5}+\dfrac{1}{4}+\dfrac{1}{3}} = \dfrac{3}{\dfrac{47}{60}} \approx 3.83 (元/千克)$$

计算结果表明：平均每千克蔬菜的价格是 3.83 元.

该种方法计算出来的平均数称为简单调和平均数. 一般地，计算公式为：

$$H = \dfrac{n}{\dfrac{1}{x_1}+\dfrac{1}{x_2}+\cdots+\dfrac{1}{x_n}} = \dfrac{n}{\sum \dfrac{1}{x_i}}$$

式中：H 为调和平均数；x_i 为各单位变量值；n 为变量值个数；$\sum$ 为求和符号.

（2）加权调和平均数.

例 4 假设市场上某种蔬菜的价格分别是：早上 5 元/千克，中午 4 元/千克，晚上 3 元/千克，若李阿姨早上买了 2 元蔬菜，中午买了 8 元蔬菜，晚上又买了 30 元蔬菜，则其当日购买的蔬菜的平均价格是多少？

解： 根据平均数计算公式：平均价格 = $\dfrac{总金额}{总质量}$，其中，总金额为 2+8+30 = 40（元），总质量为 $\dfrac{2}{5}+\dfrac{8}{4}+\dfrac{30}{3}=12.4$（千克），于是，

$$平均价格 = \dfrac{总金额}{总质量} = \dfrac{2+8+30}{\dfrac{2}{5}+\dfrac{8}{4}+\dfrac{30}{3}} = \dfrac{40}{12.4} \approx 3.23 (元/千克)$$

计算结果表明：平均每千克蔬菜的价格是 3.23 元.

该种方法计算出来的平均数称为加权调和平均数. 一般地，计算公式为：

$$H = \dfrac{m_1+m_2+\cdots+m_n}{\dfrac{m_1}{x_1}+\dfrac{m_2}{x_2}+\cdots+\dfrac{m_n}{x_n}} = \dfrac{\sum m_i}{\sum \dfrac{m_i}{x_i}}$$

式中：H 为调和平均数；x_i 为总体各单位的变量值；m_i 为各组标志总量（权数）；$\sum m_i$ 为总体标志总量；$\sum \dfrac{m_i}{x_i}$ 为总体单位数.

3. 几何平均数

几何平均数是对各变量值的连乘积开项数次方根. 求几何平均数的方法叫作几何平均法. 如果总水平、总成果等于所有阶段、所有环节水平、成果的连乘积总和时，求各阶段、各环节的一般水平、一般成果，要使用几何平均法计算几何平均数，而不能使用算术平均法计算算术平均数. 根据所掌握资料的形式不同，其分为简单几何平均数和加权几何平均数两种形式.

（1）简单几何平均数. 简单几何平均数是 n 个变量值连乘积的 n 次方根. 计算公

式为：

$$简单几何平均数 = \sqrt[n]{x_1 \cdot x_2 \cdot \cdots \cdot x_n} = \sqrt[n]{\prod x_i}$$

式中：x_i 为各个变量值；n 为变量值的个数；$\prod$ 为连乘积符号.

例5 某机械厂生产机器，设有毛坯、粗加工、精加工、装配四个连续作业的车间. 某批产品其毛坯车间制品合格率为98%，粗加工车间制品合格率为95%，精加工车间制品合格率为90%，装配车间产品合格率为94%，求各车间制品平均合格率.

解： 由于各车间制品的合格率总和并不等于全厂产品的总合格率，后续车间的合格率是在前一车间制品全部合格基础上计算的. 全厂产品总合格率等于各车间制品合格率的连乘积，所以应采用几何平均法计算各车间制品平均合格率.

车间制品平均合格率为：

$$\sqrt[4]{98\% \times 95\% \times 90\% \times 94\%} \approx 94.20\%$$

（2）加权几何平均数. 当计算几何平均数的每个变量值的次数不相同时，则应用加权几何平均法，其计算公式为：

$$加权几何平均数 = \sqrt[f_1+f_2+\cdots+f_n]{x_1^{f_1} \cdot x_2^{f_2} \cdot \cdots \cdot x_n^{f_n}}$$

式中：f_i 为各变量值的次数.

例6 假定某银行某项投资的年利率是按复利计算的，8%持续1年，6%持续4年，5%持续3年，10%持续2年. 求10年内该项投资的平均年利率.

解： 由加权几何平均数公式得

$$\sqrt[1+4+3+2]{1.08^1 \times 1.06^4 \times 1.05^3 \times 1.1^2} \approx 1.0668$$

所以，10年内该项投资的平均年利率为：$1.0668 - 1 = 0.0668 = 6.68\%$.

计算几何平均数要求各观察值之间存在连乘积关系，它的主要用途是：
① 对比率、指数等进行平均.
② 计算平均发展速度.
③ 复利下的平均年利率.
④ 连续作业的车间求产品的平均合格率.

二、众数与中位数

算术平均数、调和平均数和几何平均数都是根据总体各单位的标志值计算的. 众数和中位数不是根据总体各单位的标志值计算的，而是根据其在总体中所处的特殊位置上的个别单位的标志值或部分单位的标志值来确定的，因此也称位置平均数.

1. 众数

在一组数据中出现次数最多的数据称为这组数据的众数. 众数也是测定数据集中趋势的一个特征值. 它克服了平均数指标会受到数据极端值影响的缺陷. 在实践中，众数用来反映最普遍的现象或最主要的问题.

例7 求下列各组数据的众数：
（1）3、2、4、5、2；

（2）2、0、10、7、9、4；

（3）1、4、3、3、−1、4.

解： 首先将这组数据中不同的数据找出来，然后数出各自出现的次数，其中出现次数最多的数据就是这组数据的众数．

（1）这组数据中 2 出现 2 次，3、4、5 都只出现 1 次，2 出现的次数最多，所以众数为 2.

（2）这组数据中每个数据都只出现 1 次，没有出现次数最多的数据，所以这组数据没有众数．

（3）这组数据中 3 和 4 出现的次数相同且最多，所以这组数据的众数为 3 和 4.

注： （1）众数也是常用的一组数据的代表，当一组数据有较多的重复数据时，往往要考查它的众数．

（2）一组数据可以有不止一个众数，也可以没有众数．

（3）众数是一组数据中出现次数最多的数据，而不是数据出现的次数．

（4）众数考查的是各数据出现的频数，其大小只与这组数据中的部分数据有关，当一组数据中有不少数据多次重复出现时，其众数往往更能反映这组数据的集中趋势．

例 8 某制鞋企业对某地区男士的鞋码进行了一次调查，抽取的样本量为 200 人，调查结果如表所示．

鞋码（单位：码）	人数（次数）
39	9
40	20
41	45
42	79
43	32
44	10
其他	5

从表中可以看出，选择 42 码的人数最多，共 79 人，所以可以确定 42 码就是众数，它表明该地区男士大多穿 42 码的鞋，因而企业可以多制作一些．

2. 中位数

将一组数据按照由小到大（或由大到小）的顺序排列，位于中间的那个数叫作中位数．中位数位置平均，它不受极端变量值的影响，在具有极大值和极小值的数列中，中位数比算术平均数更具有代表性．例如，在研究城乡居民收入水平时，总体中存在极高收入者，这时居民收入的中位数比算术平均数更能代表居民收入的一般水平．

如果数据的个数为奇数，则处于中间位置的数为这组数据的中位数；如果数据的个数为偶数，则中间两个数据的平均数为这组数据的中位数．

例 9 已知某班级参加数学竞赛的 5 位同学的成绩统计如下：

$$90 \quad 85 \quad 82 \quad 95 \quad 93$$

则这 5 位同学成绩的中位数是多少？

解： 将成绩按从小到大排列为 82，85，90，93，95. 一共 5 个数，个数为奇数，位于中间位置的是第 $\frac{5+1}{2}=3$（个）数，即 90，所以这 5 位同学成绩的中位数是 90.

注： （1）一组数据的中位数不一定出现在这组数据中.

（2）一组数据的中位数是唯一的.

（3）由一组数据的中位数可以知道中位数以上和以下数据各占一半.

（4）中位数仅与数据按大小排列后的位置有关，不受个别大小差异值影响，当一组数据中个别数据与其他数据大小差异很大时，用中位数来描述这组数据的集中趋势比用平均数好.

习题 4-3-2

习题答案

1. 某小组共 10 人参加数学竞赛，其成绩 x_i（满分 100 分）统计如下：

    80　70　85　70　70　50　90　85　80　70

    分别用简单算术平均数公式和加权算术平均数公式求该小组的平均成绩 $\bar{x}$.

2. 已知某商品在 3 个商场上销售，小张、小李两位销售员分别对该商品的销售情况进行统计，统计数据分别如下表，试根据她们的统计数据计算该商品的平均价格.

销售员小张统计的数据

项目	单价 x_i/（元/千克）	销售量 f_i/千克
甲	1.5	250
乙	2.4	100
丙	1.8	150
合计	—	500

销售员小李统计的数据

项目	单价 x_i/（元/千克）	销售额 m_i/元
甲	1.5	375
乙	2.4	240
丙	1.8	270
合计	—	885

3. A 公司拟进行一项为期 8 年的长期投资，按复利计算收益，年收益率为 10% 持续了 2 年，8% 持续 3 年，5% 持续 1 年，12% 持续 2 年. 求 8 年内该项投资的平均年收益率.

任务三　数据的离散程度分析

离散程度是指数据偏离分布中心的程度. 离散程度分析是用来反映数据之间的差异程

度的，它通常由极差、方差和标准差等来反映．

一、极差

极差也称全距，是指一组数据中最大值与最小值的差．计算公式为
$$极差 = 最大值 - 最小值$$

例1 某生产车间两个小组各5名工人的日生产零件数统计如下（单位：件）：
第一小组：44　　45　　45　　48　　43
第二小组：40　　51　　44　　42　　48
分别计算这两个小组的工人平均日产量和极差．

解： 第一小组的工人平均日产量为：$\dfrac{44+45+45+48+43}{5} = \dfrac{225}{5} = 45$（件）；

第二小组的工人平均日产量为：$\dfrac{40+51+44+42+48}{5} = \dfrac{225}{5} = 45$（件）；

第一小组的极差为：$48-43=5$（件）；

第二小组的极差为：$51-40=11$（件）．

从计算结果上看，虽然两个小组的工人平均日产量相同，但第一小组的极差小于第二小组，所以，第一小组的生产水平更具有代表性．

二、样本方差与标准差

总体方差是指各个数据与它们的平均数的差的平方的平均数，用 σ^2 表示，设有一组数据 $x_1, x_2, x_3, \cdots, x_n$，其平均数为 μ，则总体方差计算公式为：

$$\sigma^2 = \frac{(x_1-\mu)^2 + (x_2-\mu)^2 + \cdots + (x_n-\mu)^2}{n} = \frac{1}{n} \cdot \sum_{i=1}^{n}(x_i-\mu)^2$$

由于在实际应用中 σ^2 常常都会带有单位，因而方差 σ^2 是相应单位的平方，使用不方便．为了与期望等其他量保持单位一致，需要将总体方差开方，取正平方根，称为总体标准差，即

$$\sigma = \sqrt{\frac{1}{n} \cdot \sum_{i=1}^{n}(x_i-\mu)^2}$$

方差与标准差都是反映数据离散程度的重要标志值，其数值越大，表示组中的各个数据越离散，平均数的代表性就越小；反之，就越集中在平均数附近，平均数的代表性就越大．

在统计上，针对总体和样本的方差公式是有区别的．如果总体均值 μ 已知，那么样本方差公式为 $s^2 = \dfrac{1}{n} \cdot \sum\limits_{i=1}^{n}(x_i-\mu)^2$．但实际情况往往很难知道总体均值，正是因为无法获取总体数据，我们才需要用样本来估计总体．因此，当总体均值 μ 未知时，我们一般可用样本均值 $\bar{x}$ 来代替总体均值，此时，样本方差公式为

$$s^2 = \frac{1}{n-1} \cdot \sum_{i=1}^{n}(x_i-\bar{x})^2$$

样本标准差公式为：

$$s = \sqrt{\frac{1}{n-1} \cdot \sum_{i=1}^{n}(x_i - \bar{x})^2}$$

例2 甲、乙两名射击运动员在选拔赛中,每人射击了10次,样本成绩如下(单位:环):

甲:9 8 9 10 9 9 10 9 8 9

乙:10 7 9 10 9 7 9 10 9 10

欲选一名运动员参加比赛,从平均成绩与样本方差或标准差两个因素分析,应该选择谁?

解: 甲的平均成绩为:$\bar{x}_甲 = \dfrac{9+8+9+10+9+9+10+9+8+9}{10} = 9$(环);

乙的平均成绩为:$\bar{x}_乙 = \dfrac{10+7+9+10+9+7+9+10+9+10}{10} = 9$(环);

甲成绩的样本方差为:

$$s_甲^2 = \frac{(9-9)^2+(8-9)^2+\cdots+(8-9)^2+(9-9)^2}{10-1} \approx 0.44(\text{环}^2);$$

样本标准差为:$s_甲 = \sqrt{0.44} \approx 0.66$(环);

乙成绩的样本方差为:

$$s_乙^2 = \frac{(10-9)^2+(7-9)^2+\cdots+(9-9)^2+(10-9)^2}{10-1} \approx 1.11(\text{环}^2).$$

样本标准差为:$s_乙 = \sqrt{1.11} \approx 1.05$(环).

甲、乙两人的平均成绩相同,但甲的样本方差(或样本标准差)小,成绩更稳定,所以,应该选择甲参加比赛.

三、标准差系数

样本标准差系数是指样本标准差与平均数的比值,计算公式为:

$$v = \frac{s}{\bar{x}}$$

当对比两个总体(不同规模)的变异程度时,直接用标准差比较是没有意义的,此时可用标准差系数来进行比较,其值越小,说明数据离散程度越小.

在实际应用中,有时还会用到平均偏差、相对平均偏差等指标,我们举例说明.

例3 某同学测量某物质百分含量,测定值分别是60.2%、60.5%、60.6%、60.8%,则其测定的平均值、平均偏差、相对平均偏差、标准差分别是多少?

解: 平均值:$\bar{x} = \dfrac{1}{n}\sum_{i=1}^{n}x = \dfrac{1}{4} \times (60.2 + 60.5 + 60.6 + 60.8)\% \approx 60.5\%$,

平均偏差:$\bar{d} = \dfrac{1}{n}(|d_1|+|d_2|+|d_3|+|d_4|)$

$= \dfrac{1}{4} \times (|60.2-60.5|+|60.5-60.5|+|60.6-60.5|+|60.8-60.5|)\% \approx 0.2\%$,

相对平均偏差：$\bar{d}_r = \dfrac{\bar{d}}{\bar{x}} \times 100\% = \dfrac{0.2\%}{60.5\%} \times 100\% \approx 0.3\%$，

标准差：$s = \sqrt{\dfrac{1}{n-1}\sum_{i=1}^{n}(x-\bar{x})^2} = \sqrt{\dfrac{1}{n-1}\sum_{i=1}^{n}(d_i)^2}$

$= \sqrt{\dfrac{(-0.3)^2 + 0^2 + 0.1^2 + 0.3^2}{3}} \approx 0.3$.

习题 4-3-3

习题答案

1. 某生产车间两个小组各 5 名工人的日生产零件数统计如下（单位：件）：
   第一小组：44　　45　　45　　48　　43
   第二小组：40　　51　　44　　42　　48
   分别计算这两个小组的工人日产量的样本方差、样本标准差和标准差系数.
2. 某品牌专卖店的两种不同商品在 1~5 月份的销售额如下（单位：万元）：
   商品 A：21，34，35，55，60
   商品 B：36，38，40，42，44
   求：（1）这两种商品的平均销售额和极差；
   （2）这两种商品销售额的方差、标准差和标准差系数.
3. 某建筑工程队拌制混凝土的水平相对稳定，最近 6 次配制 C30 的混凝土的测抗压强度抽检测定值分别是：33.3，33.4，33.5，33.5，33.8，34.0（MPa），均满足强度要求，计算其配制的标准差是多少？

任务四　一元线性回归分析

线性回归分析模型是利用统计回归分析方法，根据实际测量得到的数据或历史数据找出变量间的函数关系的近似表达式，即线性回归模型，再将自变量的值代入回归模型，预测因变量的值，这种分析方法称为线性回归分析法. 线性回归分析模型在实践中具有广泛的应用，比如根据营业业务量（销售收入，销售数量）预测资金需求量等.

根据自变量个数的多少，可以将回归分析预测分为一元线性回归预测和多元线性回归预测，这里只介绍一元线性回归预测.

设 x 和 y 为两个相关变量，其中 x 为自变量，y 为因变量. 若通过样本数据 (x_i, y_i) $(i=1, 2, \cdots, n)$ 或散点图判定两个变量间存在线性关系，则可设其线性回归模型（方程）为：

$$y = ax + b$$

其中 a，b 为待定系数，确定 a，b 的方法有很多，常用的有高低点法、半数平均法和最小二乘法等，其中最小二乘法使用最为广泛，下面我们只介绍最小二乘法.

根据样本数据，在建立数学模型的过程中，确定参数值时，广泛使用最小二乘法，依最小二乘法的要求——样本数据 y 与对应回归直线方程的预测值 $\hat{y}$ 离差的平方和等于最小值.

下面我们来研究回归直线方程的求法，设一组历史数据为

$$(x_i, y_i), i = 1, 2, \cdots, n$$

回归直线方程为

$$\hat{y} = ax + b$$

当 x 取值 x_i（$i=1,2,\cdots,n$）时，对应的历史实际值为 y_i 与由回归直线方程计算的预测值为 $\hat{y}_i$，如图 4-3-1 所示，列表如下：

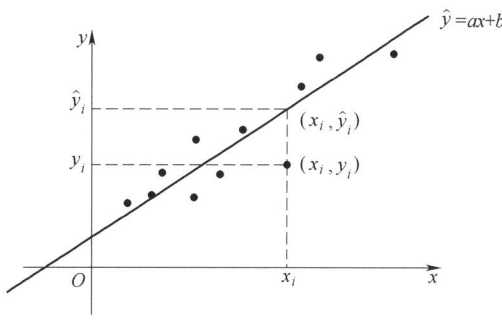

图 4-3-1

自变量 x 取值	x_1	x_2	$\cdots$	x_n
历史实际值 y_i	y_1	y_2	$\cdots$	y_n
回归预测值 $\hat{y}$	$\hat{y}_1$	$\hat{y}_2$	$\cdots$	$\hat{y}_n$

差 $y_i - \hat{y}_i$（$i=1,2,\cdots,n$）刻画了历史实际值 y_i 与回归直线预测值 $\hat{y}_i$ 之间的偏离程度. 我们当然希望总偏差越小越好，这才说明所找的直线是"最好"的. 显然，这个总偏差不能直接用 n 个偏差之和 $\sum_{i=1}^{n}(y_i - \hat{y}_i)$ 来表示，通常是用偏差的平方和来表示，即

$$总偏差 \ Q = \sum_{i=1}^{n}(y_i - ax_i - b)^2$$

当总偏差 Q=最小值时，此时的回归直线就是所有直线中最好的那一条. 为了保证每个这样的偏差都很小，可考虑选取常数 a, b, 使总偏差最小. 这种根据偏差的平方和为最小的条件来选择常数 a, b 的方法叫作最小二乘法.

把 Q 看成自变量 a 和 b 的一个二元函数，那么问题就可归结为求二元函数 $Q = Q(a, b)$ 在哪一点处取得最小值，利用数学方法可求得

$$a = \frac{n\sum_{i=1}^{n} x_i y_i - \sum_{i=1}^{n} x_i \cdot \sum_{i=1}^{n} y_i}{n\sum_{i=1}^{n} x_i^2 - (\sum_{i=1}^{n} x_i)^2}$$

$$b = \frac{\sum_{i=1}^{n} y_i - a\sum_{i=1}^{n} x_i}{n} = \bar{y} - a\bar{x}$$

当给定一个新的变量值 x_0，代入回归方程 $\hat{y} = ax + b$，即可求得预测值 $\hat{y}_0$.

例 1 甲公司 2019—2023 年的产销量和资金需求总额如下表所示. 假定甲公司 2024 年预计产销量为 7.8 万件. 试用最小二乘法建立回归直线方程并预测甲公司 2024 年资金需求总额.

甲公司 2019—2023 年的产销量和资金需求总额

年度	产销量（x_i）/万件	资金需求总额（y_i）/万元
2019	6.0	500
2020	5.5	475
2021	5.0	450
2022	6.5	575
2023	7.0	550

解： 步骤一：列表计算数据.

线性回归方程数据计算表

年度	产销量（x_i）	资本需求总额（y_i）	$x_i \cdot y_i$	x_i^2
2019	6.0	500	3 000	36
2020	5.5	475	2 612.5	30.25
2021	5.0	450	2 250	25
2022	6.5	575	3 737.5	42.25
2023	7.0	550	3 850	49
$\sum$	30	2 550	15 450	182.5

步骤二，将表中数据代入公式计算 a，b，其中 $n=5$.

$$a = \frac{n\sum_{i=1}^{n} x_i y_i - \sum_{i=1}^{n} x_i \cdot \sum_{i=1}^{n} y_i}{n\sum_{i=1}^{n} x_i^2 - (\sum_{i=1}^{n} x_i)^2} = \frac{5 \times 15\,450 - 30 \times 2\,550}{5 \times 182.5 - 30^2} = 60$$

$$b = \frac{\sum_{i=1}^{n} y_i - a\sum_{i=1}^{n} x_i}{n} = \frac{2\,550 - 60 \times 30}{5} = 150$$

步骤三，确定资金需求总额预测模型.

$$y = 60x + 150$$

步骤四，计算资金需求总额. 将 $x=7.8$ 代入上式，得资金需求总额为：

$$y = 60 \times 7.8 + 150 = 618 \text{（万元）}$$

例 2 某同学用标准曲线法测定水样中的总磷含量，绘制标准曲线时测得仪器吸光度与浓度的关系见下表：

序号	1	2	3	4	5	6	7
磷标准浓度 C（mg/L）	0	0.020	0.040	0.100	0.200	0.400	0.600
吸光度 A	0	0.011	0.021	0.050	0.096	0.189	0.286

问：若已知待测样品的吸光度是 0.345，则该水样中的总磷含量是多少 mg/L？（回归

方程中数值保留至小数点后四位小数,最终结果保留小数点后三位小数)

解: 步骤一,列表计算数据.

线性回归方程数据计算表

i	C_i	A_i	C_iA_i	C_i^2
1	0	0	0	0
2	0.020	0.011	0.000 220	0.000 400
3	0.040	0.021	0.000 840	0.001 600
4	0.100	0.050	0.005 000	0.010 000
5	0.200	0.096	0.019 200	0.040 000
6	0.400	0.189	0.075 600	0.160 000
7	0.600	0.286	0.171 600	0.360 000
Σ	1.360	0.653	0.272 460	0.572 000

步骤二,将表中数据代入公式计算 a,b,其中 $n=7$.

$$a = \frac{n\sum_{i=1}^{n}C_iA_i - \sum_{i=1}^{n}C_i \cdot \sum_{i=1}^{n}A_i}{n\sum_{i=1}^{n}C_i^2 - \left(\sum_{i=1}^{n}C_i\right)^2} = \frac{7 \times 0.272\ 460 - 1.360 \times 0.653}{7 \times 0.572\ 000 - 1.360^2} \approx 0.473\ 1,$$

$$b = \frac{\sum_{i=1}^{n}A_i - a\sum_{i=1}^{n}C_i}{n} = \frac{0.653 - 0.473\ 1 \times 1.360}{7} \approx 0.001\ 4,$$

步骤三,确定回归方程.

$$A = 0.437\ 1C + 0.001\ 4$$

步骤四,将待测样品的吸光度 $A=0.345$ 代入上式,得待测水样中总磷含量为

$$C = \frac{A - 0.001\ 4}{0.473\ 1} = \frac{0.345 - 0.001\ 4}{0.473\ 1} \approx 0.726 \text{ (mg/L)}.$$

习题 4-3-4

1. 甲公司 2023 年上半年 1~6 月 A 产品的产销量与资金占用资料如下表所示.

习题答案

产销量与资金占用资料 单位:元

年份	产销量(x)	资金占用(y)
1	400	100 000
2	500	110 000
3	600	125 000
4	625	130 000
5	800	150 000
6	750	150 000

若甲公司预计 7 月份产销量为 900 件,试用最小二乘法建立回归直线方程并预测甲公司 7 月份资金占用总额.

2. 据某地统计资料显示,4.5~10.5 岁女孩 7 个年龄组的平均身高(单位:cm)的实测数据如下表所示.

年龄 x	4.5	5.5	6.5	7.5	8.5	9.5	10.5
平均身高 y	101.1	106.6	112.1	116.1	121.0	125.5	129.2

试求女孩身高关于年龄的线性回归方程,并据此预测 11.5 岁女孩的身高.

3. 某同学用标准曲线法测定铁的浓度,其标准系列及其吸光度见下表.

序号	1	2	3	4	5	6
标准系列浓度 C/(mg/L)	0	1	3	5	7	9
吸光度 A	0	0.1	0.3	0.4	0.6	0.8

(1)求吸光度关于浓度的线性回归方程(回归方程中数值保留至小数点后 3 位小数);

(2)若已知待测样品的吸光度是 0.85,则该水样中铁的浓度是多少 mg/L?

模块五

物理基础

项目一 匀速圆周运动

圆周运动是生活中非常常见的一种现象，比如火车转弯，汽车过拱桥，卫星绕地球运行，风扇转动，齿轮转动等．本项目的主要任务是了解描述圆周运动的各种物理量，比如，线速度、角速度、周期、转速等及其简单应用．

一、圆周运动

1. 圆周运动

圆周运动是指物体的运动轨迹是圆的运动．当质点沿圆周运动，如果在相等时间内通过的圆弧长度相等，这种运动就叫匀速圆周运动．

由于做匀速圆周运动的物体速度方向不断发生变化，所以匀速圆周运动是一种变速运动．匀速圆周运动中的"匀速"是指"匀速率"而非"匀速度"，因为匀速圆周运动的线速度大小不变，但其方向时刻在变化．

2. 描述圆周运动的物理量

（1）线速度．物体沿圆周通过的弧长 Δs 与时间 Δt 的比值，即 $v=\dfrac{\Delta s}{\Delta t}$，单位是 m/s，用来描述物体沿切向运动的快慢程度，方向沿圆弧切线方向，如图 5-1-1 所示．

（2）角速度．连接运动质点和圆心的半径扫过的角度 $\Delta\theta$ 与时间 Δt 的比值，即 $\omega=\dfrac{\Delta\theta}{\Delta t}$，单位是 rad/s，用来描述物体绕圆心转动的快慢，如图 5-1-1 所示．

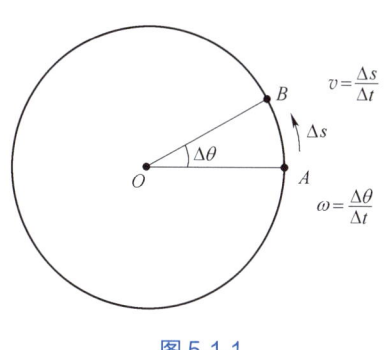

图 5-1-1

（3）周期．物体沿圆周运动一周所用的时间，即 $T=\dfrac{2\pi r}{v}$，单位是 s.

（4）转速．物体单位时间内所转过的圈数 n，单位是 r/s，r/min．周期和转速都是用来描述匀速圆周运动的快慢程度的量.

线速度 v、角速度 ω、周期 T、频率 f 和转速 n 之间的关系为:

$$v = \omega r = \frac{2\pi r}{T} = 2\pi rf = 2\pi rn$$

其中，r 为圆周运动半径.

注：（1）直接用皮带传动（包括链条传动、摩擦传动）的两个轮子，两轮边缘上各点的线速度大小相等. 如图 5-1-2 所示，a，b 两点处线速度大小相等.

（2）同一个轮轴上（各个轮都绕同一根轴同步转动）的各点角速度相等（轴上的点除外）.
如图 5-1-2 所示，b，c 两点处的角速度相等.

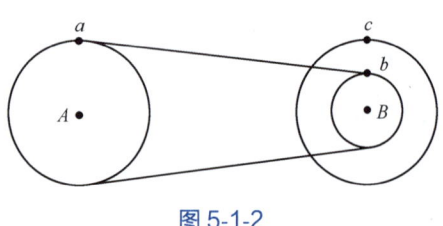

图 5-1-2

二、匀速圆周运动的向心力和向心加速度

1. 向心力

向心力是指物体在做匀速圆周运动时指向圆心的合力. 向心力大小为 $F = m\dfrac{v^2}{r}$，方向始终指向圆心，与线速度的方向垂直. 向心力可以产生向心加速度，只改变物体速度的方向，不改变速度的大小.

2. 向心加速度

根据牛顿第二定律可知，做匀速圆周运动的物体，在向心力作用下，必然要产生一个向心加速度，其大小为 $a = \dfrac{v^2}{r}$，方向与向心力的方向相同，始终指向圆心. 向心加速度是用来描述线速度方向改变快慢的物理量.

三、圆周运动实例分析

1. 汽车过拱形桥

例 1 一辆质量为 $m = 1\,500$ kg 的汽车以 $v = 54$ km/h 的速度通过圆弧形桥面，桥面圆弧半径为 $R = 45$ m，取重力加速度 $g = 9.8$ m/s^2.

（1）若汽车通过的是凸形桥面，求此时桥面所受压力的大小；

（2）若汽车通过的是凹形桥面，求此时桥面所受压力的大小.

解： 单位换算：54 km/h = 15 m/s.

（1）画出汽车受力分析图（见项目二），如图 5-1-3 所示.

则 $mg - F_N = m\dfrac{v^2}{R}$，所以，$F_N = mg - m\dfrac{v^2}{R} = 1\,500 \times 9.8 - 1\,500 \times \dfrac{15^2}{45} = 7\,200$（N），

即，桥面此时所受压力的大小为 7 200 N.

（2）画出汽车受力分析图，如图 5-1-4 所示.

则 $F_N - mg = m\dfrac{v^2}{R}$，所以，$F_N = mg + m\dfrac{v^2}{R} = 1\,500 \times 9.8 + 1\,500 \times \dfrac{15^2}{45} = 22\,200$（N），

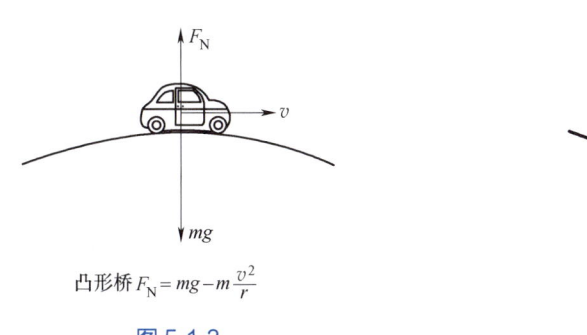

凸形桥 $F_N = mg - m\dfrac{v^2}{r}$

图 5-1-3

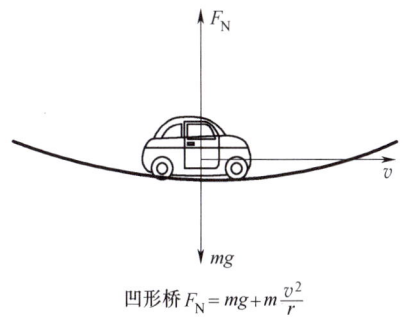

凹形桥 $F_N = mg + m\dfrac{v^2}{r}$

图 5-1-4

即，桥面此时所受压力的大小为 22 200N．

2. 离心运动

例2 如图 5-1-5 所示，一个小物块置于圆形水平转台边缘，随转台加速转动，当转速达到某一数值时，物块恰好滑离转台开始做平抛运动．已知转台半径 $R = 0.5$m，台面距离水平地面的高度 $H = 0.8$m，物块平抛落地过程水平位移的大小 $x = 0.4$m．假设小物块所受的最大静摩擦力等于滑动摩擦力，取重力加速度 $g = 10$m/s²．求：

（1）物块做平抛运动的初速度大小 v_0；

（2）物块与转台间的动摩擦因数 μ．

解： （1）物块做平抛运动，在竖直方向上做自由落体运动，所以 $H = \dfrac{1}{2}gt^2$，在水平方向上做匀速运动，所以 $x = v_0 t$，联立两式可得

$$v_0 = x\sqrt{\dfrac{g}{2H}} = 0.4 \times \sqrt{\dfrac{10}{2 \times 0.8}} = 1 \text{（m/s）}.$$

（2）当物块恰未离开转台时，由最大静摩擦力提供向心力，所以有 $F_{\max} = m\dfrac{v_0^2}{R}$，

又 $F_{\max} = \mu N = \mu mg$，联立两式可得

$$\mu = \dfrac{v_0^2}{gR} = \dfrac{1^2}{10 \times 0.5} = 0.2.$$

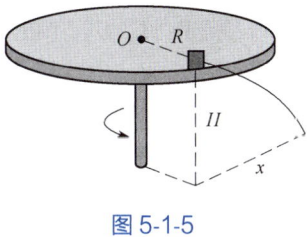

图 5-1-5

离心运动的应用和危害：

（1）利用离心运动制成离心机械．如离心干燥器、洗衣机的脱水筒和离心转速计等．

（2）在水平公路上行驶的汽车，转弯时速度过大，所需向心力 F 很大，大于最大静摩擦力 $F_{\max}$，汽车将做离心运动而造成交通事故．因此，在转弯处，为防止离心运动造成的危害：一是限定车辆的转弯速度；二是把路面筑成外高内低的斜坡以增大向心力．

3. 传动装置中各物理量间的关系

（1）共轴转动．如图 5-1-6 所示，A 点和 B 点在同轴的

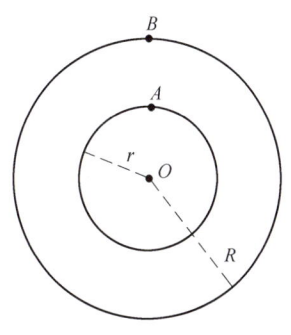

图 5-1-6

一个圆盘上,圆盘转动时,它们的线速度、角速度、周期存在以下定量关系:

角速度:$\omega_A = \omega_B$;线速度:$\dfrac{v_A}{v_B} = \dfrac{\omega_A r}{\omega_B R} = \dfrac{r}{R}$;周期:$T_A = T_B$.

(2) 皮带传动. 如图 5-1-7 所示,A 点和 B 点分别是两个轮子边缘上的点,两个轮子用皮带连起来,并且皮带不打滑. 轮子转动时,它们的线速度、角速度、周期存在以下定量关系:

线速度:$v_A = v_B$;角速度:$\dfrac{\omega_A}{\omega_B} = \dfrac{r}{R}$;周期:$\dfrac{T_A}{T_B} = \dfrac{R}{r}$.

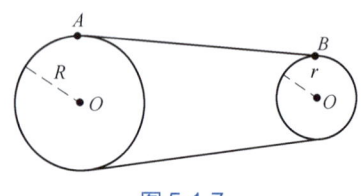

图 5-1-7

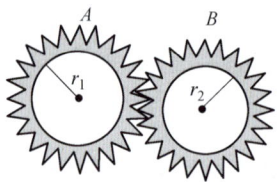

图 5-1-8

(3) 齿轮传动. 如图 5-1-8 所示,A 点和 B 点分别是两个齿轮边缘上的点,两个齿轮轮齿啮合,齿轮转动时,它们的线速度、角速度、周期存在以下定量关系:

线速度:$v_A = v_B$;角速度:$\dfrac{\omega_A}{\omega_B} = \dfrac{r_2}{r_1} = \dfrac{n_1}{n_2}$;周期:$\dfrac{T_A}{T_B} = \dfrac{r_1}{r_2} = \dfrac{n_2}{n_1}$.

例 3 如图 5-1-9 所示,轮 O_1、O_3 固定在同一转轴上,轮 O_1、O_2 用皮带连接且不打滑. 在 O_1、O_2、O_3 三个轮的边缘各取一点 A、B、C,已知三个轮的半径之比 $r_1 : r_2 : r_3 = 2 : 1 : 1$.

(1) 求 A、B、C 三点的线速度大小之比 $v_A : v_B : v_C$;

(2) 求 A、B、C 三点的角速度之比 $\omega_A : \omega_B : \omega_C$.

解: 轮 O_1、O_3 固定在同一转轴上,所以轮上各点的角速度相等,即 $\omega_A = \omega_C$;轮 O_1、O_2 用皮带连接,所以轮边缘上各点的线速度大小相等,即 $v_A = v_B$.

(1) 因为 $v_A = \omega_A r_1$,$v_C = \omega_C r_3$,所以 $v_A : v_C = r_1 : r_3 = 2 : 1$,所以
$$v_A : v_B : v_C = 2 : 2 : 1.$$

(2) 因为 $\omega_A = \dfrac{v_A}{r_1}$,$\omega_B = \dfrac{v_B}{r_2}$,所以 $\omega_A : \omega_B = r_2 : r_1 = 1 : 2$,所以
$$\omega_A : \omega_B : \omega_C = 1 : 2 : 1.$$

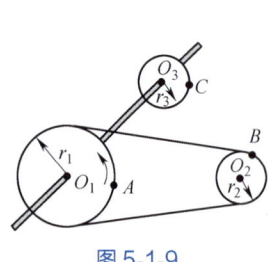

图 5-1-9

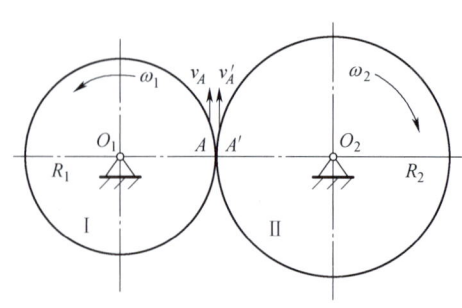

图 5-1-10

例 4 两个摩擦轮之间无相对滑动（图 5-1-10），靠摩擦力传动. 已知轮Ⅰ的半径 R_1 及角速度 ω_1, 轮Ⅱ的半径 R_2 及角速度 ω_2. 求：

（1）两轮的角速度之比 $\omega_1 : \omega_2$;

（2）两轮的转速比 $n_1 : n_2$.

解： （1）因为轮Ⅰ与轮Ⅱ之间无相对滑动，所以轮Ⅰ上 A 点与轮Ⅱ上 A' 点的线速度相等，即

$$v_A = v_A',$$

又因为

$$v_A = R_1 \omega_1, \quad v_A' = R_2 \omega_2$$

所以

$$R_1 \omega_1 = R_2 \omega_2$$

得

$$\frac{\omega_1}{\omega_2} = \frac{R_2}{R_1}$$

该式表明，两轮的角速度与半径成反比.

（2）根据角速度和转速的关系，

$$\omega_1 = \frac{n_1 \pi}{30}, \quad \omega_2 = \frac{n_2 \pi}{30}$$

得

$$\frac{n_1}{n_2} = \frac{\omega_1}{\omega_2} = \frac{R_2}{R_1} = i_{12} \text{（称为传动比）}$$

该式表明，两轮的转速与角速度成正比而与半径成反比.

上式表明两个摩擦轮相啮合时其转速和角速度均与其半径成反比，工程上常利用轮系传动来降低或提高刚体的转速，如摩擦轮、齿轮及带轮等.

习题 5-1-1

习题答案

1. 设游乐场内一旋转木马绕中心轴在水平面内做匀速圆周运动，木马距离旋转轴 4m，当木马的线速度为 2m/s 时，求此时木马的角速度和周期.

2. 如图 5-1-11 所示，一个走时准确的时钟，分针与时针由转动轴到针尖的长度之比为 3∶2. 求：

   （1）分针与时针的角速度之比；

   （2）分针针尖与时针针尖的线速度之比.

3. 如图 5-1-12 所示，若已知 $r_A : r_B : r_C = 1 : 2 : 4$. 求：

   （1）$\omega_A : \omega_B : \omega_C$;

   （2）$v_A : v_B : v_C$.

图 5-1-11

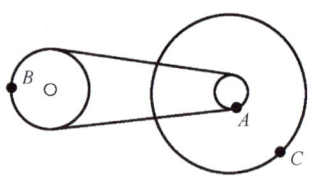

图 5-1-12

4. 一辆质量为 2 000kg 的汽车在水平公路上行驶，已知轮胎与路面间的最大静摩擦力为 15 000N，弯道半径为 50m.
   (1) 若汽车以 72km/h 的速度经过该弯道，汽车是否会滑出路面？
   (2) 若要确保汽车不会滑出路面，汽车经过该弯道时的速度不能超过多少？
5. 一辆质量为 $m=800$kg 的汽车驶过圆弧形桥面，桥面圆弧半径为 $R=50$m，取重力加速度 $g=9.8$m/s^2.
   (1) 若汽车通过桥顶时的速度为 10m/s，则汽车对桥的压力是多大？
   (2) 汽车以多大的速度经过桥顶时恰好腾空，对桥没有压力？

项目二　力的合成与分解

力的作用在生活生产中应用比较广泛，常见的作用力有物体自身的重力，物体之间的弹力、摩擦力，物体受到的推拉力等．在分析物体的受力情况时，往往还需要对力进行合成或者分解．

一、力

1. 力

定义：力是物体间的相互作用，单位是牛顿，简称牛，符号 N.

力的作用效果：力使物体发生形变；改变物体的运动状态，即产生加速度.

力的三要素：大小、方向、作用点.

2. 力的性质

力是物体对物体的作用，力的作用离不开物体，有力就一定存在施力物体和受力物体，力不能离开物体而独立存在。

力是矢量，既有大小，又有方向。

任何两个物体之间的作用总是相互的，施力（受力）物体同时也一定是受力（施力）物体。

几个力作用在同一个物体上，每个力对物体的作用效果均不会因其他力的存在而改变.

二、重力

1. 重力

产生：重力是由于地球的吸引而使物体受到的力，重力的施力物体是地球．

大小：重力 G 的大小跟物体的质量 m 成正比，即 $G=mg$，其中 g 是重力加速度，一般取 $g=9.8\text{m/s}^2$．

方向：竖直向下，和水平面垂直，不一定和接触面垂直，不一定指向地心．

2. 重心

（1）重心的概念：一个物体的各部分都受到重力的作用，从效果上看，我们可以认为各部分受到的重力作用集中于一点，这一点叫物体的重心．

（2）重心位置与物体的质量分布和形状都有关，重心不一定是物体的中心．

（3）重心的位置可能在物体内，也可能在物体外．

（4）重心的确定：形状规则、质量分布均匀的物体，重心在几何中心处；对于质量分布不均匀，没有规则几何形状的薄板物体，可采用悬挂法来确定物体的重心，如图 5-2-1 所示．

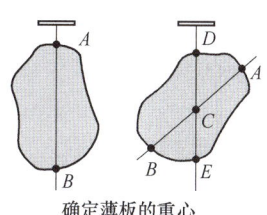

确定薄板的重心

图 5-2-1

三、弹力

1. 弹力的定义

发生弹性形变的物体，由于要恢复原状，对与它接触的物体会产生力的作用，这种力叫弹力．弹力产生的条件是物体相互接触且发生弹性形变．

2. 弹力的方向与物体形变的方向相反．

不同接触方式下的弹力方向和不同接触物的弹力方向如表 5-2-1 所示．

表 5-2-1

类型		力的方向	示意图
接触方式	面与面	垂直于公共接触面指向受力物体	
	点与面	过接触点垂直于接触面指向受力物体	
	点与点	垂直于过接触点的公切面指向受力物体	

续表

类型		力的方向	示意图
接触物	轻绳	沿绳子指向绳子收缩的方向	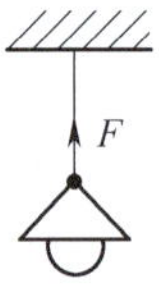
	轻杆	可沿杆的方向	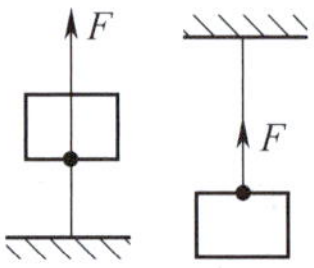
		可不沿杆的方向	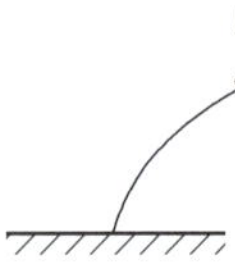
	轻弹簧	沿弹簧形变的反方向	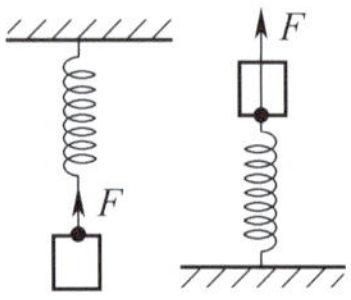

3. 弹力有无的判断

（1）条件法：根据物体是否直接接触并发生弹性形变来判断是否存在弹力，此方法多用于形变较明显的情况.

（2）对于形变不明显的情况，通常采用以下两种方法：

假设法：可以假设将与物体接触的物体撤去，看物体还能否保持原来的状态，若能则无弹力；若不能则存在弹力.

状态法：因为物体的受力必须与物体的运动状态相吻合，所以可依据物体的运动状态，由相应的规律（如二力平衡等）判断物体间的弹力.

4. 胡克定律

弹簧发生弹性形变时，在弹性限度内，弹力的大小 F 跟弹簧伸长（或缩短）的长度 x 成正比．表达式为 $F=kx$，式中 k 是弹簧的劲度系数，仅由弹簧本身的性质（材料、匝数、直径等）决定，x 是弹簧的形变量.

四、摩擦力

1. 滑动摩擦力

两个物体相互接触并挤压，当它们沿接触面发生相对运动时，每个物体的接触面上都会受到对方作用的阻碍相对运动的力，这种力叫滑动摩擦力.

2. 静摩擦力

当两个彼此接触且相互挤压的物体之间没有发生相对滑动，但存在相对运动的趋势时，在它们的接触面上会产生一种阻碍物体间相对运动趋势的力，这种力叫静摩擦力.

最大静摩擦力是静摩擦力的一个极限，严格来说，最大静摩擦力略大于滑动摩擦力，但如果没有特殊说明，一般认为两者相等．最大静摩擦力的大小跟正压力有关，$F_{\max} = \mu N$，μ 是摩擦系数，N 是正压力．

3. 受力分析

把研究对象（指定物体）在指定的物理环境中受到的各个外力都分析出来，并画出物体的受力示意图，如图 5-2-2 所示，这个过程就是受力分析．

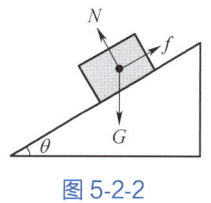

图 5-2-2

在作受力分析时，一般先找重力，再找接触力（弹力、摩擦力），最后分析其他力（电磁力、浮力等）．在受力分析完毕后还要检查是否漏力、多力或错力．

例 1 一小货物运输车重 G，由绞车通过钢丝牵引，如图 5-2-3 所示，不计摩擦力，试作出小车的受力图．

解： 不计斜坡与车轮的摩擦力，则小车受到三种力的作用，一是绞车的牵引拉力 F，二是斜坡对小车的弹力 F_1 和 F_2，三是本身的重力 G．受力分析见图 5-2-4．

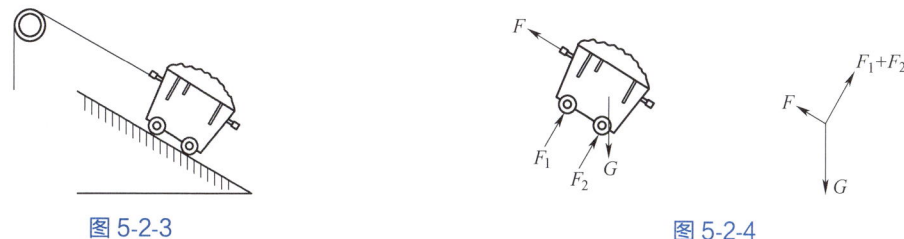

图 5-2-3　　　　　　　　　　图 5-2-4

五、力的合成与分解

1. 力的合成

求几个力的合力的过程，叫力的合成．求两个互成角度的共点力的合力，可以用平行四边形法则或三角形法则．平行四边形法则是以表示这两个力的线段为邻边作平行四边形，这两条邻边之间的对角线就表示合力的大小和方向，如图 5-2-5 所示．

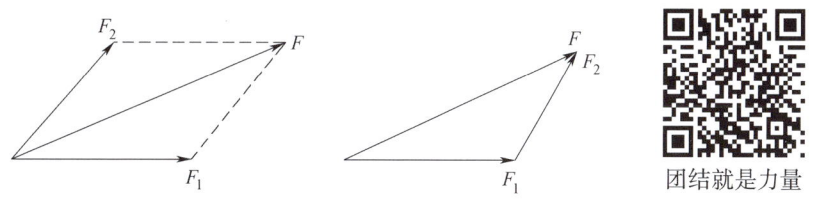

图 5-2-5

物体在共点力的作用下，如果保持静止状态或匀速直线运动状态，则这几个力的合力为零．

2. 力的分解

（1）力的分解．求一个已知力的分力叫力的分解．力的分解是力的合成的逆运算，同样遵循平行四边形法则．

同一个力 F 可以分解为无数对大小、方向不同的分力，一个已知力究竟应怎样分解，要根据实际情况（如力的效果、实际需要等）确定．以下列举几个典型的根据力的实际效果进行分解的实例，见下表．

力的分解		力的作用分析
（图）	$F_1 = F\cos\theta$ $F_2 = F\sin\theta$	①F_1 的作用是使物体沿水平面前进 ②F_2 的作用是使物体竖直向上提升
（图）	$G_1 = G\sin\theta$ $G_2 = G\cos\theta$	①G_1 的作用是使物体沿斜面下滑 ②G_2 的作用是使物体对斜面产生压力
（图）	$G_1 = G\sin\theta$ $G_2 = G\cos\theta$	①G_1 的作用是使球对挡板产生垂直于挡板的压力 ②G_2 的作用是使球对斜面产生垂直于斜面的压力
（图）	$G_1 = G\tan\theta$ $G_2 = \dfrac{G}{\cos\theta}$	①G_1 的作用是使球对挡板产生垂直于挡板的压力 ②G_2 的作用是使球对斜面产生垂直于斜面的压力

（2）力的正交分解．把力沿着两个选定的相互垂直的方向分解的方法叫力的正交分解法，如图 5-2-6 所示．将力 F 沿 x 轴和 y 轴两个方向分解，则
$$F_x = F\cos\theta, \quad F_y = F\sin\theta.$$

例2 如图 5-2-7 所示，在水平面上，橡皮条的一端固定，另一端连接两根弹簧，连接点 P 在 F_1、F_2 和 F_3 三力作用下保持静止，若已知 $F_3 = 100N$．求力 F_1 和 F_2 的大小．

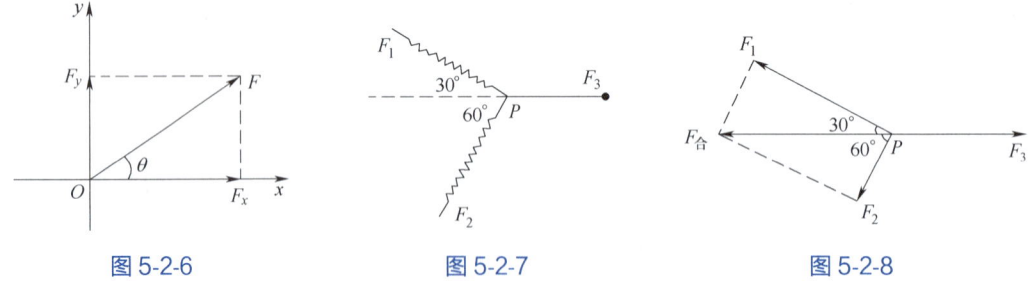

图 5-2-6　　　　图 5-2-7　　　　图 5-2-8

解： 如图 5-2-8 所示，画出点 P 的受力分析图．
由图可知，力 F_1 和 F_2 的合力 $F_合$ 与 F_3 等大反向，所以，F_1 和 F_2 的大小分别为
$$F_1 = 100 \times \cos 30° = 100 \times \frac{\sqrt{3}}{2} = 50\sqrt{3} \text{（N）},$$
$$F_2 = 100 \times \sin 30° = 100 \times \frac{1}{2} = 50 \text{（N）}.$$

六、物体平衡

1. 平衡状态
物体处于静止状态或匀速直线运动状态，称物体处于平衡状态.

2. 平衡条件
（1）如果一个物体受到几个共点力的作用而处于平衡状态，那么这几个力的合力为零，即 $F_{合}=0$.

（2）若采用正交分解法解决平衡问题，则平衡条件为

$$\begin{cases} \sum F_x = 0 \\ \sum F_y = 0 \end{cases}$$

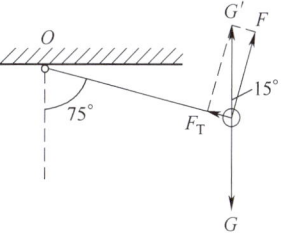

图 5-2-9

例 3 一个质量为 $m=2$kg 的小球用轻绳悬于 O 点，用力 F 拉住小球，使悬线保持偏离竖直方向 75°角，且小球始终处于平衡状态. 取重力加速度 $g=9.8\text{m/s}^2$. 求力 F 的最小值.（结果保留两位小数，$\cos15°\approx0.9659$）

解： 小球始终处于平衡状态，$F_{合}=0$. 画出小球的受力分析图，如图 5-2-9 所示，小球重力是 G，因为 $\sum F_y = 0$，所以在竖直方向上绳子的拉力 F_T 和力 F 的合力 G' 等于小球的重力 G.

由图可知，在合力 G' 一定，其一分力 F_T 方向一定的前提下，另一分力 F 的最小值由三角形法则可知，F 应垂直于绳所在的直线，故 $\theta=90°-75°=15°$. 此时，力 F 的最小值为：

$$F = G'\cos15° = mg\cos15° = 2\times9.8\times\cos15° \approx 2\times9.8\times0.9659 \approx 18.93 \text{（N）}.$$

例 4 两钢丝绳吊运一重力为 10kN 的木头，如图 5-2-10 所示，求每根钢丝绳的拉力.（忽略铁钩锁链自身的重力）

解： 画出平衡时铁钩的受力分析图，如图 5-2-11 所示，

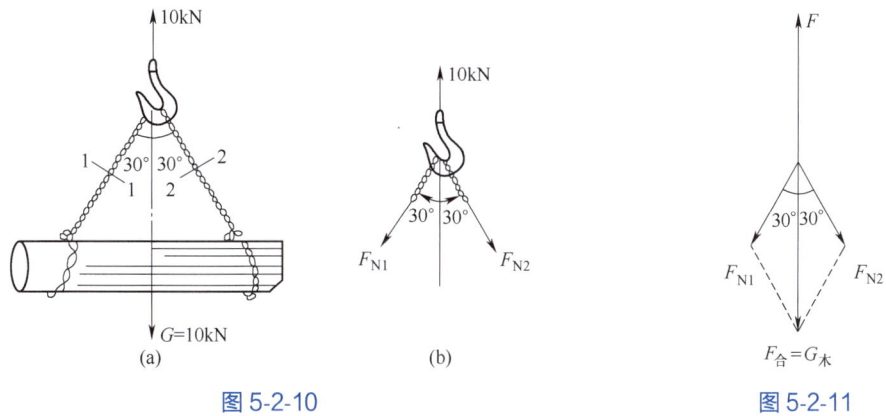

图 5-2-10　　　　　　　　　　图 5-2-11

两根钢丝绳的拉力与铁钩所受拉力相等，$F_{N1}=F_{N2}$，平衡时 $\sum F_y = 0$，两者合力 $F_{合}$ 的大小等于木材的重力 G，也等于铁钩的拉力 F，为 10 kN，所以，

$$2F_{N1}\cos30° = 10\text{kN}, \quad F_{N1}=F_{N2}=\frac{10}{2\cos30°}\approx5.77\text{（kN）},$$

即钢丝绳的拉力为 5.77 kN.

例 5 一个边长为 50cm 的正方体混凝土砌块掉落在一个倾斜度为 30°的钢板斜坡上，砌块密度为 600kg/m³，如图 5-2-12 所示，问：

（1）如果用一根缆绳吊起砌块时缆绳的拉力至少需要多大？

（2）混凝土砌块与钢板之间的静摩擦力是多大？

解： （1）缆绳刚能吊起时缆绳的拉力 F 大小等于砌块的重力 G，砌块受力分析如图 5-2-13 所示.

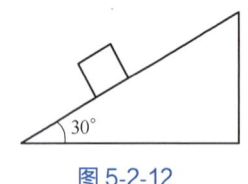

图 5-2-12

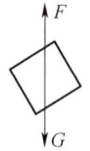

图 5-2-13

$$F = G = mg = \rho Vg = 600 \times (0.5 \times 0.5 \times 0.5) \times 9.8 = 735 \text{ (kg·m/s}^2\text{)} = 735 \text{ (N)}$$

（2）画出砌块的受力分析图.

静力平衡时，$\sum F = 0$，砌块受力分析见图 5-2-14（a），砌块受到重力、斜面的弹力以及斜面的摩擦力，其中砌块的重力分解见图 5-2-14（b）.

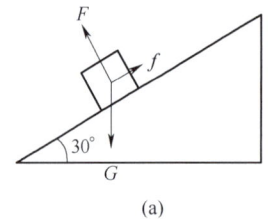 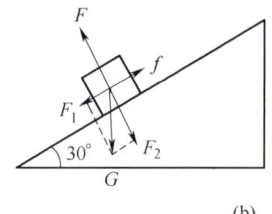 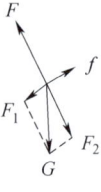

(a) (b)

图 5-2-14

摩擦力与重力在其反方向的分解力大小相等.

$$f = F_1 = G\sin 30° = 735 \times 0.5 = 367.5 \text{ (N)}$$

例 6 一个三角支架，在 C 点悬挂重 2 吨重物，如图 5-2-15 所示，试计算杆 AC 和 BC 所受的作用力（自重不计，结果小数点后保留两位）.

解： 确定 C 点铰点为研究对象，分析 C 点铰点的受力情况，如图 5-2-16 所示.

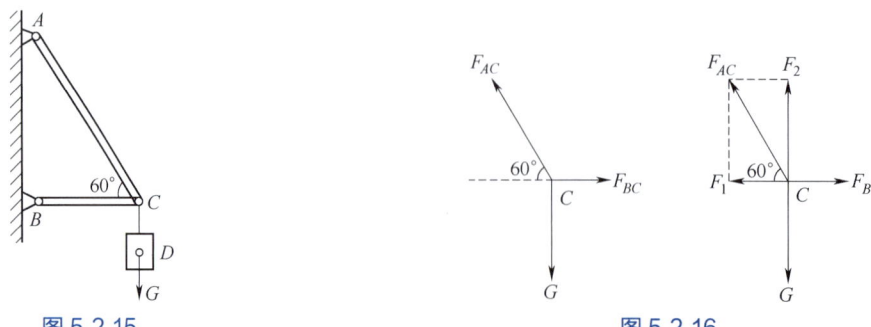

图 5-2-15　　　　　　　　　　图 5-2-16

物体达到静力平衡时，C 点受力合力为零，即 F_{AC}、F_{BC}、G 的合力为零. 将 F_{AC} 分解成 F_1、F_2.

$$\because \sum F_y = 0, \therefore F_2 = F_{AC}\sin 60° = G,$$

$$F_{AC} = \frac{G}{\sin 60°} = \frac{2 \times 9.8}{0.866} \approx 22.63 \text{ (kN)},$$

$$\because \sum F_x = 0, \therefore F_{BC} = F_1 = F_{AC}\cos 60° = 22.63 \times 0.5 = 11.32 \text{ (kN)}.$$

七、力矩

力矩的概念，起源于阿基米德对杠杆的研究，在物理学里是指作用力使物体绕着转动轴或支点转动的趋向. 例如，用手推门，手在门的中间（距离门轴近）推门有点费力，但手在边框处（距离门轴远）就比较省力，如果手放在门轴上，无论怎么使劲儿，门也不转. 再如，用扳手扳螺丝，手放在扳手柄的尾巴上就省力，反之越靠近扳手前端越费力. 力使物体转动改变的效果不仅跟力的大小有关，还跟力臂有关. 为了度量力使物体转动的效果，力学中引进了力对点的矩，即力矩.

力矩是表示力对物体产生转动作用的物理量，是物体转动状态改变的原因.

力矩的三要素：施力的大小，力臂和方向.

1. 矩心
物体的转动中心叫作矩心，如图 5-2-17 所示中矩心在 O 点铰点处.

2. 力臂
从矩心到力的作用线的垂直距离 L.

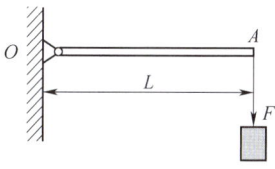

图 5-2-17

3. 力矩的方向

力矩的方向是垂直于力的方向和力臂所在的平面，且遵循右手法则. 图 5-2-17 中的 F 对 O 力矩方向是垂直于力臂和作用力组成的平面，指向纸面之内.

当一个力施加在一个物体上时，力矩的方向将是垂直于该力和物体的平面，并且遵循右手定则，从力臂（指向力的作用线）向力的方向握，那么大拇指的方向就是力矩的方向. 通常规定逆时针力矩为正，顺时针力矩为负. 这样可以帮助我们确定物体的旋转方向，从而理解物体的旋转运动，如图 5-2-18 所示.

4. 力矩大小的计算

力矩大小等于力臂的长度 L 与作用力 F 的乘积，如图 5-2-19 所示，则

$$M = F \cdot L$$

其中力臂的长度 L，单位是米，表示转动点到力的垂直距离.

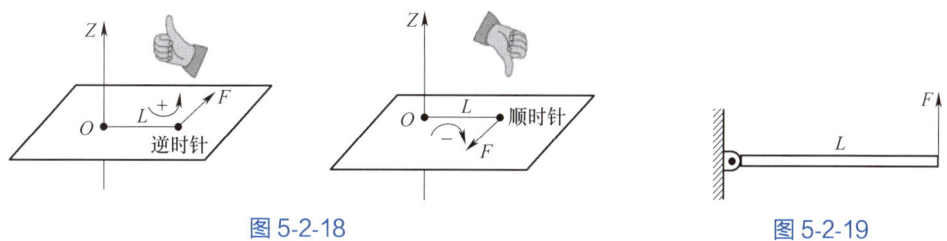

图 5-2-18 　　　　　　　　　　图 5-2-19

当杠杆或轴不垂直于作用力时，画出力的力臂 L_F，垂直于作用力 F，如图 5-2-20 所示.

$$L_F = L\sin\theta, \quad M = F \cdot L_F = F \cdot L\sin\theta$$

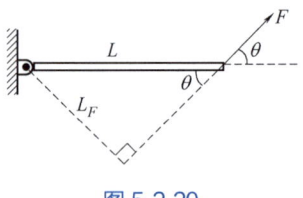

图 5-2-20

5. 力矩的单位

在国际单位制中，力矩单位是牛顿·米，简称：牛·米，符号：N·m.

注： 依照国际单位制，能量与功的单位是焦耳，1 焦 = 1 牛·米. 但是，焦耳不是力矩的单位. 1 焦耳能量相等于 1 牛顿力的作用点在力的方向上移动 1 米距离所做的功，或者 1 瓦的功率在 1 秒内所做的功.

6. 力矩的性质

（1）力 F 对点 O 的力矩，不仅决定于力的大小，同时与矩心的位置有关. 矩心的位置不同，力矩随之不同.

（2）当力的大小为零或力臂（力的作用线通过矩心）为零时，力矩为零.

（3）力沿其作用线移动时，因为力的大小、方向和力臂均没有改变，所以，力矩不变.

（4）相互平衡的两个力对同一点的矩的代数和等于零.

7. 合力矩

对有合力的体系，合力对平面内一点之矩等于各分力对该点之矩的代数和，即

$$M_o(F_R) = M_o(F_1) + M_o(F_2) + M_o(F_3) + \cdots + M_o(F_n) = \sum M_o(F_i)$$

如图 5-2-21 所示，力 F_1 和 F_2 对点 O 的力矩，等于 F_1 和 F_2 的合力 F 对 O 的力矩.

$$M_o(F) = M_o(F_1) + M_o(F_2) = L_1 F_1 + L_2 F_2$$

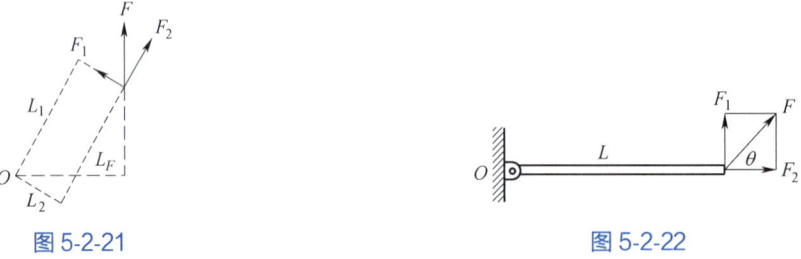

图 5-2-21　　　　　　　　　图 5-2-22

在实际应用中，当作用力 F 不垂直于杆时，往往将 F 分解成平行于转动杆的方向和垂直于转动杆方向的分力，平行于转动杆方向的分力力臂为零，垂直方向的分力的力臂一般为转动杆本身. 如图 5-2-22 中 F 对矩心的力矩就是分力 F_1 对 O 的力矩，$F_1 = F\sin\theta$.

$$M = F_1 L = F\sin\theta \cdot L$$

例7 计算图 5-2-23 中扳手拧螺丝时，作用力 F 对螺丝中心点 O 的力矩.

解： 作用于扳手柄的力 F 方向与扳手不是垂直的.

方法 1：从 O 点作 F 的垂线，如图 5-2-24 所示，求出 F 到 O 点的垂直距离，即力臂 $L_1 = L\sin\alpha$，所以

$$M_O = FL_1 = FL\sin\alpha$$

方法 2：将 F 分解成扳手柄垂直方向的分力 F_1 及平行方向的分力 F_2，如图 5-2-25 所

示,分力 F_2 对 O 的力臂为零,力矩为零. 分力 F_1 对 O 的力臂为 L,则

$$M_O = F_1 L = FL\sin\alpha$$

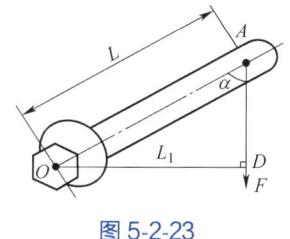 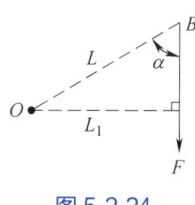 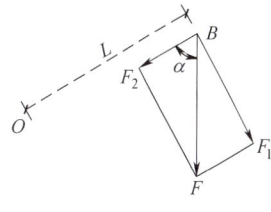

图 5-2-23　　　　　　图 5-2-24　　　　　　图 5-2-25

例 8　如图 5-2-26 所示,直角支架的两段长度分别为 a 和 b,C 点受力 F,F 与水平方向夹角为 θ,则力 F 对 A 点的力矩是多少?

解:　此时 F 对 A 的力臂 d 没有直接给出,根据合力矩原理,则可以将 F 分解成水平方向和垂直方向的分力 F_x 和 F_y,如图 5-2-27 所示,计算分力 F_x 和 F_y 的力矩. F_y 的力臂大小是 a,F_x 的力臂大小是 b. F_x 的力矩方向是向纸内的,为负值;F_y 的力矩方向是向纸外的,为正值.

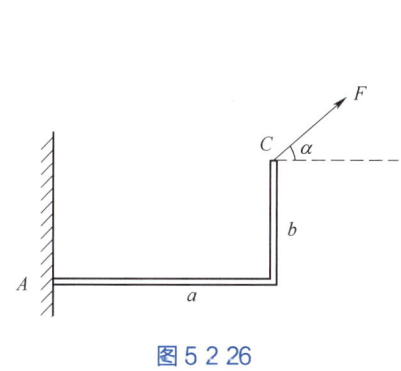 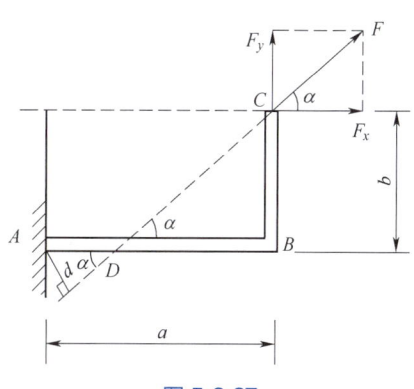

图 5-2-26　　　　　　　　　　图 5-2-27

$$M_A(F) = M_A(F_x) + M_A(F_y) = -bF_x + aF_y$$
$$M_A(F) = -bF\cos\alpha + aF\sin\alpha = F(a\sin\alpha - b\cos\alpha)$$

8. 力矩的平衡条件

(1) 有固定转动点或轴的物体的平衡状态,是指物体静止或绕转轴匀速转动的状态.

(2) 有固定转动点或轴的物体的平衡条件是合力矩为零,即 $\sum F_x = 0$,也就是顺时针力矩之和等于逆时针力矩之和.

一般平衡条件:合力为零,合力矩同时为零,即 $\sum F_x = 0$,$\sum F_y = 0$,$\sum M = 0$.

当一个物体在静态平衡时,净合力是零,对任何一点的净力矩也是零.

习题 5-2-1

习题答案

1. 一个如图 5-2-28 所示的柱子,柱子顶部受到屋架传来的压力 $F_1 = 9\text{kN}$,还有一个水平力 $F_2 = 5\text{kN}$,试求这两个力 F_1 和 F_2 的合力.

2. 如图 5-2-29 所示,ABC 三点均为铰接,AC 和 BC 杆相同并对

称，在 C 点悬挂 300kg 的重物，试求每根杆的拉力（自重不计，结果小数点后保留一位）．

3. 如图 5-2-30 所示，轻杆 BC 的 C 端铰接于墙，B 点用绳子拉紧，在 BC 中点 O 挂重物 G．当以 C 为转轴时，绳子拉力的力臂是（　　）．

   A. OB 　　B. BC 　　C. AC 　　D. CE

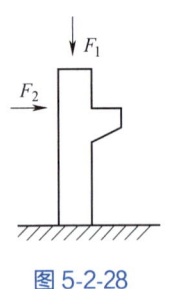

图 5-2-28

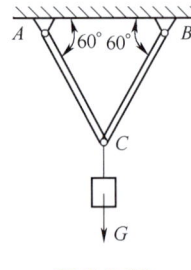

图 5-2-29

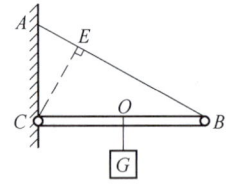

图 5-2-30

4. 一挡土墙如图 5-2-31 所示，每米受到压力的合力 F 值为 150kN（方向 30°），挡土墙高度是 6m，挡土墙的底部宽度是 2m，则土压力 F 使得挡土墙围绕 A 点倾覆的力矩多少？

5. 一手动剪板机结构如图 5-2-32 所示，$L_1 = 80$cm，$L_2 = 8$cm，$\alpha = 30°$，一物体放在剪口处，在 B 处施加 100N 的作用力 F，试求 F 对 A 点的力矩．

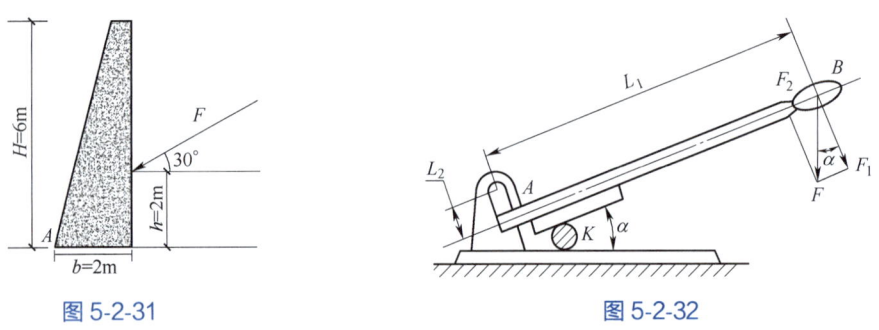

图 5-2-31　　　　　　　　　　　　图 5-2-32

项目三　电学基础

任务一　电路概念

一、电路定义

用导线把电源、用电器、开关连接起来的电流途径叫电路．

二、电路的基本组成

1. 电源
能够提供持续电流的装置叫作电源. 电源的作用是把其他形式的能量转化成电能. 例如干电池、蓄电池是把化学能转化成电能, 而发电机是把机械能转化成为电能.

2. 用电器
用电来工作, 消耗电能的装置, 如电灯、电铃、电扇等.

3. 开关
用来接通或者断开电路的装置, 起控制用电器的作用.

4. 导线
导线是将电源、用电器、开关连接起来, 形成电荷移动的通路. 常用的导线是金属导线, 导线外壳常包一层塑料、橡胶等绝缘材料.

三、电路的三种状态

1. 通路
处处连通的电路, 也叫闭合电路, 它是电路正常工作的状态.

2. 开路
某处断开或电流无法通过的电路, 又叫断路.

3. 短路
电流不经过用电器直接连到电源两极的电路. 若用电器两端被一条导线连接起来, 这种情况叫局部短路, 被短路电器不能正常工作.

四、电路元件的连接

连接电路元件时要注意以下两个方面:
(1) 连接电路的过程中, 开关必须先断开.
(2) 电源两极不允许用导线直接连接, 以免损坏电源.

五、电路图

用规定的符号表示电路连接情况的图叫作电路图, 如图 5-3-1 所示.

在画电路图的时候, 一定要规范, 一般用电路元件符号表示电路中的实物, 切忌将实物画到电路图中.

六、产生持续电流的条件

(1) 必须有电源;
(2) 电路是闭合的.

七、输电线的选择

1. 输电线发热的危害
(1) 造成绝缘外皮老化, 形成漏电, 容易

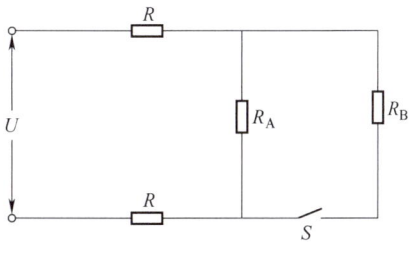

图 5-3-1

发生人身伤害事故.

(2) 造成电线起火, 引发火灾.

2. 载流量

一般情况下允许通过的电流.

3. 铺设输电线时考虑的因素

(1) 环境对散热的影响.

(2) 单独架空布设还是几根线一起布设.

(3) 环境温度的影响等.

八、安全用电

(1) 远离高压带电体, 接触的带电体需在安全电压范围内.

(2) 触电事故应先切断电源再抢救.

(3) 及时更换老旧设备和有破损的电线.

(4) 雷雨天注意防雷击.

例 1 从安全用电的角度出发, 下列做法存在安全隐患的有 (   )

A. 用电器金属外壳应该接地线

B. 不要在同一插座上同时使用几个大功率用电器

C. 要定期检查用电器插头, 特别是大功率用电器插头

D. 洗衣机、洗碗机等易潮湿用电器不用接地线

解: 有电动机的家用电器、在潮湿环境中使用的电器、具有金属外壳的电器和其他规定使用接地的家用电器必须做好接地保护, 否则外壳容易带电. 多个电器接在同一插座上, 当同时开启这些电器时, 会造成瞬间电流很大, 电压下降, 影响电器正常工作, 甚至因插座连接线超负荷而发热引起火灾. 用电器插头如果破损, 人体接触到破损部位容易造成触电事故, 破损处容易造成短路事故, 故选 D.

九、家庭电路组成

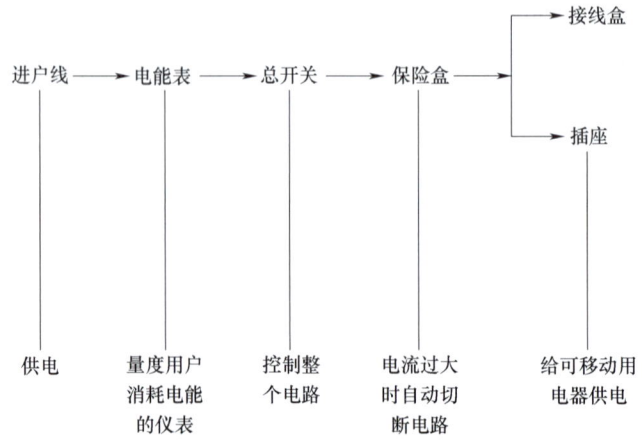

习题 5-3-1

1. 电冰箱工作时，应当使用图中的_____插座，这是为了使电冰箱的外壳接地，保证安全工作．表中是某电冰箱的部分技术参数，它正常工作时，使用的是_____（选填"交流"或"直流"）电源，电压是_____V，若压缩机连续正常工作1h，将消耗电量_____kW·h．

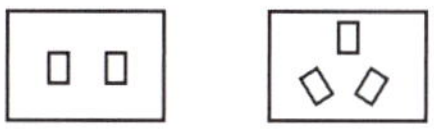

   甲　　乙

额定电压	频率	额定功率	容积
220V	50Hz	200W	180L

2. 很多家用电器都有待机功能，比如，电视可以用遥控器关机而不必断开电源．这一功能虽给人们带来了方便，但电器在待机状态下仍有能耗．下表是小明家两台电器的数据统计．这两台电器每天待机共耗电_____度．若能及时断开电源，他家每月可以节约电费_____元．（电价为 0.5 元/度，每月按 30 天计算）

家用电器	待机功率 P/kW	每天平均待机时间 t/h
彩色电视	0.008	20
VCD	0.012	22

3. 下表为白炽灯常见故障、原因分析及检修办法，请在横线上填空．

故障现象	原因	检修方法
灯泡不亮	电源保险丝未断情况下： ①灯泡灯丝断 ②灯泡灯头与灯座内接点未接触上 ③灯座或线路中有断线处	切断电源检查： ①换新灯泡 ②检查灯座内弹性接点是否失去弹性 ③找到断线处，接通
	电源保险丝烧断情况下： ①灯泡灯座处有短路现象 ②总用电量超过保险丝容量 ③其他电器或线路短路	①_____ ②_____ ③检修短路电器或电源线

 直流电路

一、欧姆定律

1. 电流

导体中的自由电荷在电场力的作用下做有规则的定向移动就形成了电流，电流的大小

称为电流强度,也简称电流,是指单位时间内通过导体某一截面的电量,也即通过导体横截面的电荷量 q 与通过这些电荷量所用时间 t 的比值,用 I 表示,即

$$I = \frac{q}{t}$$

电流的单位是安培,简称安,符号为 A. 常用单位还有毫安(mA)、微安(μA). 换算关系是 $1A = 10^3 mA = 10^6 \mu A$.

电流方向规定为正电荷定向移动的方向,与负电荷定向移动的方向相反. 导体中电流方向由高电势端到低电势端. 在电源内部,充电时由正极到负极,放电时由负极到正极. 电容器充电时电流流入电容器的正极板,放电时则相反.

方向不随时间改变的电流叫作直流. 方向和强弱都不随时间改变的电流叫作恒定电流.

2. 电阻

电阻是导体两端的电压 U 与通过它的电流 I 的比值,用 R 表示,用来反映导体对电流阻碍作用的大小,即

$$R = \frac{U}{I}$$

电阻的单位是欧姆,简称欧,符号为 Ω,$1\Omega = 1V/A$. 常用单位还有千欧(kΩ)、兆欧(MΩ). 换算关系是 $1M\Omega = 10^3 k\Omega = 10^6 \Omega$. 电阻是描述导体对电流阻碍作用大小的物理量,电阻越大,相同电压下形成的电流越小.

导体的电阻是导体本身的一种性质. 它的大小决定于材料的性质、几何形状和温度. 同种材料的导体,其电阻 R 与它的长度 l 成正比,与它的横截面积 S 成反比,导体电阻还与构成它的材料有关. 写成公式则是

$$R = \rho \frac{l}{S}$$

其中,ρ 为材料的电阻率.

例1 判断下列说法是否正确.

(1) 由欧姆定律 $R = \frac{U}{I}$ 可知,导体的电阻跟导体两端的电压成正比,跟导体中的电流成反比.

(2) 导体的电阻由导体本身的性质决定,跟导体两端的电压及流过导体的电流的大小无关.

解: (1) 错误. (2) 正确. 因为导体的电阻是导体本身的一种性质. 它的大小受它本身的材料、长度、横截面积、温度等影响. 欧姆定律 $R = \frac{U}{I}$ 为分式表示式,不能认为导体的电阻跟导体两端的电压成正比,跟导体中的电流成反比.

3. 欧姆定律

导体中的电流 I 跟导体两端的电压 U 成正比,跟它的电阻 R 成反比,即

$$I = \frac{U}{R}$$

欧姆定律适用于金属导电、电解液导电的纯电阻电路（不含电动机、电解槽等的电路），而对气体导电、半导体导电不适用.

二、串联电路与并联电路

以两个电阻为例，将串、并联电路的连接方式和基本性质汇总如下表：

		串联电路	并联电路	备注
连接方式		把几个导体依次首尾相连接入电路	把几个导体的两端分别连在一起,然后再接入电路	
图示		(图)	(图)	
电压		$U = U_1 + U_2$	$U = U_1 = U_2$	适用于所有电路
电流		$I = I_1 = I_2$	$I = I_1 + I_2$	
总电阻		$R = R_1 + R_2$	$\dfrac{1}{R} = \dfrac{1}{R_1} + \dfrac{1}{R_2}$	
基本性质	电流电压分配	$\dfrac{U}{R} = \dfrac{U_1}{R_1} = \dfrac{U_2}{R_2} = I$	$IR = I_1R_1 = I_2R_2 = U$	适用于纯电阻电路
	功率分配	$\dfrac{P}{R} = \dfrac{P_1}{R_1} = \dfrac{P_2}{R_2} = I^2$	$PR = P_1R_1 = P_2R_2 = U^2$	
	总功率	$P = P_1 + P_2$		适用于所有电路

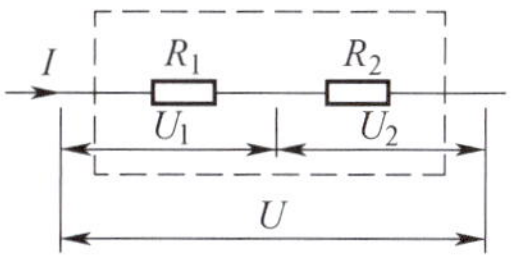

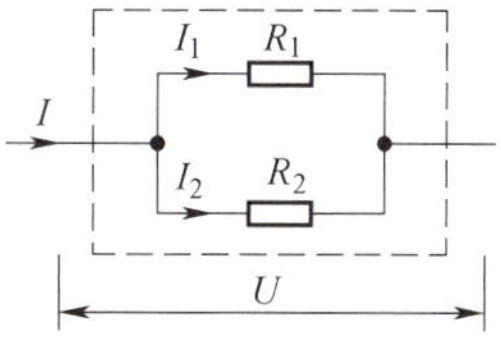

有关总电阻的几个常用结论：

（1）串联电路的总电阻大于其中任一部分电路的电阻.

（2）并联电路的总电阻小于其中任一支路的电阻，且小于其中最小的电阻.

（3）n 个相同的电阻并联，总电阻等于其中一个电阻的 $\dfrac{1}{n}$，即 $R_{总} = \dfrac{1}{n}R$.

（4）两个电阻并联时，总电阻为 $R = \dfrac{R_1R_2}{R_1+R_2}$，支路中的电流为 $I_1 = \dfrac{R_2}{R_1+R_2}I$，$I_2 = \dfrac{R_1}{R_1+R_2}I$.

例2 如图 5-3-2 所示，已知 A、B 间的电压 $U = 1.1$（V），电阻 $R_1 = 2\Omega$，$R_2 = 3\Omega$，$R_3 = 1\Omega$，$R_4 = 0.5\Omega$. 求干路中的电流 I.

解： 第一条支路中 R_1，R_2 并联再与 R_3 串联后得总电阻为

$$R' = \dfrac{R_1R_2}{R_1+R_2} + R_3 = \dfrac{2\times 3}{2+3} + 1 = \dfrac{11}{5}(\Omega)，$$

R' 再与 R_4 并联后得 A、B 间的总电阻为

$$R_{总} = \frac{R'R_4}{R'+R_4} = \frac{\frac{11}{5} \times 0.5}{\frac{11}{5}+0.5} = \frac{11}{27}(\Omega)$$

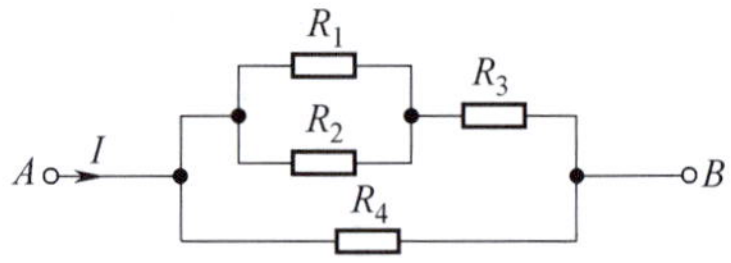

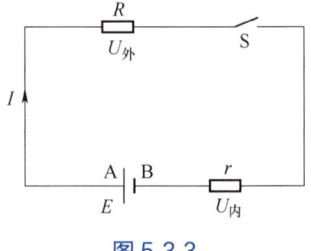

图 5-3-2

故干路中的电流为

$$I = \frac{U}{R_{总}} = \frac{1.1}{\frac{11}{27}} = 2.7(A)$$

三、闭合电路欧姆定律

1. 闭合电路

闭合电路是指用导线把电源、用电器等元件连成的一个闭合回路,主要物理量有电动势 E、内阻 r、外电阻 R、总电流 I 和路端电压 U 等,如图 5-3-3 所示.

电动势是指在电源内部,非静电力所做的功与所移动的电荷量的比值,通常用符号 E 表示,是反映电源将其他形式的能转化为电势能本领大小的物理量.

内阻是指电源内部的电阻,反映了电源内部电路对电流阻碍作用的大小. 当电池用久了,内阻会明显变大,这是电池无法再用的主要原因.

图 5-3-3

内电路是指电源内部的电路,其电阻称为内阻,内阻上所分得的电压称为内电压,大小为 $U_{内} = Ir$. 在内电路中,电流由电源负极流向电源正极.

外电路是指电源外部由用电器、导线等组成的电路,其电阻称为外电阻,两端的电压称为外电压或路端电压,对于纯电阻电路,有 $U_{外} = IR$.

2. 闭合电路欧姆定律

在外电路为纯电阻的闭合电路中,电流的大小跟电源的电动势成正比,跟内、外电路的电阻之和成反比,即

$$I = \frac{E}{R+r}$$

其他变形表达形式还有:$E = U_{内} + U_{外}$,$U_{外} = E - Ir$,$E = I(R+r)$,$E = U_{外} + \frac{U_{外}}{R}r$,

其中 $E = U_{内} + U_{外}$,$U_{外} = E - Ir$ 适用于所有闭合电路,而 $I = \frac{E}{R+r}$,$E = I(R+r)$,$E = U_{外} + \frac{U_{外}}{R}r$ 仅适用外电路是纯电阻电路的闭合电路.

3. 闭合电路中的能量转化关系

在外电路为纯电阻的闭合电路中,电路中的能量转化关系为:

电源的总功率为 $P_{总} = EI = I^2(R+r) = \frac{E^2}{R+r}$;

电源内部消耗的功率为 $P_{内} = I^2 r = P_{总} - P_{出}$;

电源的输出功率为 $P_{出} = U_{外} I = EI - I^2 r = P_{总} - P_{内}$；

电源的效率为 $\eta = \dfrac{R}{R+r} \times 100\%$.

电源的输出功率随外电路电阻变化的关系如图 5-3-4 所示，若 E、r 为定值，则当 $R = r$ 时，电源的输出功率最大，这是因为

$$P_{出} = U_{外} I = \dfrac{RE}{R+r} \cdot \dfrac{E}{R+r} = \dfrac{RE^2}{(R+r)^2} = \dfrac{E^2}{\dfrac{(R-r)^2}{R}+4r}$$

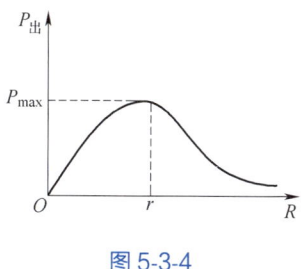

图 5-3-4

显然，当 $R = r$ 时，输出功率最大，且 $P_{出} = \dfrac{E^2}{4r}$.

四、电路中能量的转化

1. 电功

电流所做的功叫作电功. 电能可以转化成多种其他形式的能量，电能转化成多种其他形式能的过程就是电流做功的过程，有多少电能发生了转化就说电流做了多少功，即电功是多少. 电流做功的多少跟电流的大小、电压的高低、通电时间长短都有关系. 一般地，若电路两端电压为 U，电路中的电流为 I，通电时间为 t，则电流所做的功 W（或者说消耗的电能）为

$$W = UIt$$

电功的单位为焦耳（J），如果电压的单位用伏特（V），电流的单位用安培（A），时间的单位用秒（s），则 $1J = 1V \cdot A \cdot s$. 常用单位还有千瓦时（$kW \cdot h$），$1kW \cdot h = 3.6 \times 10^6 J$.

2. 电功率

电流在单位时间内所做的功叫作电功率，即

$$P = \dfrac{W}{t}$$

电功率是用来表示电流做功快慢的物理量，单位是瓦特，简称"瓦"，符号是 W. 一个用电器功率的大小在数值上等于它在 1 秒钟内所消耗的电能. 由 $W = UIt$ 还可得

$$P = \dfrac{W}{t} = UI$$

对于纯电阻电路，电功率的计算公式还有

$$P = I^2 R = \dfrac{U^2}{R}$$

3. 焦耳定律

电流通过导体时会产生热量，叫作电热或焦耳热，所产生的热量跟电流的二次方成正比，跟导体的电阻及通电时间成正比，即

$$Q = I^2 Rt$$

电热的单位为焦耳（J），$1J = 1A^2 \cdot \Omega \cdot s$.

在纯电阻电路（无电动机）中，电流所做的功全部转化为电热，此时 $W=Q=I^2Rt=\dfrac{U^2}{R}t$.

在非纯电阻电路中，电流所做的功 W 除了转化为内能 Q 外，还要转化为其他形式的能 $E_{其他}$，根据能量守恒定理有 $W=Q+E_{其他}$，其中电功 $W=UIt$，电热 $Q=I^2Rt$.

单位时间内电阻通电产生的热量称为热功率，即

$$P_{热}=\dfrac{Q}{t}=I^2R=\dfrac{U^2}{R}$$

4. 电动机

电动机是把电能转换成机械能的一种设备．它是利用通电线圈产生旋转磁场并作用于转子形成磁电动力旋转扭矩．电动机按使用电源不同分为直流电动机和交流电动机，电力系统中的电动机大部分是交流电动机．

电动机由两部分组成：线圈电阻和其他元件．线圈电阻产热，其他元件的作用是消耗电能产生其他形式的能量．正常情况下，加在电动机两端的电压，一部分加在线圈电阻两端，一部分加在其他元件两端，线圈电阻与其他元件串联，通过的电流相等．当给电动机通电时，如果电动机不工作，则电压全部加在线圈电阻两端．

电动机的总功率也叫输入功率，由通过电动机的电流和电动机两端电压决定，即 $P_{总}=P_{入}=UI$．电动机做有用功的功率叫输出功率，也叫机械功率．电动机线圈有电阻，电流通过时线圈会发热，称为热功率，热功率为 $P_{热}=I^2R$，其三者之间的关系为 $P_{总}=P_{出}+P_{热}$．

电动机的输出功率与输入功率的比称为电动机的效率，通常用百分数表示，即 $\eta=\dfrac{P_{出}}{P_{入}}\times 100\%=\dfrac{P_{出}}{P_{总}}\times 100\%$．

例3 已知一直流电动机的电枢电阻为 $R=4\Omega$，外加电压 $U=120\text{V}$．

（1）当通过电动机的电流 $I=5\text{A}$ 时，求电动机的输入功率 $P_{入}$、发热功率 $P_{热}$、输出功率 $P_{出}$ 及效率 η．

（2）求在 $t=2\min$ 内电流所做的功 W、产生的电热 Q 及在这段时间内电动机输出的机械能 $E_{机}$．

（3）当通过电动机的电流 I 为多少时，电动机有最大输出功率 P？最大输出功率是多少？

（4）若电动机转子被卡住不转，求此时通过电动机的电流 I、电动机的输入功率 $P_{入}$ 及发热功率 $P_{热}$．

解： （1）当 $I=5\text{A}$ 时，电动机的输入功率为 $P_{入}=UI=120\times 5=600$（W）；

发热功率为 $P_{热}=I^2R=5^2\times 4=100$（W）；

输出功率为 $P_{出}=P_{入}-P_{热}=600-100=500$（W）；

效率为 $\eta=\dfrac{P_{出}}{P_{入}}\times 100\%=\dfrac{500}{600}\times 100\%\approx 83.33\%$．

（2）在 $t=2\min$ 内，电流所做的功为 $W=P_{入}t=600\times 120=72\,000$（J）；

产生的电热为 $Q = P_{热} t = 100 \times 120 = 12\,000$ （J）;

输出的机械能为 $E_{机} = W - Q = 60\,000$ （J）.

（3）电动机的输出功率为 $P_{出} = P_{入} - P_{热} = UI - I^2 R = -4I^2 + 120I = -4(I-15)^2 + 900$，故当 $I = 15$ A 时，输出功率有最大值 900W.

（4）若电动机转子被卡住不转，此时通过电动机的电流为 $I = \dfrac{U}{R} = \dfrac{120}{4} = 30$ （A）;

此时，电动机的输入功率为 $P_{入} = UI = 120 \times 30 = 3\,600$ （W）;

发热功率为 $P_{热} = I^2 R = 30^2 \times 4 = 3\,600$ （W）.

习题 5-3-2

习题答案

1. 如图 5-3-5 所示，已知电压 U 恒为 10V，电阻 R_1 为 2Ω，R_2 为 3Ω. 求电路中的电流 I 和 R_1 两端的电压 U_1.

2. 如图 5-3-6 所示的电路中，电阻 R_1 为 10Ω，R_2 为 120Ω，R_3 为 40Ω. 另有一个电压 U 恒为 100V 的电源. 当 C、D 端短路时，求 R_1 两端的电压 U_1 和通过 R_3 的电流 I_3.

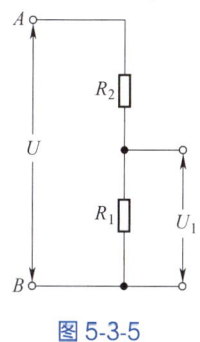

图 5-3-5

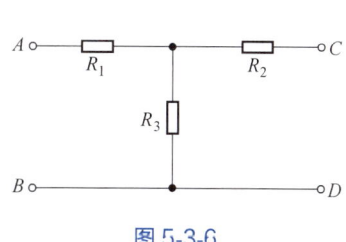

图 5-3-6

3. 图 5-3-7 是有两个量程的电压表，当使用 A、B 两个端点时，量程为 0~10V; 当使用 A、C 两个端点时，量程为 0~100V. 已知表头（小量程电流表）的内阻 R_g 为 500Ω，满偏电流（指针偏转到最大刻度的电流）I_g 为 1mA，求电阻 R_1，R_2 的值.

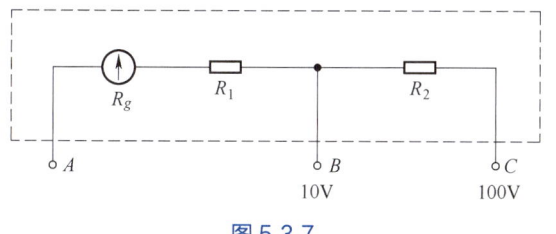

图 5-3-7

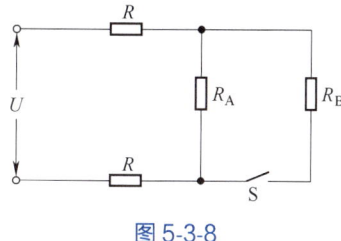

图 5-3-8

4. 如图 5-3-8 所示，输电线路两端的电压 U 为 220V，每条输电线的电阻 R 为 5Ω，电热水器 A 的电阻 R_A 为 30Ω. 求电热水器 A 上的电压和它消耗的功率. 如果再并联一个电阻 R_B 为 40Ω 的电热水壶 B，则电热水器和电热水壶消耗的功率各是多少?

5. 一台电动机，线圈的电阻是 0.4Ω，当它两端所加的电压为 220V 时，通过的电流是 5A. 这台电动机发热的功率与对外做功的功率各是多少？

一、交流电及产生

1. 交流电

大小和方向都随时间做周期性变化的电流称为交变电流，简称交流电，用字母"AC"或符号"～"表示．几种常见的交流电如图 5-3-9 所示．

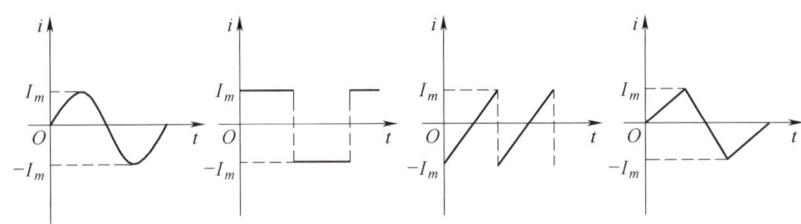

图 5-3-9

方向不随时间变化的电流称为直流，用字母"DC"或符号"–"表示．

2. 正弦交流电的产生

将闭合线圈置于匀强磁场，并绕垂直于磁场方向的轴做匀速转动，线圈即产生按正 (余) 弦规律变化的交流电．按正弦规律变化的交流电称为正弦交流电．

交流电在一个周期内电流的方向变化两次，线圈每次经过中性面时电流方向改变一次．中性面是指匀强磁场中线圈平面与磁场方向垂直的位置，"中性"是指电中性，当线圈平面处于此位置时，线圈内无感应电动势，无感应电流．

二、正弦交流电

1. 正弦交流电的电动势、外电压及电流的瞬时值表达式

设从中性面开始计时，此时 $e=0$，$i=0$. 则

正弦交流电的电动势瞬时值表达式为

$$e = E_m \sin\omega t$$

正弦交流电的外电压的瞬时值表达式为

$$u = U_m \sin\omega t = \frac{R}{R+r} E_m \sin\omega t$$

正弦交流电的电流瞬时值表达式为

$$i = I_m \sin\omega t = \frac{E_m}{R+r} \sin\omega t$$

其图像分别如图 5-3-10 所示．

2. 描述交流电的物理量

周期（T）：交流电完成一次周期性变化所需的时间，单位是秒（s）．

频率（f）：交流电在单位时间内完成周期性变化的次数，单位是赫兹（Hz）．

交流电的周期和频率都是描述交流电变化快慢的物理量．我国使用的交流电是周期为 0.02s、频率为 50Hz、每秒内电流的方向改变 100 次的正弦交流电．

角速度 ω（单位 rad/s）也是描述交流电变化快慢的物理量，T、f、ω 之间的关系是：

$$T=\frac{2\pi}{\omega}, \quad f=\frac{1}{T},$$

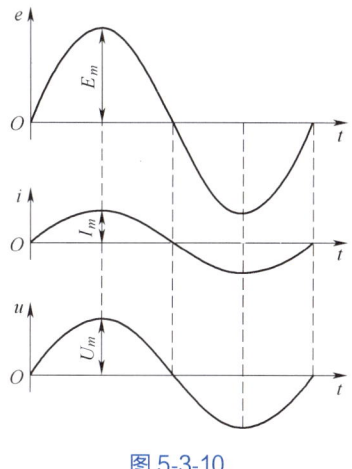

图 5-3-10

瞬时值：交流电在某时刻的电流、电压、电动势的数值称为瞬时值，通常用字母 i、u、e 表示．

峰值（最大值）：峰值是指最大的瞬时值，通常用 I_m、U_m、E_m 表示．峰值可由图像获得，也可由瞬时值表达式 $i=I_m\sin\omega t$，$u=U_m\sin\omega t$，$e=E_m\sin\omega t$ 获得．

当需要考虑某些电学元件（电容器、晶体管等）的击穿电压（耐压值）时，就需要用到交流电的最大值，加在电容器上的电压最大值不能超过其额定电压．

有效值：有效值是根据电流的热效应定义的一个等效概念．让交流电与恒定电流分别通过大小相同的电阻，如果在交流的一个周期内它们产生的热量相等，而这个恒定电流的电流是 I、电压是 U，我们就把 I、U 叫作对应交流电的有效值．有效值通常用大写字母 I、U、E 表示．有效值与最大值之间的关系为：

$$I=\frac{I_m}{\sqrt{2}}\approx 0.707I_m, \quad U=\frac{U_m}{\sqrt{2}}\approx 0.707U_m, \quad E=\frac{E_m}{\sqrt{2}}\approx 0.707E_m$$

一般来说，在没有特别说明时，交流电的大小都是指有效值；交流电器设备上所标示的额定电压、额定电流都是有效值；交流电表显示的示数是有效值；保险丝的熔断电流是指有效值；

平均值：交流电图像中波形曲线与时间轴所围的"面积"与时间的比值．由定积分可得电流、电压及电动势在时间 $[T_1, T_2]$ 内的平均值为

$$\overline{I}=\frac{1}{T_2-T_1}\int_{T_1}^{T_2}i\mathrm{d}t, \quad \overline{U}=\frac{1}{T_2-T_1}\int_{T_1}^{T_2}u\mathrm{d}t, \quad \overline{E}=\frac{1}{T_2-T_1}\int_{T_1}^{T_2}e\mathrm{d}t.$$

例 1 某小型发电机产生的交变电动势为 $e=50\sin100\pi t$（V）．求：周期 T、频率 f、最大值 E_m、有效值 E 和在时间 $\left[0, \dfrac{T}{2}\right]$ 内的平均值 $\overline{E}$．

解： 周期为 $T=\dfrac{2\pi}{100\pi}=\dfrac{1}{50}$（s）；

频率为 $f=\dfrac{1}{T}=50$（Hz）；

最大值为 $E_m = 50$（V）；

有效值为 $E = \dfrac{E_m}{\sqrt{2}} = \dfrac{50}{\sqrt{2}} = 25\sqrt{2}$（V）；

在时间 $\left[0, \dfrac{T}{2}\right]$ 内的平均值为

$$\overline{E} = \dfrac{1}{T_2 - T_1}\int_{T_1}^{T_2} e\,\mathrm{d}t = \dfrac{2}{T}\int_0^{\frac{T}{2}} e\,\mathrm{d}t = 100\int_0^{\frac{1}{100}} 50\sin(100\pi t)\,\mathrm{d}t$$

$$= 5\,000 \times \dfrac{1}{100\pi}\int_0^{\frac{1}{100}} \sin(100\pi t)\,\mathrm{d}(100\pi t) = -\dfrac{50}{\pi}\cos(100\pi t)\,\bigg|_0^{\frac{1}{100}}$$

$$= -\dfrac{50}{\pi}(-1-1) = \dfrac{100}{\pi}\,(\mathrm{V}).$$

三、电容器及其在交流电路中的作用

1. 电容器

任何两个彼此绝缘又互相靠近的导体都可以看成一个电容器，而由两块彼此隔开平行放置的金属板可构成最简单的电容器，叫平行板电容器．电容器的作用是储存电荷．

电容器的充电过程如图 5-3-11（a）所示，电路中有电流，由大到小，方向为流向电容器正极板；电容器所带电荷量增加；电容器两极板间电压升高；电容器中电场强度增强．当电容器充电结束后，电容器所在电路中无电流，电容器两极板间电压与充电电压相等．

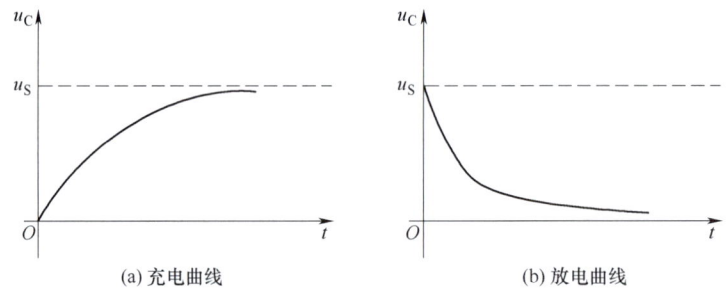

图 5-3-11　电容器的充电与放电

电容器的放电过程如图 5-3-11（b）所示，电路中有电流，由大到小，方向为从电容器正极板流出；电容器所带电荷量减少；电容器两极板间电压降低；电容器中电场强度减弱．当电容器放电结束后，电容器所在电路中无电流．

2. 电容

电容器所带电荷量与两极板间电压的比值，称为电容器的电容，即

$$C = \dfrac{Q}{U}$$

电容的单位是法拉，符号为 F．常用的单位还有毫法（mF）、微法（μF）、纳法（nF）、皮法（pF）．换算关系是：$1\mathrm{F} = 10^3\mathrm{mF} = 10^6\mathrm{\mu F} = 10^9\mathrm{nF} = 10^{12}\mathrm{pF}$．

电容是表示电容器储存电荷能力的物理量．电容的大小由电容器本身的结构决定，而与 Q 和 U 无关．

平行板电容器的电容 $C = \dfrac{\varepsilon_r S}{4\pi k d}$，其中 ε_r 为电介质的相对介电常数，S 为两极板正对面积，d 为两极板间的距离.

3. 电容器的额定电压和击穿电压

（1）加在电容器上的电压不能超过某一限度，超过这个限度，电介质将被击穿，电容器损坏，这个极限电压称为击穿电压，电容器的工作电压应低于击穿电压.

（2）额定电压是指电容器长期工作时所能承受的电压，比击穿电压要低. 电容器上一般都标明电容器的电容和额定电压的数值.

4. 电容器在交流电路中的作用

实验表明，如果把小灯泡和电容器串联起来接到直流电源上，如图 5-3-12 所示，可以发现灯泡不亮，说明电路中没有电流，也即直流不能通过电容器. 而如果把小灯泡和电容器串联起来接到交流电源上，如图 5-3-13 所示，可以发现灯泡发光，说明电路中有了电流，这是由于电容器两端电压不断变化而不断地充电和放电，电路中就有了充、放电的电流，表现为交流能够"通过"电容器（实际上自由电荷并没有通过两极板间的绝缘介质）.

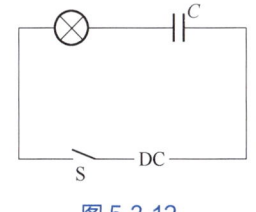
图 5-3-12

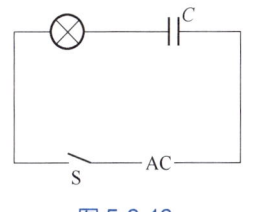
图 5-3-13

在图 5-3-12 的实验中，如果把电容器从电路中取下来，使小灯泡直接与交流电源相连，小灯泡要比有电容器时更亮. 这表明，电容器对交流有阻碍作用. 电容器对交流阻碍作用的大小叫容抗. 实验和理论分析都表明，电容器的电容越大，交流的频率越高，电容器对交流的阻碍作用就越小，即容抗越小.

> **习题 5-3-3**
>
> 1. 一个灯泡，上面写着"220V 40W". 当它接在正弦式交流电源上正常工作时，通过灯丝电流的峰值是多少？
> 2. 如图 5-3-14 所示，是一个正弦式交变电流的波形图. 根据 i-t 图像求出它的周期、频率、电流的峰值、电流的有效值.
> 3. 有一个电热器，工作时的电阻为 50Ω，接在电压为 $u = U_m \sin\omega t$ 的交流电源上，其中 $U_m = 311\text{V}$，$\omega = 100\pi/\text{s}$. 求该电热器消耗的功率.

习题答案

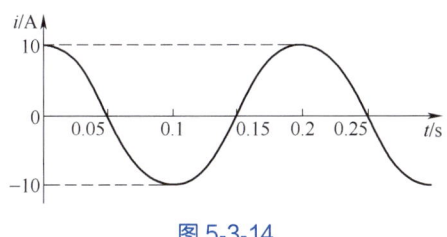
图 5-3-14

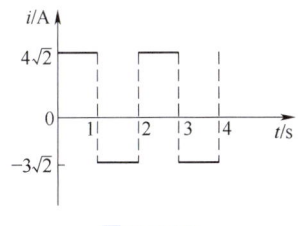
图 5-3-15

4. 通过某交流电流表的电流 i 随时间 t 变化的关系如图 5-3-15 所示,该电流表的示数是多少?

5. A、B 是两个完全相同的电热器,A 通以图 5-3-16 甲所示的方波交变电流,B 通以图乙所示的正弦交变电流. 求两电热器的电功率之比 $P_A : P_B$.

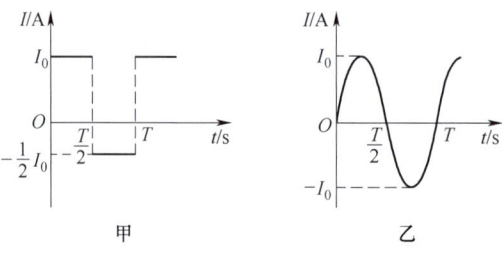

图 5-3-16

项目四 半导体基础

半导体是现代电子技术的基础材料,事关信息技术的方方面面. 多数现代电子器件是由导电性能介于导体与绝缘体之间的半导体材料制成的. 为了从电路的观点理解这些器件的性能,首先必须从物理的角度了解它们是如何工作的.

任务一 半导体概念

一、半导体材料

自然界中的物质从其导电性能上区分,可分为导体、绝缘体和半导体. 如金、银、铜、铝、铁等金属材料很容易导电,我们称它们为导体. 如陶瓷、云母、塑料、橡胶等物质很难导电,我们称它们为绝缘体. 有一类物质,如硅、锗、硒、硼及其一部分化合物等,它们的导电能力介于导体和绝缘体之间,故称之为半导体.

导体:电阻率 $\rho < 10^{-4} \Omega \cdot cm$;

绝缘体:电阻率 $\rho > 10^{9} \Omega \cdot cm$;

半导体:电阻率 ρ 介于前两者之间.

二、本征半导体及本征激发

1. 本征半导体

没有杂质和缺陷的半导体单晶,叫作本征半导体,非常纯净且原子排列整齐的半导体. 在室温下,27℃时,束缚电子受热激发获得能量,少数价电子挣脱束缚,成为自由电子. 在原价电子的位置上便留下了一个空位,我们将这个空位称为"空穴". 空穴一旦出现，自由电子就会填补，从而形成自由电子和空穴的双向流动，电子-空穴成对出现．

按照定义，存在于物质结构中可以自由移动的带电粒子统称为载流子．

若半导体中的自由电子是带负电的载流子，则空穴就是带正电的载流子．也就是说，半导体中存在有极性相反的两种载流子．在这点上，导体和半导体有本质的区别：导体一般为单极型，即只有自由电子构成的负载流子．而半导体则是双极型的：具有极性相反的两种载流子-电子和空穴．

2. 本征激发

当温度升高时，电子吸收能量摆脱共价键而形成一对电子和空穴的过程，从而产生载流子的现象称为本征激发．

在本征激发下，半导体中的电子和空穴是一一对应，成对产生，又成对复合的，所以，在本征半导体中，自由电子的数量和空穴的数量相等．在一定温度条件下，电子空穴对的产生和消失是一动态的平衡，相对于一个动态平衡，半导体对外呈现出一定的电阻率．温度条件改变后，电子空穴对的产生和消失又会出现新的动态平衡，半导体也将呈现新的电阻率．这就是半导体随温度改变导电能力的根本原因．

在室温下，本征半导体不再是绝缘体了．当我们在一块本征半导体两端加上电压后，电路中就会出现电流．在外加电压作用下，电子将跑向正极，而空穴将跑向负极，于是形成电流．显然，电路中的电流是由两部分组成的：一部分是自由电子定向移动形成的电子电流，另一部分是空穴定向移动形成的空穴电流，所以电路中的电流是二者的和，即谓"双极型"．靠本征激发所产生的电子空穴对数目很少，故室温下本征半导体的导电性能很差．要提高导电性能靠杂质半导体．

三、杂质半导体

在本征半导体中人为掺入微量杂质的半导体统称为杂质半导体．掺入微量杂质会使半导体的导电性能发生显著的变化．因掺入杂质不同，杂质半导体可分为空穴（P）型半导体和电子（N）型半导体两大类．

1. P 型半导体

在本征半导体硅（或锗）中掺入三价元素，如硼，就可构成 P 型半导体．在这种半导体中，共价键结构中多出一个空穴，很容易接受自由电子的填充，使空穴游离在晶格之间，使本征半导体中除了本征激发产生的电子空穴对之外，又多出一部分空穴，使空穴数量超过了自由电子数量，我们说，空穴在 P 型半导体中成为多数载流子（简称多子），自由电子在 P 型半导体中成为少数载流子（简称少子）．显然，参与导电的主要是空穴，故 P 型半导体又称空穴型半导体，如图 5-4-1 所示．

2. N 型半导体

在本征半导体硅（或锗）中掺入微量的五价元素，如砷、磷，就可构成 N 型半导体．在这种半导体中，共价键之外多出一个价电子，很容易挣脱五价原子核的束缚成为自由电子，游离在晶格之间，使本征半导体中除了本征激发产生的电子空穴对之外，又多出一部分自由电子，使自由电子数量超过了空穴数量，我们说，自由电子在 N 型半导体中成为多数载流子（简称多子），空穴在 N 型半导体中成为少数载流子（简称少子）．显然，参与导电的主要是电子，故 N 型半导体又称电子型半导体，如图 5-4-2 所示．

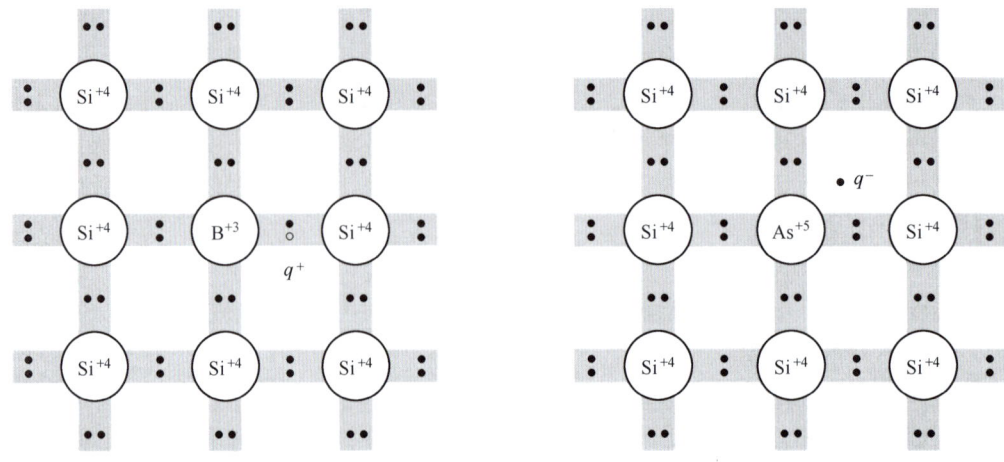

图 5-4-1 P 型半导体结构图　　　　　　图 5-4-2 N 型半导体结构图

习题 5-4-1

1. 半导体的导电性不同于导体，具有哪些特性？
2. 常见的半导体材料有哪些？其导电性与导体有什么区别？
3. 什么是本征半导体？有什么特性？
4. 电子导电和空穴导电有什么区别？
5. 说说本征激发的特点.
6. 比较杂质半导体中的少数载流子和本征半导体中载流子的浓度.
7. 空间电荷区是由电子，空穴还是由施主离子、受主离子构成的？空间电荷区又称耗尽区，为什么？

习题答案

任务二　PN 结及特性

一、PN 结及其形成过程

在杂质半导体中，正负电荷数是相等的，它们的作用相互抵消，因此保持电中性.

1. 载流子的浓度差产生的多子的扩散运动

在 P 型半导体和 N 型半导体结合后，在它们的交界处就出现了电子和空穴的浓度差，N 型区内的电子很多而空穴很少，P 型区内的空穴很多而电子很少，这样电子和空穴都要从浓度高的地方向浓度低的地方扩散，因此，有些电子要从 N 型区向 P 型区扩散，也有一些空穴要从 P 型区向 N 型区扩散.

2. 电子和空穴的复合形成了空间电荷区

电子和空穴带有相反的电荷，它们在扩散过程中要产生复合（中和），结果使 P 区和 N 区中原来的电中性被破坏. P 区失去空穴留下带负电的离子，N 区失去电子留下带正电的离子,这些离子因物质结构的关系,它们不能移动,因此称为空间电荷,它们集中在 P 区和 N 区的交界面附近,形成了一个很薄的空间电荷区,这就是所谓的 PN 结.

3. 空间电荷区产生的内电场 E 又阻止多子的扩散运动

在空间电荷区后,由于正负电荷之间的相互作用,在空间电荷区中形成一个电场,其方向从带正电的 N 区指向带负电的 P 区,由于该电场是由载流子扩散后在半导体内部形成的,故称为内电场. 因为内电场的方向与电子的扩散方向相同,与空穴的扩散方向相反,所以它是阻止载流子的扩散运动的,如图 5-4-3 所示.

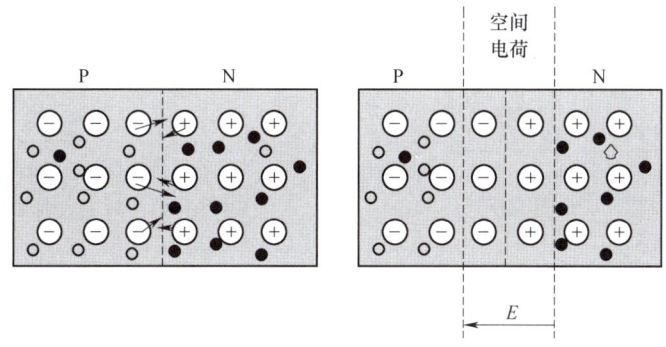

图 5-4-3 PN 结形成

综上所述,PN 结中存在着两种载流子的运动:一种是多子克服电场的阻力的扩散运动;另一种是少子在内电场的作用下产生的漂移运动. 因此,只有当扩散运动与漂移运动达到动态平衡时,空间电荷区的宽度和内建电场才能相对稳定. 由于两种运动产生的电流方向相反,因而在无外电场或其他因素激励时,PN 结中无宏观电流.

二、PN 结的单向导电性

PN 结在外加电压的作用下,动态平衡将被打破,并显示出其单向导电的特性.

1. 外加正向电压

当 PN 结外加正向电压时,外电场与内电场的方向相反,内电场变弱,结果使空间电荷区(PN 结)变窄. 同时空间电荷区中载流子的浓度增加,电阻变小. 这时的外加电压称为正向电压或正向偏置电压,用 V_F 表示. 在 V_F 作用下,通过 PN 结的电流称为正向电流 I_F. 外加正向电压的电路如图 5-4-4 所示.

2. 外加反向电压

当 PN 结外加反向电压时,外电场与内电场的方向相同,内电场变强,结果使空间电荷区(PN 结)变宽,同时空间电荷区中载流子的浓度减小,电阻变大. 这时的外加电压称为反向电压或反向偏置电压,用 V_R 表示. 在 V_R 作用下,通过 PN 结的电流称为反向电流 I_R 或称为反向饱和电流 I_S,如图 5-4-5 所示.

3. PN 结的伏安特性

根据理论分析,PN 结的伏安特性可以表达为 $i_D = I_S(e^{\frac{v_D}{v_T}} - 1)$,式中 i_D 为通过 PN 结的

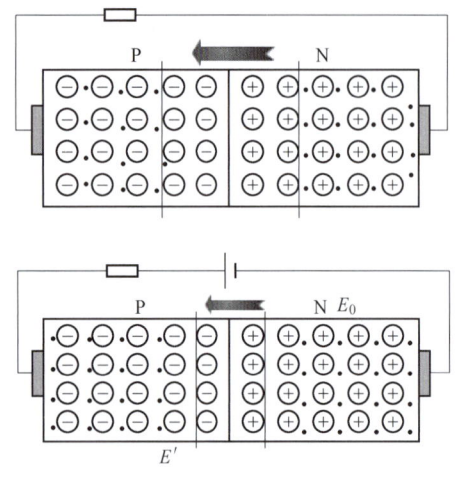

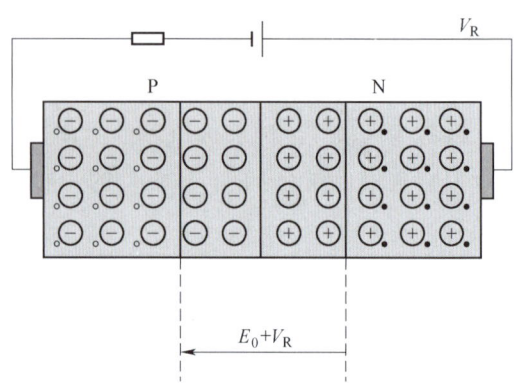

图 5-4-4　PN 结外加正向电压　　　　图 5-4-5　PN 结外加反向电压

电流，v_D 为 PN 结两端的外加电压；温度的电压当量 $v_T = kT/q = T/11\,600 \approx 0.026\text{V}$，其中 k 为波尔兹曼常数（1.38×10^{-23}J/K），T 为绝对温度（300K），q 为电子电荷（1.6×10^{-19}C）；e 为自然对数的底；I_S 为反向饱和电流.

习题 5-4-2

1. 简述 PN 结形成的过程.
2. 如需将 PN 结处于正向偏置，外接电压的极性如何确定？
3. PN 结二极管处于反向偏置时，耗尽区宽度是增加还是减小，为什么？
4. PN 结的单向导电性在什么外部条件下才能显示出来？
5. 空穴电流是不是自由电子递补空穴所形成的？
6. N 型半导体中的自由电子多于空穴，而 P 型半导体中的空穴多于自由电子，是否 N 型半导体带负电，而 P 型半导体带正电呢？
7. 为什么空间电荷区靠 N 区的一侧带正电，而靠 P 区的一侧带负电？
8. 空间电荷区既然是由带电的正负离子形成的，为什么它的电阻率很高？

习题答案

任务三　半导体二极管

一、半导体二极管的结构

如图 5-4-6 所示，是某二极管结构图. 半导体二极管按其结构的不同可分为点接触型和面接触型两类.

点接触型二极管是由一根很细的金属触丝（如三价元素铝）和一块半导体（如锗）的

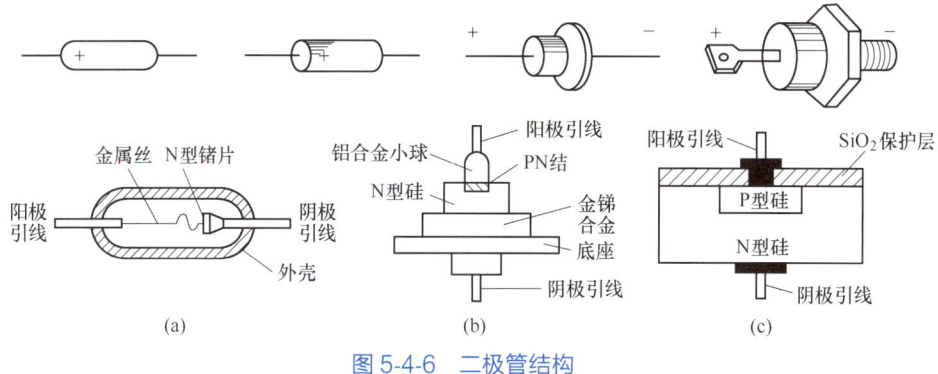

图 5-4-6 二极管结构

表面接触,然后在正方向通过很大的瞬时电流,使触丝和半导体牢固地熔接在一起,三价金属与锗结合构成 PN 结,并做出相应的电极引线,外加管壳密封而成,如图 5-4-6(a)所示. 由于点接触型二极管金属丝很细,形成的 PN 结面积很小,所以极间电容很小,同时,也不能承受高的反向电压和大的电流. 这种类型的二极管适于做高频检波和脉冲数字电路里的开关元件,也可用来作小电流整流. 如 2APl 是点接触型锗二极管,最大整流电流为 16mA,最高工作频率为 150MHz.

面接触型或称面结型二极管的 PN 结是用合金法或扩散法做成的,其结构如图 5-4-6（b）所示. 由于这种二极管的 PN 结面积大,可承受较大的电流,但极间电容也大. 这类器件适用于整流,而不宜用于高频电路中. 如 2CPl 为面接触型硅二极管,最大整流电流为 400mA,最高工作频率只有 3kHz.

二、二极管的伏安特性

1. 二极管伏安的正向特性

理想的二极管,正向电流和电压成指数关系. 但是实际的二极管,加正向电压的时候,需要克服 PN 结内电压,所以电压要大于内电压时,才会出现电流.

这个最小电压称作开启电压. 小于开启电压的区域,叫作死区. 当电压大于开启电压,电流呈指数关系上升,增加很快,所以二极管上的压降其实很小,否则由于电流太大就烧坏了,如图 5-4-7 所示.

2. 二极管伏安的反向特性

理想的二极管,不论反向电压多大,反向都无电流. 实际的二极管,反向截止时,也是有电流的,这个电流叫作反向饱和电流. 在电压没有达到反向击穿电压时,二极管的电流一直等于反向饱和电流.

但是当电压大到一定程度,二极管被反向击穿,电流急剧增大. 反向击穿分齐纳击穿和雪崩击穿两种. 有的二极管击穿后撤去反向电压,还能恢复原状态,比如稳压二极管就是工作在反向击穿区的. 有的反向击穿就直接烧坏了.

3. 二极管的死区电压、正向导通区、反向截止区、反向击穿区

死区电压:通常为,锗管 0.2~0.3V,硅管 0.5~0.7V.

正向导通区:当加正向电压超过死区电压时则导通,该区为正向导通区.

反向截止区:加一定反向电压时截止.

反向击穿区:当加反向电压大于管子反向承认电压时,击穿.

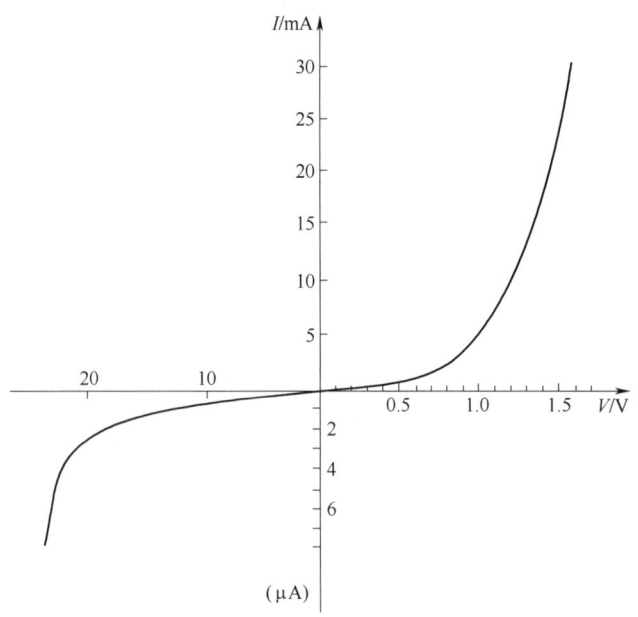

图 5-4-7　二极管伏安特性曲线

习题 5-4-3

习题答案

1. 二极管的伏安特性上有一个死区电压．什么是死区电压？
2. 为什么会出现死区电压？硅管和锗管的死区电压的典型值约为多少？
3. 二极管有哪些结构，各适用于哪些电路中？
4. 二极管有哪些类型？
5. 为什么二极管的反向饱和电流与外加反向电压基本无关，而当环境温度升高时，又明显增大？
6. 温度对二极管的特性有什么影响？
7. 怎样用万用电表判断二极管的正极和负极以及管子的好坏？
8. 为什么说在使用二极管时，应特别注意不要超过最大整流电流和最高反向工作电压？
9. 如何用万用表的"Ω"挡来辨别一只二极管的阳、阴两极？

参考文献

[1] 朱彩兰. 高职高等数学[M]. 北京，高等教育出版社，2017.
[2] 周秀珍. 高等数学[M]. 南京，河海大学出版社，2008.
[3] 游安军. 机电数学[M]. 北京，电子工业出版社，2016.
[4] 游安军. 电路数学[M]. 北京，电子工业出版社，2014.
[5] 万金宝. 工程应用数学[M]. 北京，机械工业出版社，2009.
[6] 马复. 数学[M]. 南京，江苏教育出版社，2012.
[7] 李林曙. 微积分[M]. 北京，中国人民大学出版社，2006.
[8] 邵汉强. 机械类高等数学[M]. 北京，高等教育出版社，2006.
[9] 李金城. 工控技术应用数学[M]. 北京，电子工业出版社，2020.
[10] 吴赣昌. 微积分[M]. 北京，中国人民大学出版社，2007.
[11] 常柏林. 概率与数理统计[M]. 北京，高等教育出版社，2001.
[12] 金炳陶. 概率论与数理统计[M]. 北京，高等教育出版社，2011.
[13] 袭宝仁. 市场调查与预测[M]. 北京，航空工业出版社，2012.
[14] 杨俊玲. 管理学基础与实务[M]. 长春，东北师范大学出版社，2016.
[15] 朱友发. 新编现代物流管理概论[M]. 北京，航空工业出版社，2012.
[16] 单凤儒. 管理学基础[M]. 北京，高等教育出版社，2008.
[17] 刘治. 统计基础与实务[M]. 北京，航空工业出版社，2014.
[18] 栗方忠. 统计学原理[M]. 大连，东北财经大学出版社，2011.
[19] 杨杰. 统计实务[M]. 北京，航空工业出版社，2012.
[20] 邓金娥. 财务管理[M]. 北京，电子工业出版社，2021.
[21] 邓荣榜. 建筑力学[M]. 天津，天津科学技术出版社，2020.
[22] 冯蒙丽. 应用物理基础[M]. 北京，冶金工业出版社，2021.
[23] 胡建生. 机械制图[M]. 北京，机械工业出版社，2020.
[24] 韩春光. 电路基础[M]. 北京，电子工业出版社，2008.